景观CAD施工图系列丛书

广场景观

广场景观CAD资料集
公共活动 / 商业 / 综合

主　编：樊思亮　孔　强　卢　良

中国林业出版社
China Forestry Publishing House

图书在版编目（CIP）数据

广场景观 / 樊思亮, 孔强, 卢良主编. –– 北京 : 中国林业出版社, 2015.5
（景观CAD施工图系列）

ISBN 978-7-5038-7945-6

Ⅰ . ①广… Ⅱ . ①樊… ②孔… ③卢… Ⅲ . ①广场—景观设计—计算机辅助设计—AutoCAD软件 Ⅳ . ①TU–856

中国版本图书馆CIP数据核字(2015)第069513号

本书编委会
主　　编：樊思亮　孔　强　卢　良
副 主 编：尹丽娟　刘　冰　郭　超　杨仁钰
参与编写人员：

陈　婧	张文媛	陆　露	何海珍	刘　婕	夏　雪	王　娟	黄　丽	程艳平	高丽媚
汪三红	肖　聪	张雨来	陈书争	韩培培	付珊珊	高囡囡	杨微微	姚栋良	张　雷
傅春元	邹艳明	武　斌	陈　阳	张晓萌	魏明悦	佟　月	金　金	李琳琳	高寒丽
赵乃萍	裴明明	李　跃	金　楠	邵东梅	李　倩	左文超	李凤英	姜　凡	郝春辉
宋光耀	于晓娜	许长友	王　然	王竞超	吉广健	马宝东	于志刚	刘　敏	杨学然

中国林业出版社·建筑与家居出版分社
责任编辑：王 远 李 顺
出版咨询：（010）83143569　　原文件下载链接：http://pan.baidu.com/s/1cBTej0 密码：aqru 广场景观
——
出版：中国林业出版社（100009 北京西城区德内大街刘海胡同7号）
网站：http://lycb.forestry.gov.cn/
印刷：北京卡乐富印刷有限公司
发行：中国林业出版社
电话：（010）83143500
版次：2016年7月第1版
印次：2016年7月第1次
开本：889mm×1194mm 1／8
印张：25.5
字数：200千字
定价：128.00元

前　言

自前几年组织相关单位编写CAD图集〔内容涵盖建筑、规划、景观、室内等内容〕以来，现CAD系列图书在市场也形成一定规模，从读者对整个系列图集反映来看，值得整个编写团队欣慰。

本系列丛书的出版初衷，是致力于服务广大设计同行。作为设计者，没有好的参考资料，仅以自身所学，很难快速有效提高。从这方面看，CAD系列的出版，正好能解决设计同行没有参考材料，没有工具书的困惑。

本套四册书从广场景观、住宅区景观、别墅建筑、教育建筑这几个现阶段受大家关注的专题入手，每分册收录项目案例近100项，基本能满足相关设计人员所需要材料的要求。

就整套图集的全面性和权威性而言，我们联合了近20所建筑计院所编写这套图集，严格按照建筑及施工设计标准制定规范，让设计师在设计和制作施工图时有据可依，有章可循，并且能依此类推，应用至其他施工图中。

另外，我们对这套书作了严格的版权保护，光盘进行了严格的加密，这也是对作品提供者的保护和认同，我们更希望读者们有版权保护的意识，为我国的版权事业贡献力量。

如一位策划编辑所言，最终检验我们付出劳动的验金石——市场，才会给我们最终的答案。但我们仍然信心百倍。

施工图是建筑设计中既基础而又非常重要的一部分，无论对于刚入行的制图员，还是设计大师，都是必不可少的一门技能。但这绝非一朝一夕能练就，就像一句古语："千里之行，始于足下"，希望广大的设计者能从这里得到些东西，抑或发现些东西，我们更希望大家提出意见，甚或是批评，指导我们做得更好！

编著者
2016年3月

目 录
Contents

A 公共活动广场
Public activities square

B 商业广场

Commercial plaza

目 录
Contents

C 综合广场
Comprehensive square

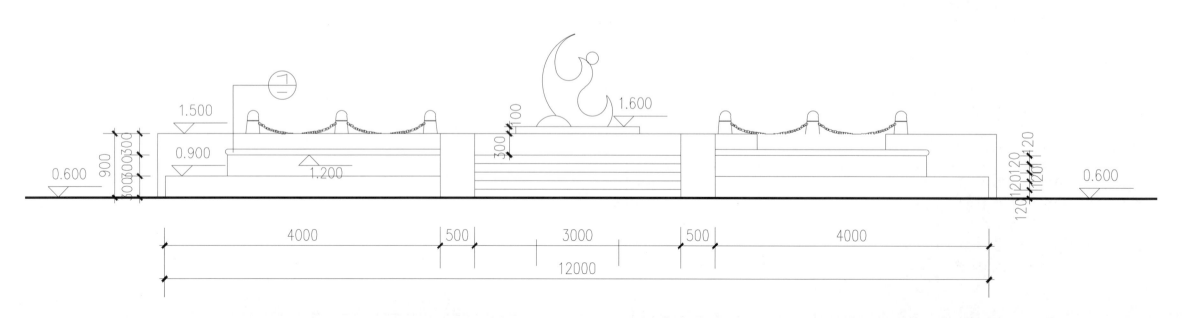

1.500

1.600

0.900

1.200

0.600

0.600

900

300 300 300

300

100

4000

500

3000

500

4000

12000

120 120 120

120 120

公共活动 / 商业 / 综合

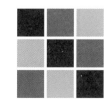

>福建商住社区入口广场园林景观工程施工图

设计说明

使用群体: 大众
图纸深度: 施工图
设计风格: 现代风格
绿地类型: 公共活动广场

图纸张数: 29张
景观设施: 亭·廊·花架,平台·栈道·汀步·座凳·座椅,
景墙·围墙,驳岸·挡土墙,栏杆,树池·花坛等。

内容简介

本套图纸包括: 包括设计说明、总平面图、设施定位图、竖向设计图、设施索引图、入口花池大样图、入口铺装大样图、休闲花架详图、直桥大样图、六角亭大样图、铺地大样图、汀步大样图、水池边广场铺装大样、坐凳详图、驳岸水池详图、台阶大样、跌水大样图、喷水池大样图、临水亭大样图、双亭大样图、假山跌水大样图等。

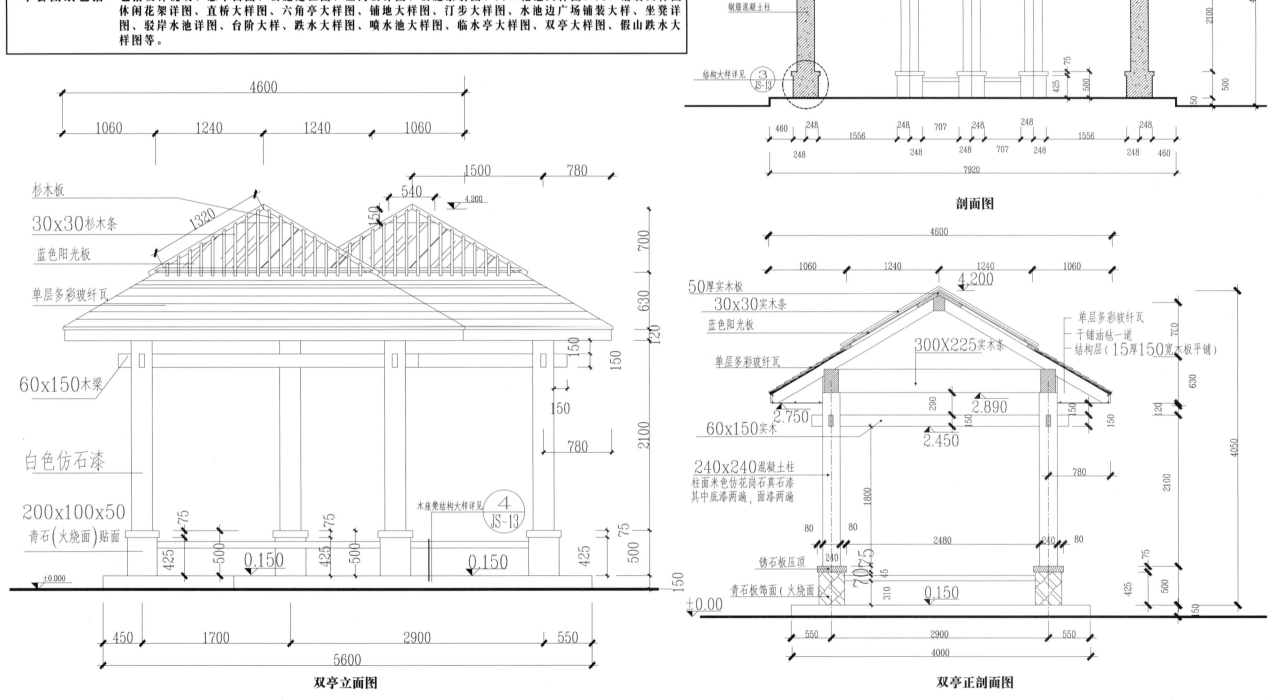

剖面图

双亭立面图

双亭正剖面图

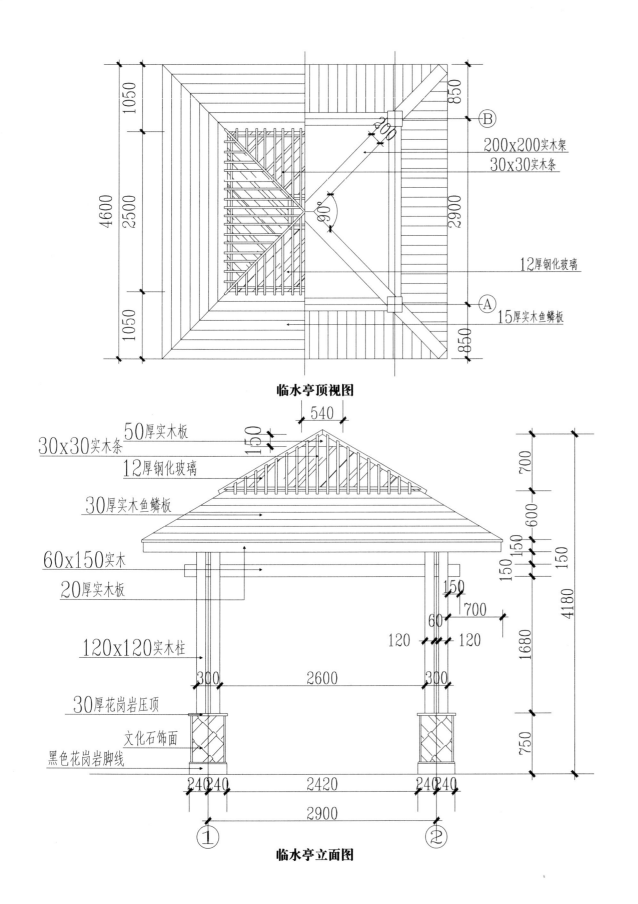

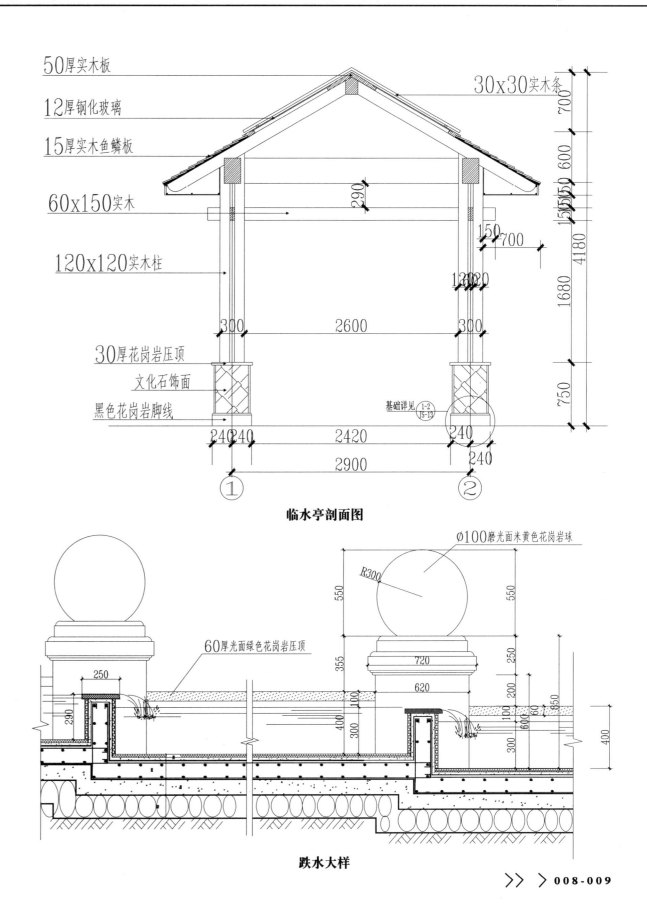

> 河南许昌公园主次入口广场景观工程施工图

设计说明

使用群体：大众
图纸深度：施工图
设计风格：现代风格
绿地类型：公共活动广场

图纸张数：25张
景观设施：亭·廊·花架·平台·栈道·汀步·座凳·座椅，栏杆·树池·花坛·花钵·水景设计·景观照明等。

内容简介

本套图纸包括：包括主入口广场平面图、主入口平面定位图、主入口立面图、主入口物料索引图、主入口剖面图、次入口广场平面图、次入口平面定位图、次入口立面图、次入口物料索引图、次入口剖面图、花槽墙图、无障碍坡道、水轴树阵详图、栏杆样式及安装详图、指示牌样式及安装详图、广告牌式样及安装详图、公共指示牌式样及安装详图、防车柱式样及安装详图、排水沟详图等，共25个CAD文件。

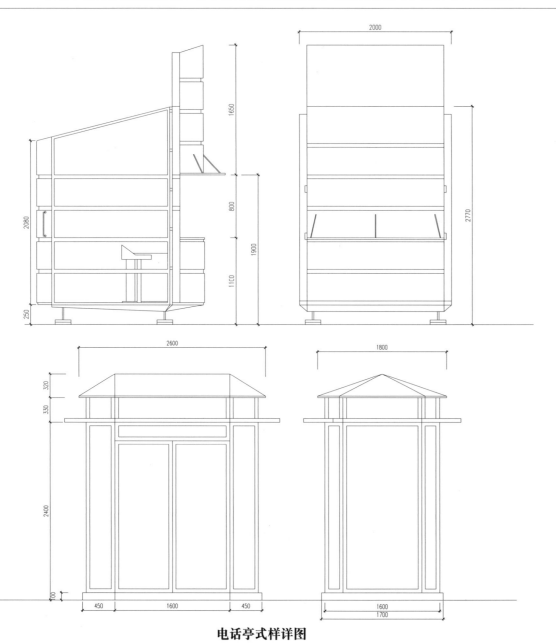

电话亭式样详图

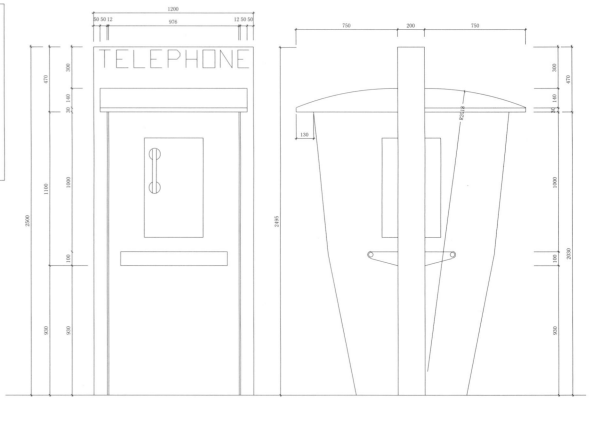

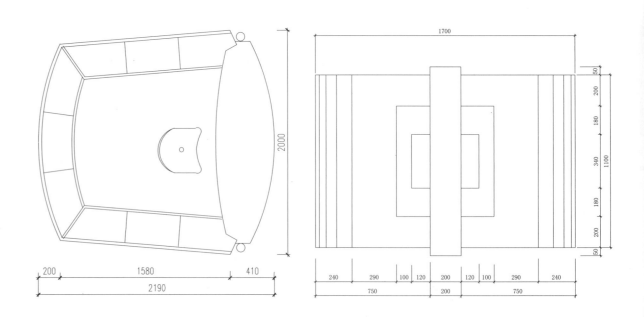

电话亭式样详图

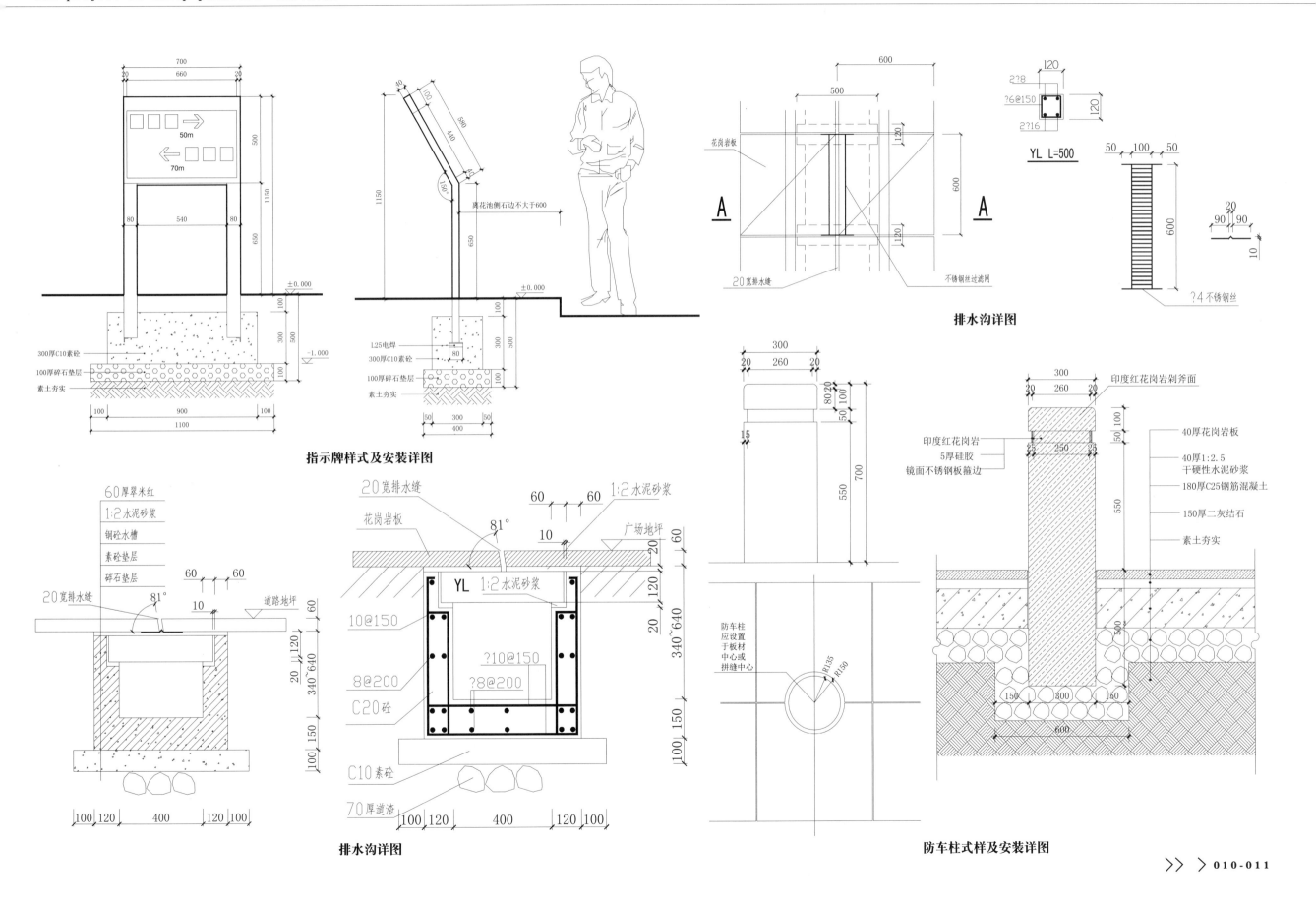

指示牌样式及安装详图

排水沟详图

排水沟详图

防车柱式样及安装详图

本项目解压密码：59672998

> 湖北人民广场景观设计全套施工图

设计说明

使用群体：大众
图纸深度：方案（初设图）
设计风格：现代风格
绿地类型：公共活动广场

图纸张数：65张
景观设施：亭·廊·花架,平台·栈道·汀步,座凳·座椅,
景墙·围墙,树池·花坛·花钵等。

内容简介

本套图纸包括：设计图、井位综合、人性隧道、修建设计、茶亭、光柱、水、广场区施工设计、中央广场单体设计、总平面等，共65张图纸。

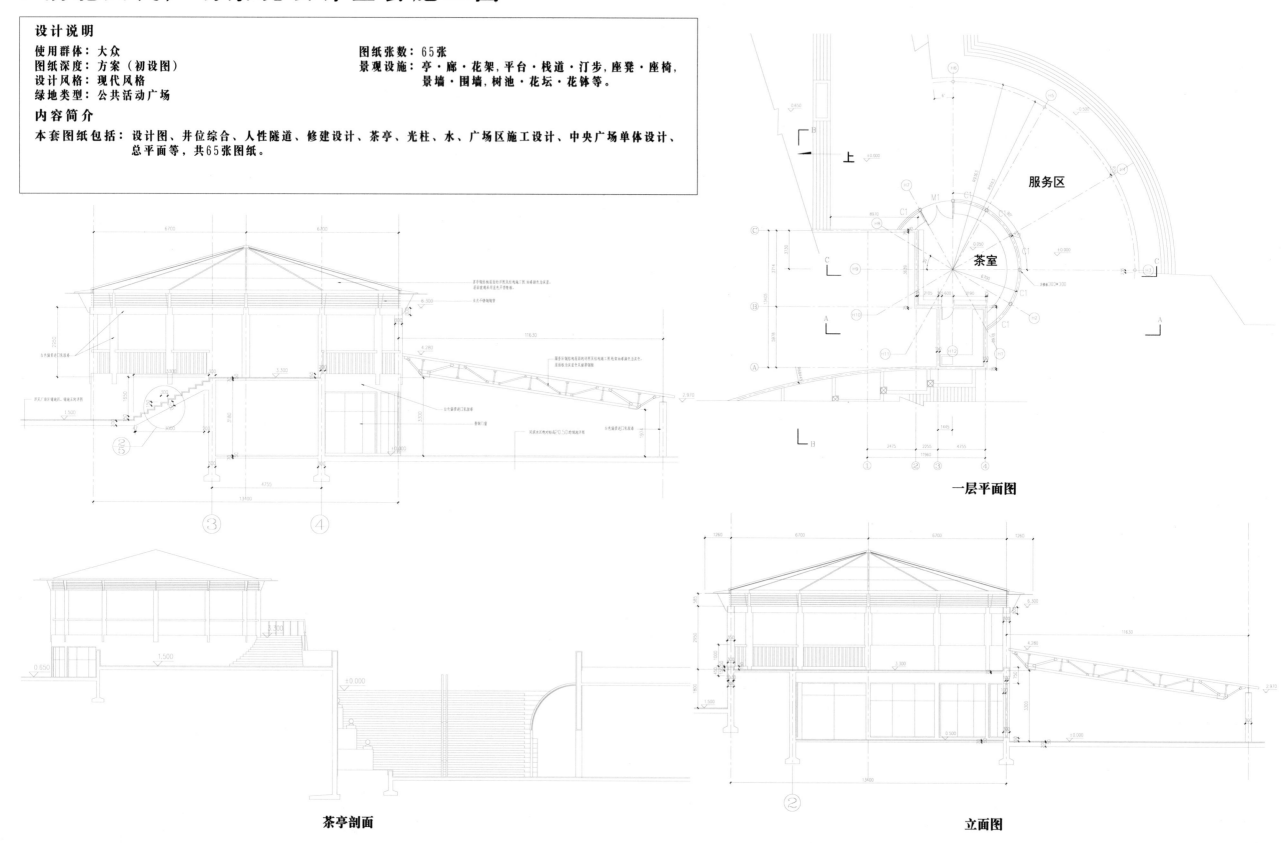

一层平面图

茶亭剖面

立面图

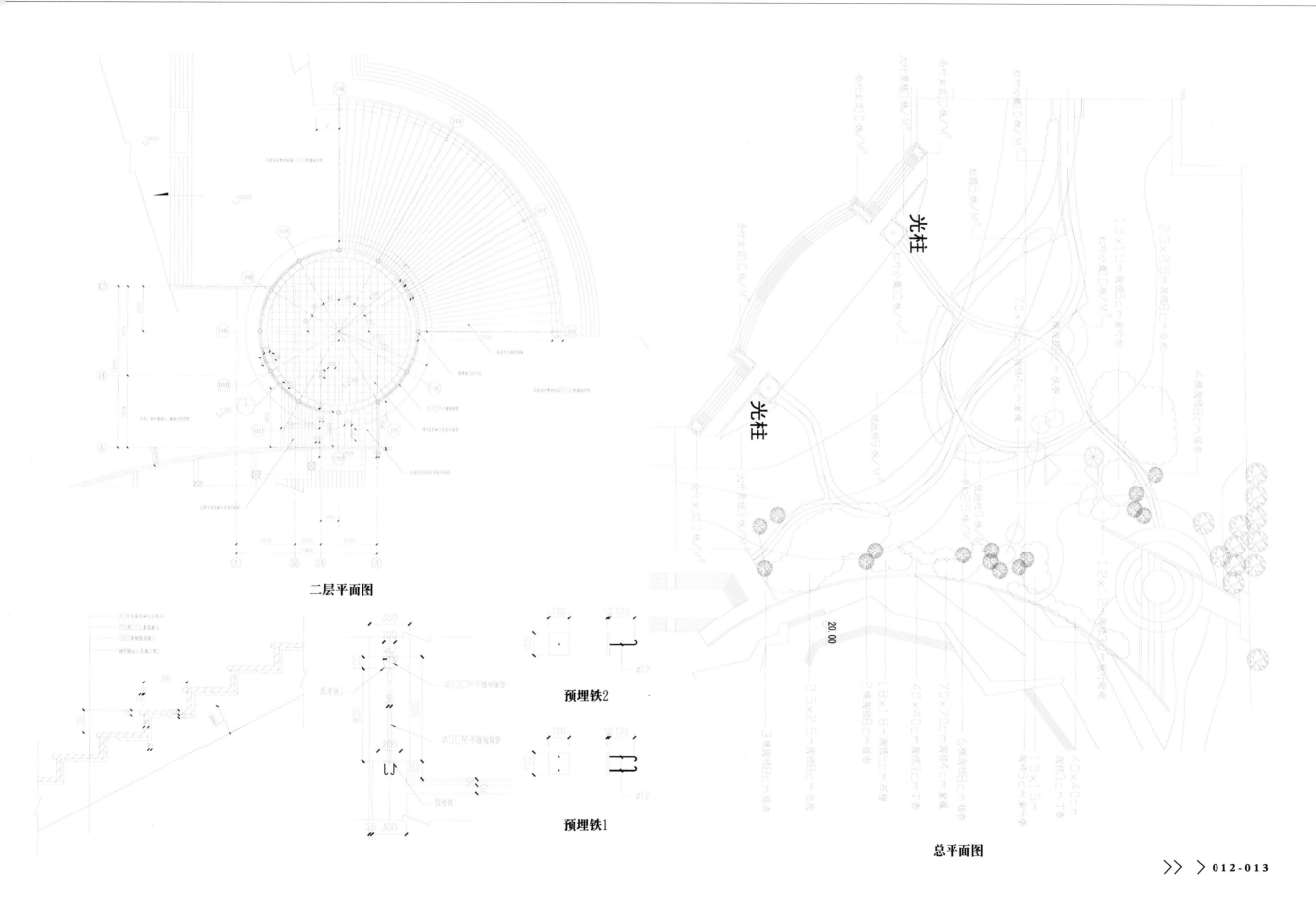

光柱

光柱

二层平面图

预埋铁2

预埋铁1

20.00

总平面图

> 湖南居住区附属城市广场施工详图

设计说明

使用群体: 大众
图纸深度: 方案 (初设图), 扩初图, 施工图
设计风格: 现代风格
绿地类型: 公共活动广场

图纸张数: 81张
景观设施: 亭·廊·花架, 平台·栈道·汀步, 座凳·座椅, 景墙·围墙, 驳岸·挡土墙, 大门, 栏杆, 树池·花坛花钵, 雕塑, 水景设计, 景观照明, 标识系统等。

内容简介

本套图纸包括: 施工图: 景观、电器、给排水、结施、绿化施工图 (共10个文件)
方案文本: 效果表现、前期、设计说明、总体设计、详细设计、景观印象 (共71张图片)

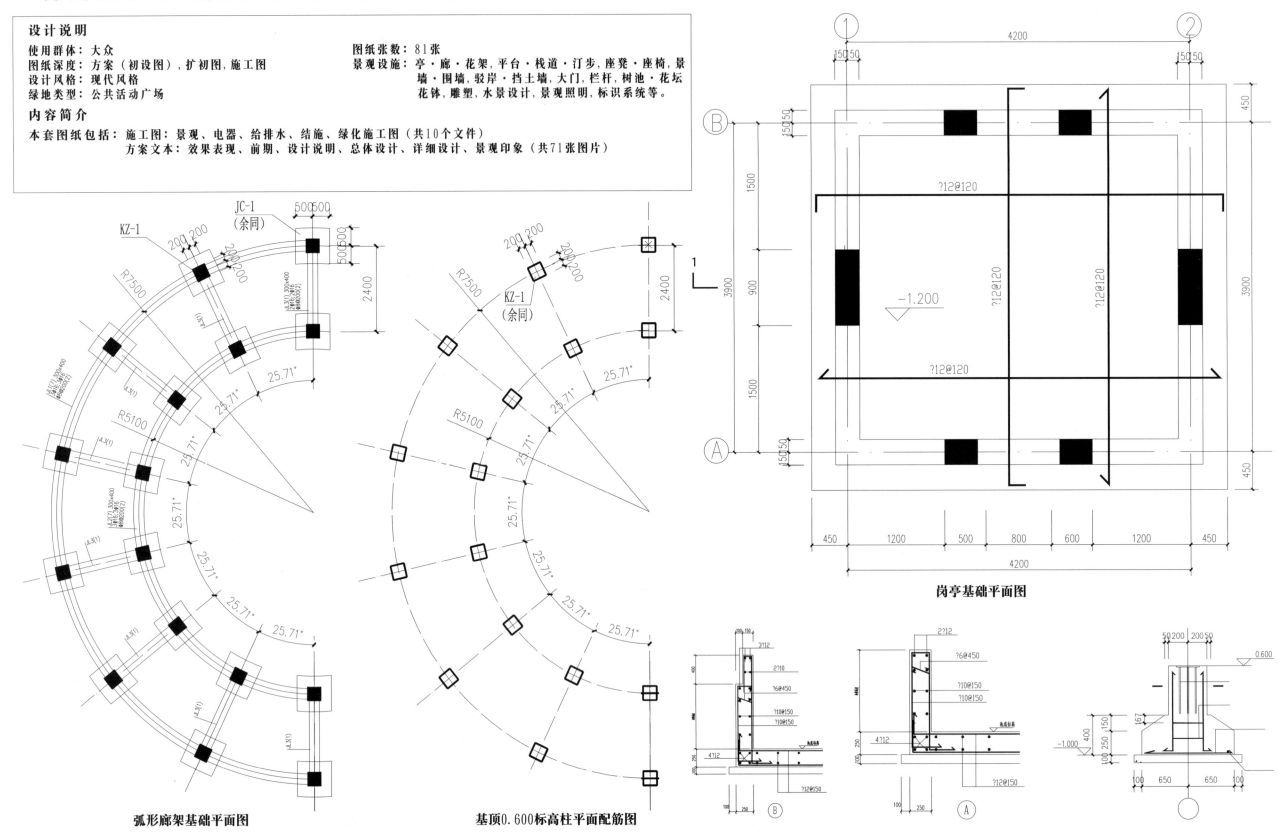

弧形廊架基础平面图

基顶0.600标高柱平面配筋图

岗亭基础平面图

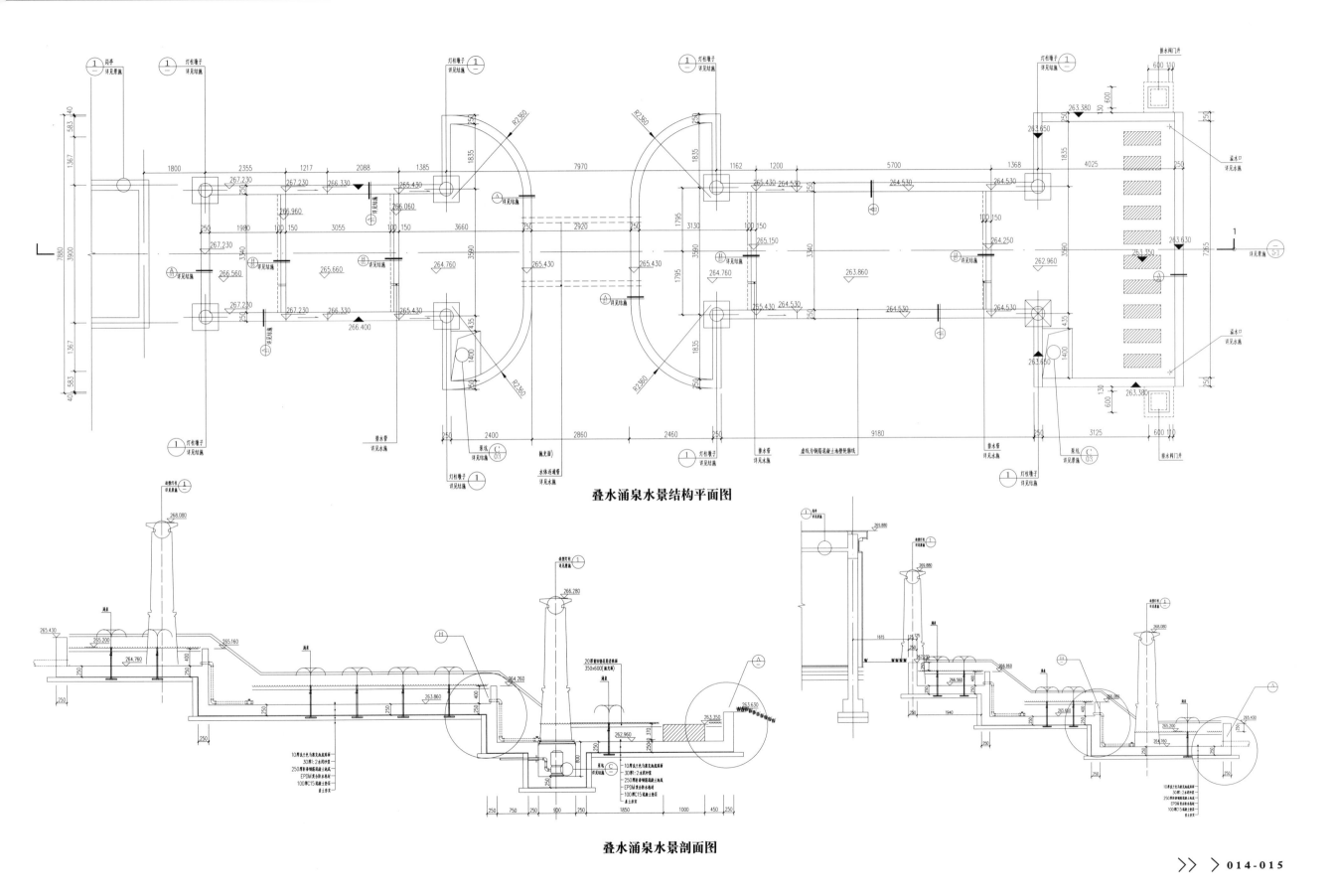

叠水涌泉水景结构平面图

叠水涌泉水景剖面图

>惠阳滨水公园广场景观工程竣工图

设计说明

使用群体：大众	图纸张数：25张

图纸深度：竣工图　　　　　　　景观设施：亭·廊·花架,平台·栈道·汀步,座凳·座椅,栏
设计风格：现代风格　　　　　　杆,树池·花坛·花钵,水景设计,景观照明,停车
绿地类型：公共活动广场　　　　场,标识系统,铺装设计,儿童娱乐设施等。

内容简介

本套图纸包括：主入口广场定位平面图、主入口广场铺装竖向及索引平面图、次入口广场平立面图、管理处入口广场详
图、儿童游乐场详图、停车场详图、景亭详图、花架详图、露天剧场详图、林间休闲平台及台阶详图、
水上木栈道铺装索引平面图、特色平台详图、亲水平台及栏杆详图、木眺台详图、观景台详图、导向标
志牌详图等,共16个CAD文件,25张图纸。

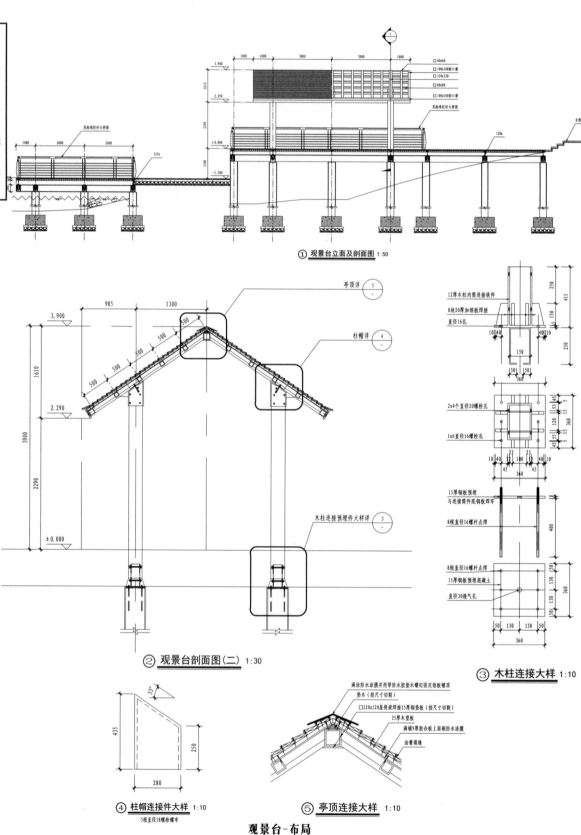

① 观景台立面及剖面图 1:50

② 观景台剖面图(二) 1:30

③ 木柱连接大样 1:10

④ 柱帽连接件大样 1:10

⑤ 亭顶连接大样 1:10

观景台-布局

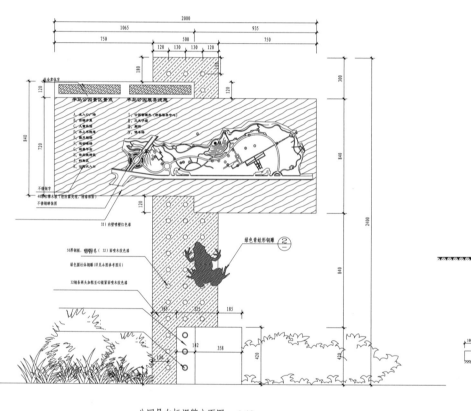

公园导向标识牌立面图 1:10

① 公园导向标识牌剖面图 1:10

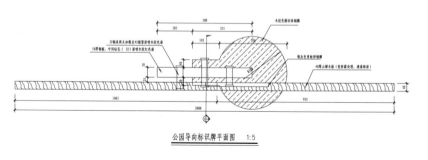

公园导向标识牌平面图 1:5

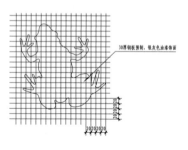

② 青蛙形钢雕平面大样 1:5

标志牌-布局1

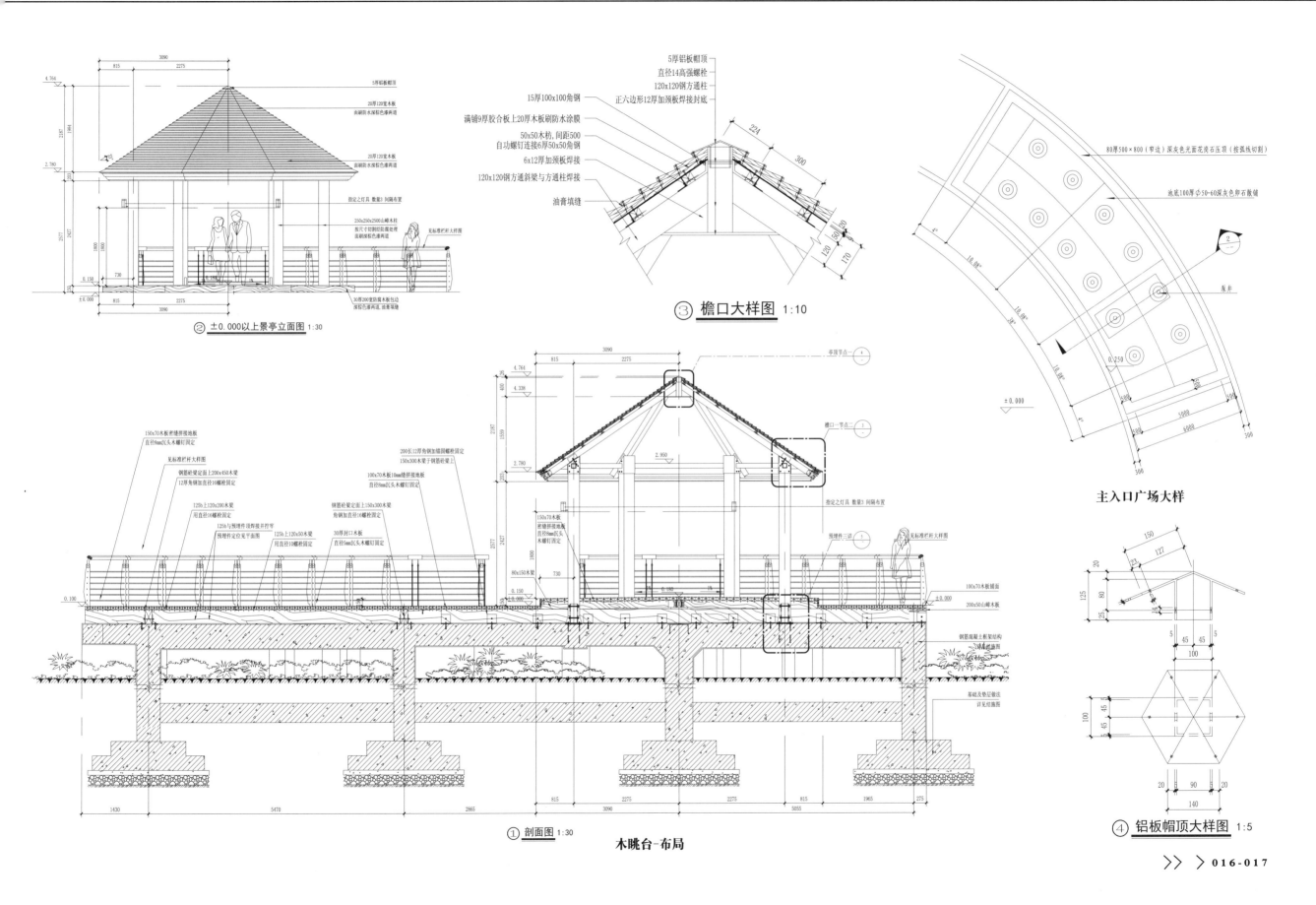

② ±0.000以上景亭立面图 1:30

③ 檐口大样图 1:10

主入口广场大样

① 剖面图 1:30

木眺台-布局

④ 铝板帽顶大样图 1:5

>临汾森林公园景观设计施工图

设计说明

使用群体: 大众
图纸深度: 施工图
设计风格: 现代风格
绿地类型: 公共活动广场

图纸张数: 20张
景观设施: 平台·栈道·汀步, 座凳·座椅, 景墙·围墙, 驳岸挡土墙, 大门, 树池·花坛·花钵, 水景设计, 景观照明等。

内容简介

本套图纸包括: 参考平面图、总平面索引铺装图、总平面标高定位图、总平面给排水、浮雕做法详图、入口大门做法详图、廊架做法详图、树池坐凳做法详图、花坛、道牙、嵌草铺装详图、景观灯柱详图、水榭定位图、下沉广场旱喷泉做法详图、园路施工图、照壁做法详图, 共20张图纸, 13个dwg文件。

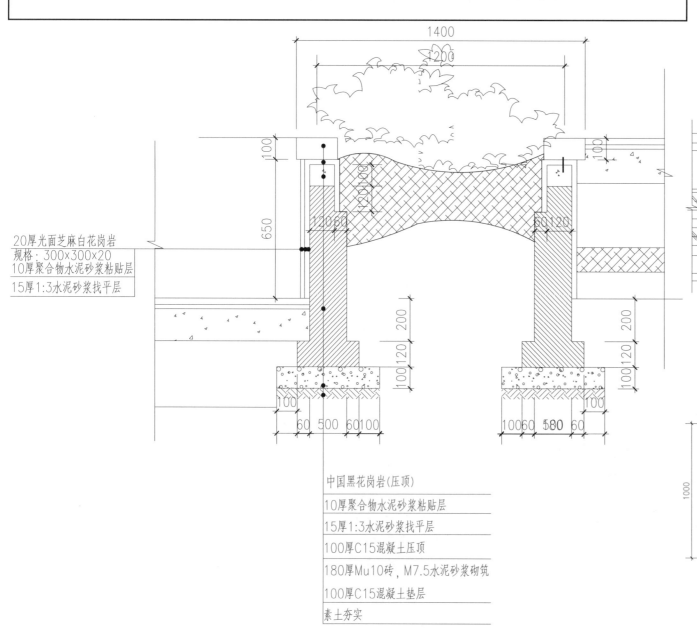

20厚光面芝麻白花岗岩
规格: 300x300x20
10厚聚合物水泥砂浆粘贴层
15厚1:3水泥砂浆找平层

中国黑花岗岩(压顶)
10厚聚合物水泥砂浆粘贴层
15厚1:3水泥砂浆找平层
100厚C15混凝土压顶
180厚Mu10砖, M7.5水泥砂浆砌筑
100厚C15混凝土垫层
素土夯实

入口广场花坛剖面图

500*120*200厚鲁灰花岗岩(自然面)
20厚1:2.5水泥砂浆结合层
60厚C15砼垫层
150厚3:7灰土垫层
原土夯实(密实度大于95%)

植物种植(示意)

广场道牙剖面图

护栏大样图

A 大样图

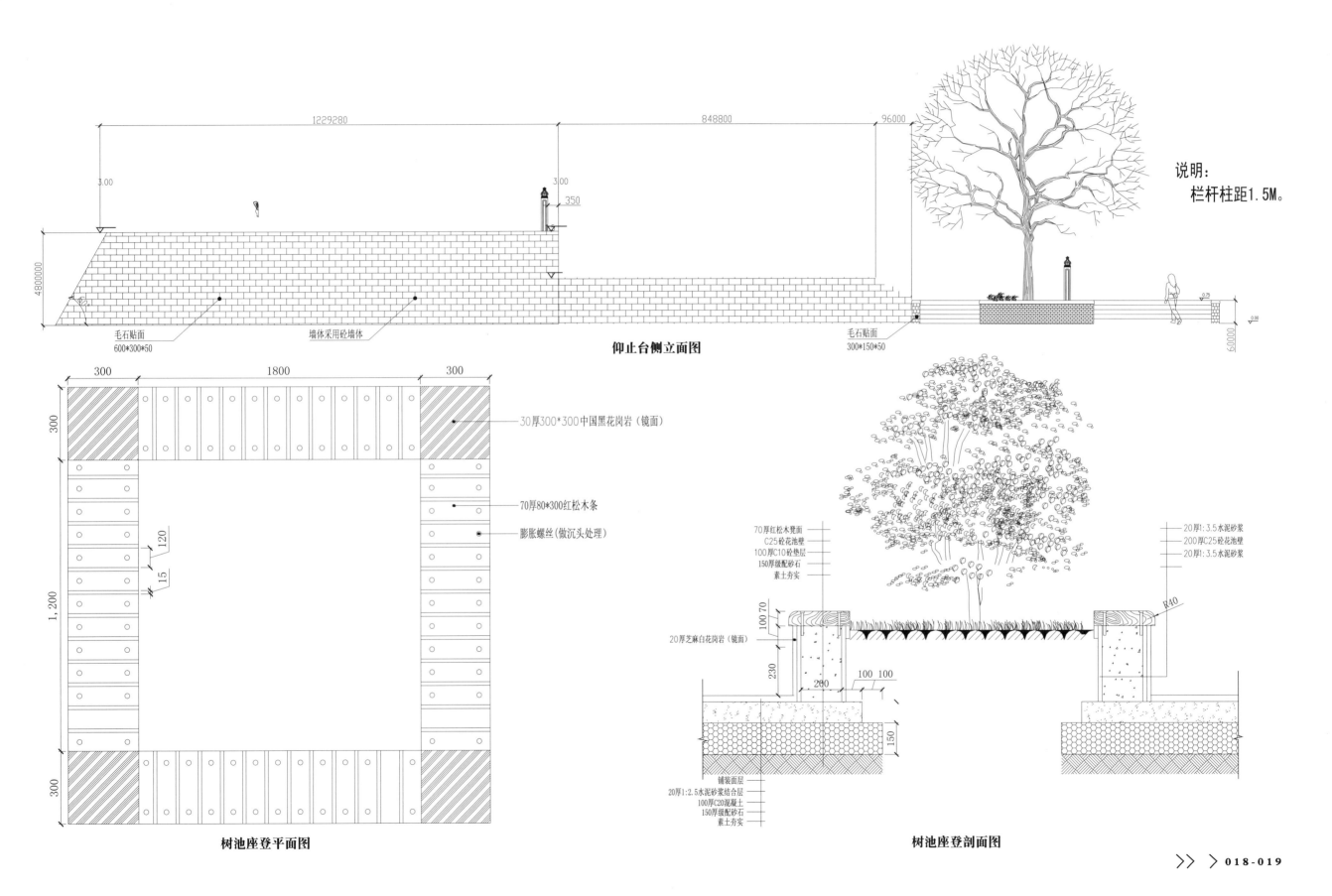

1229280

848800

96000

3.00

3.00

350

4800000

毛石贴面
600*300*50

墙体采用砼墙体

毛石贴面
300*150*50

仰止台侧立面图

说明：
栏杆柱距1.5M。

300

1800

300

300

30厚300*300中国黑花岗岩（镜面）

70厚80*300红松木条

膨胀螺丝(做沉头处理)

120

15

1,200

300

70厚红松木凳面
C25砼花池壁
100厚C10砼垫层
150厚级配砂石
素土夯实

20厚1:3.5水泥砂浆
200厚C25砼花池壁
20厚1:3.5水泥砂浆

20厚芝麻白花岗岩（镜面）

R40

100 70

230

200

100 100

150

铺装面层
20厚1:2.5水泥砂浆结合层
100厚C20混凝土
150厚级配砂石
素土夯实

树池座登平面图

树池座登剖面图

>深圳公园滨水广场园林景观工程施工图

设计说明

使用群体: 大众
图纸深度: 施工图
设计风格: 现代风格
绿地类型: 公共活动广场

图纸张数: 5张
景观设施: 座凳·座椅,驳岸·挡土墙,树池·花坛·花钵,
景观照明,铺装设计,假山置石等。

内容简介

本套图纸包括: 平面图、尺寸定位平面图、铺装平面图、座凳施工图、花池施工图、条石施工图、驳岸施工图。
5个CAD文件。

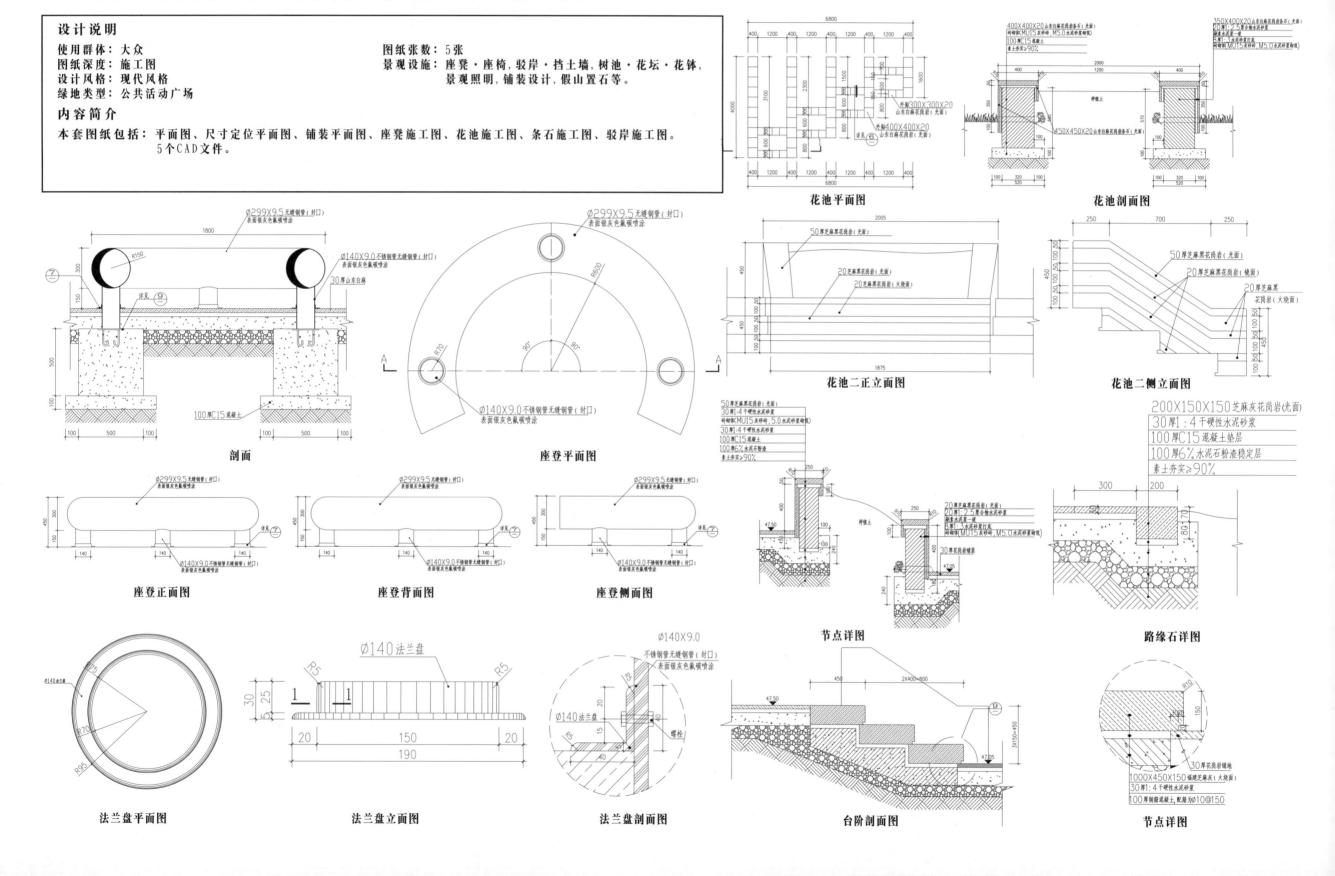

花池平面图

花池剖面图

剖面

座凳平面图

花池二正立面图

花池二侧立面图

座凳正面图

座凳背面图

座凳侧面图

节点详图

路缘石详图

法兰盘平面图

法兰盘立面图

法兰盘剖面图

台阶剖面图

节点详图

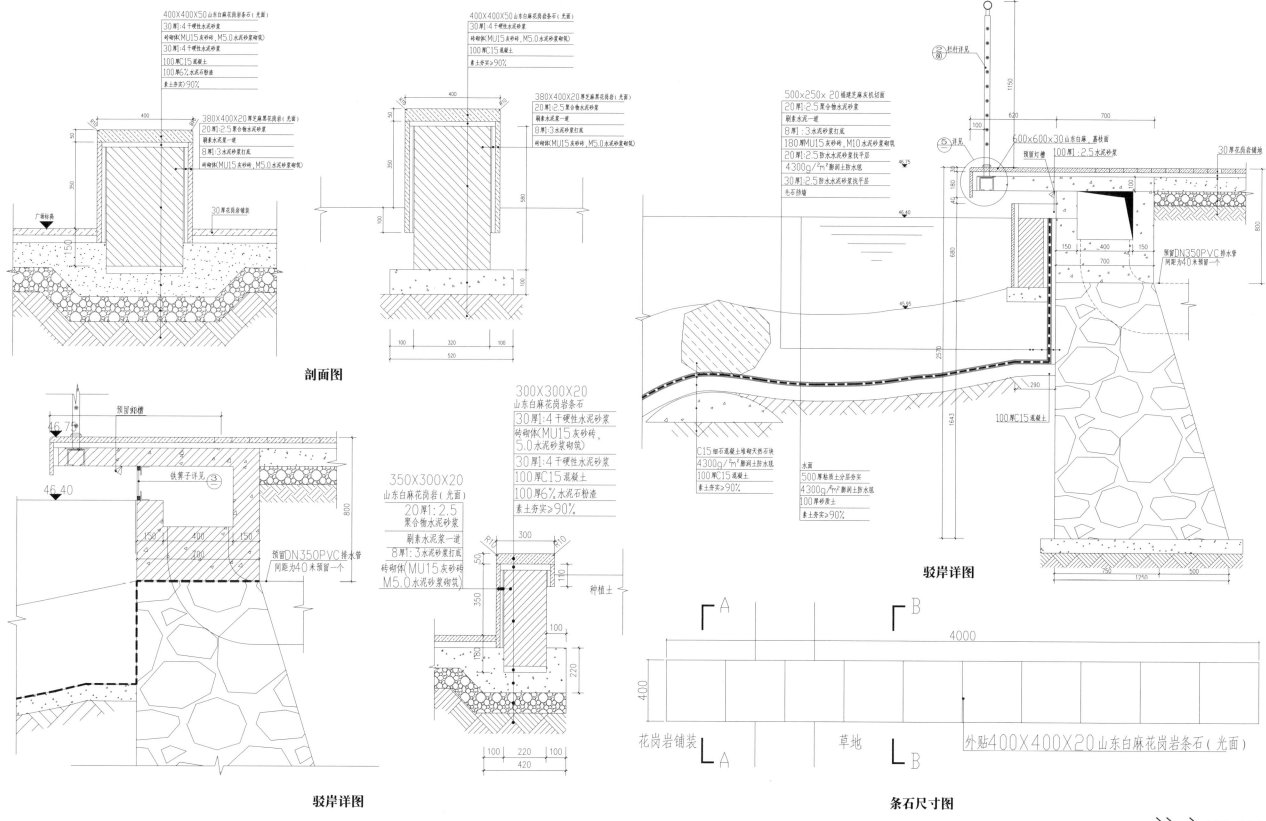

400X400X50山东白麻花岗岩条石（光面）
30厚1:4干硬性水泥砂浆
砖砌体(MU15灰砂砖，M5.0水泥砂浆砌筑)
30厚1:4干硬性水泥砂浆
100厚C15混凝土
100厚6%水泥石粉渣
素土夯实≥90%

380X400X20厚芝麻黑花岗岩（光面）
20厚1:2.5聚合物水泥砂浆
刷素水泥浆一道
8厚1:3水泥砂浆打底
砖砌体(MU15灰砂砖，M5.0水泥砂浆砌筑)

广场标高
30厚花岗岩铺浆

剖面图

400X400X50山东白麻花岗岩条石（光面）
30厚1:4干硬性水泥砂浆
砖砌体(MU15灰砂砖，M5.0水泥砂浆砌筑)
100厚C15混凝土
素土夯实≥90%

380X400X20厚芝麻黑花岗岩（光面）
20厚1:2.5聚合物水泥砂浆
刷素水泥浆一道
8厚1:3水泥砂浆打底
砖砌体(MU15灰砂砖，M5.0水泥砂浆砌筑)

500X250X20福建芝麻灰机切面
20厚1:2.5聚合物水泥砂浆
刷素水泥一道
8厚1:3水泥砂浆打底
180厚MU15灰砂砖，M10水泥砂浆砌筑
20厚1:2.5防水水泥砂浆找平层
4300g/m²膨润土防水毯
30厚1:2.5防水水泥砂浆找平层
毛石挡墙

②栏杆详见 / ⑤详见
600X600X30山东白麻，墓枝面
100厚1:2.5水泥砂浆
30厚花岗岩铺地
预留灯槽

预留DN350PVC排水管
间距为40米预留一个

驳岸详图

C15细石混凝土堆砌天然石块
4300g/m²膨润土防水毯
100厚C15混凝土
素土夯实≥90%

水面
500厚粘质土分层夯实
4300g/m²膨润土防水毯
100厚砂土
素土夯实≥90%

100厚C15混凝土

预留灯槽
铁篦子详见③

46.7
46.40

预留DN350PVC排水管
间距为40米预留一个

驳岸详图

300X300X20
山东白麻花岗岩条石
30厚1:4干硬性水泥砂浆
砖砌体(MU15灰砂砖，5.0水泥砂浆砌筑)
30厚1:4干硬性水泥砂浆
100厚C15混凝土
100厚6%水泥石粉渣
素土夯实≥90%

350X300X20
山东白麻花岗岩（光面）
20厚1:2.5聚合物水泥砂浆
刷素水泥浆一道
8厚1:3水泥砂浆打底
砖砌体(MU15灰砂砖，M5.0水泥砂浆砌筑)

种植土

花岗岩铺装   草地   外贴400X400X20山东白麻花岗岩条石（光面）

条石尺寸图

>四川滨水广场园林景观工程施工图

设计说明

使用群体：大众	图纸张数：102张
图纸深度：施工图	景观设施：亭·廊·花架,平台·栈道·汀步,座凳·座椅,
设计风格：现代风格	景墙·围墙,驳岸·挡土墙,大门,栏杆,树池·
绿地类型：公共活动广场	花坛·花钵,雕塑,水景设计,景观照明,停车场等。

内容简介

本套图纸包括：总平面图、广场详图、广场喷水池、景观墙、入口廊柱、水景详图、花池详图、树池详图、亭子、题字碑、排水图、廊架详图、公厕图、雕塑台、节点详图等共102个文件。

红色花岗石铺地

中心广场雕塑台立面图

黑色花岗石铺地　草地　磨光珍珠白花岗石贴面　红色花岗石铺地

中国白麻光面花岗石　　文化石贴面

中心广场雕塑台剖面图

50厚红色花岗石铺地

50厚中国白麻光面花岗石

20厚中国白麻光面花岗石

磨光
留Ø10孔
铁链
中国白麻毛面花岗石

红色花岗石铺地

黑色花岗石铺地

草地

雕塑台
1.600

磨光珍珠白花岗石贴面

中国白麻光面花岗石

中国白麻毛面花岗石

中国白麻毛面花岗石
成都云石散拼平
中国白麻光面花岗石

中国白麻光面花岗石

中心广场雕塑台平面图

树池剖面图

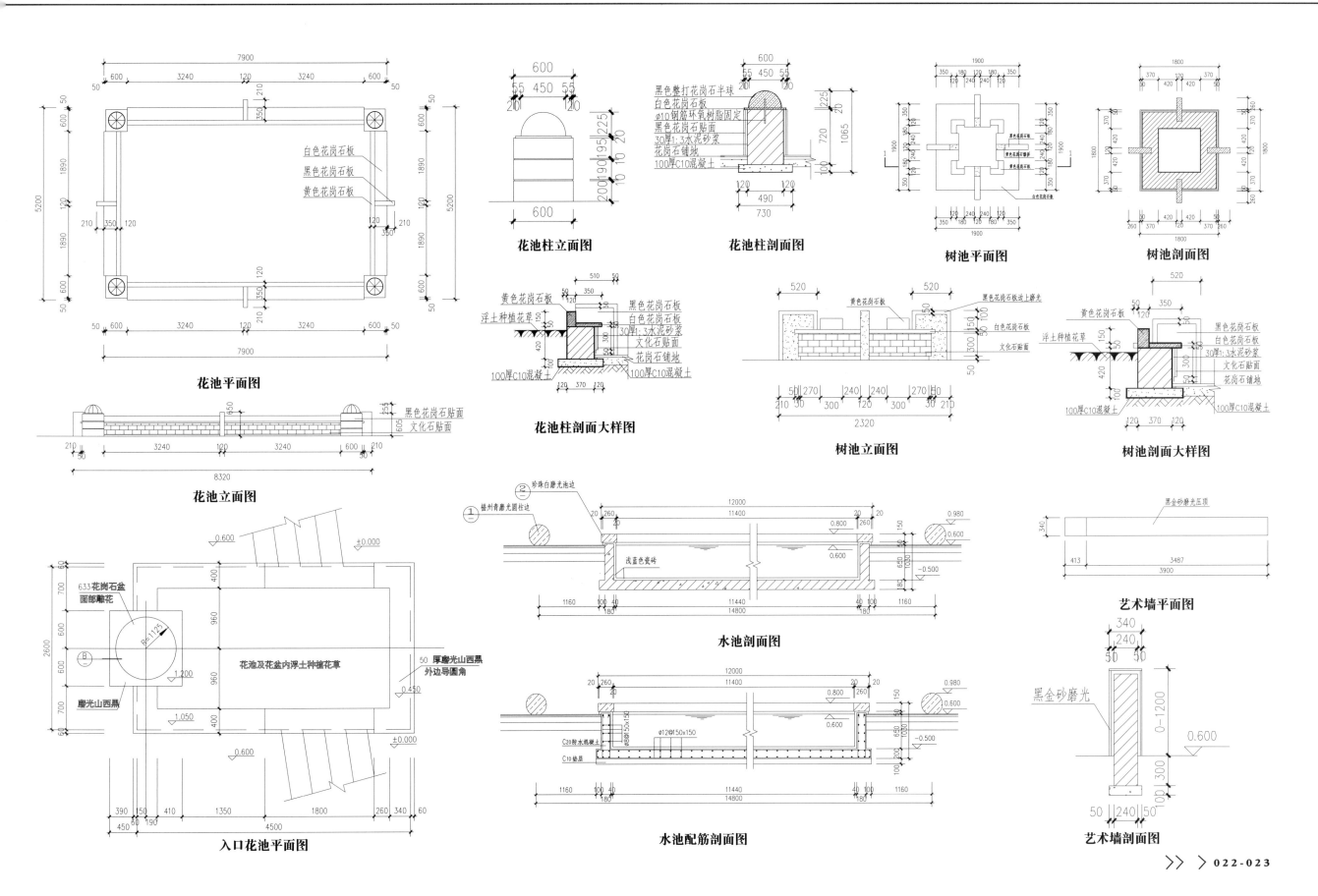

白色花岗石板
黑色花岗石板
黄色花岗石板

花池平面图

黑色花岗石贴面
文化石贴面

花池立面图

花池柱立面图

黑色整打花岗石半球
白色花岗石板
ø10钢筋环氧树脂固定
黑色花岗石贴面
30厚1:3水泥砂浆
花岗石铺地
100厚C10混凝土

花池柱剖面图

树池平面图

黑色花岗石板
白色花岗石板

树池剖面图

黄色花岗石板
浮土种植花草
黑色花岗石板
白色花岗石板
30厚1:3水泥砂浆
文化石贴面
花岗石铺地
100厚C10混凝土

花池柱剖面大样图

黄色花岗石板
黑色花岗石板边上磨光
白色花岗石板
文化石贴面

树池立面图

黄色花岗石板
黑色花岗石板
白色花岗石板
浮土种植花草
30厚1:3水泥砂浆
文化石贴面
花岗石铺地
100厚C10混凝土

树池剖面大样图

633花岗石盆
面部雕花
磨光山西黑
50 厚磨光山西黑
外边导圆角
花池及花盆内浮土种植花草

入口花池平面图

珍珠白磨光池边
福州青磨光圆柱边
浅蓝色瓷砖

水池剖面图

C20防水混凝土
ø12@150x150
ø8@150x150
C10垫层

水池配筋剖面图

黑金砂磨光压顶

艺术墙平面图

黑金砂磨光

艺术墙剖面图

>西安城市中心广场园林景观工程施工图

设计说明

使用群体: 大众
图纸深度: 施工图
设计风格: 现代风格
绿地类型: 公共活动广场

图纸张数: 14张
景观设施: 亭·廊·花架, 平台·栈道·汀步, 座凳·座椅, 景墙·围墙, 驳岸·挡土墙, 大门, 栏杆, 树池·花坛·花钵, 雕塑, 水景设计, 景观照明, 停车场等。

内容简介

本套图纸包括: 目录、设计说明、总平面图、总平面标高图、总平面网格放样图、植物配置图、详图指引、灯光平面布置图、树池铺地及水池剖面大样图、小木桥、花池剖面、座椅及铺装大样、坐凳大样图、凉亭大样图园路台阶剖面、亲水平台大样、休闲小广场铺装、道路剖面大样图、停车场铺地大样图、景墙及小园路平面大样图、凉架大样图、中心广场平面大样图、雕塑、森林广场详图、草铺地详图等, 共14张图纸。

嵌草铺地剖面图

景观步道铺装大样

剖面图

嵌草铺地详图

路局部大样

木质花器平面大样图

详图

木质花器立面大样图

大样图

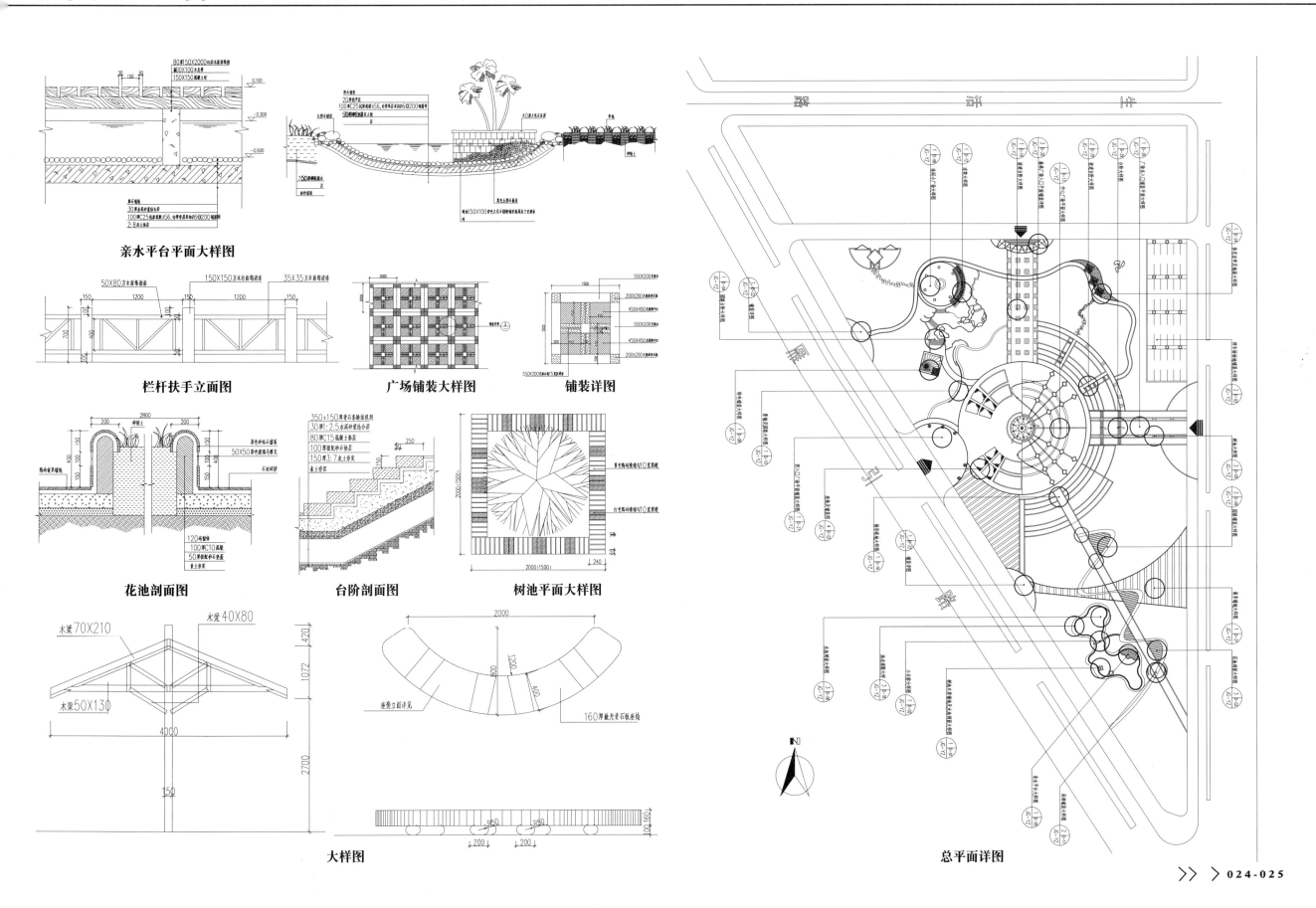

亲水平台平面大样图

栏杆扶手立面图

广场铺装大样图

铺装详图

花池剖面图

台阶剖面图

树池平面大样图

大样图

总平面详图

>西安开发区滨水广场景观施工图

设计说明

使用群体: 大众
图纸深度: 施工图
设计风格: 现代风格
绿地类型: 公共活动广场

图纸张数: 8张
景观设施: 亭、廊、花架、栅、舫、平台栈道,园林座凳,儿童游乐场所,景观照明,自行车棚,垃圾箱,管理用房,停车场,公用电话,公用厕所,铺装设计,景墙等。

内容简介

本套图纸包括:广场道路定位、广场平台平面、剖面、方格图等共8张。

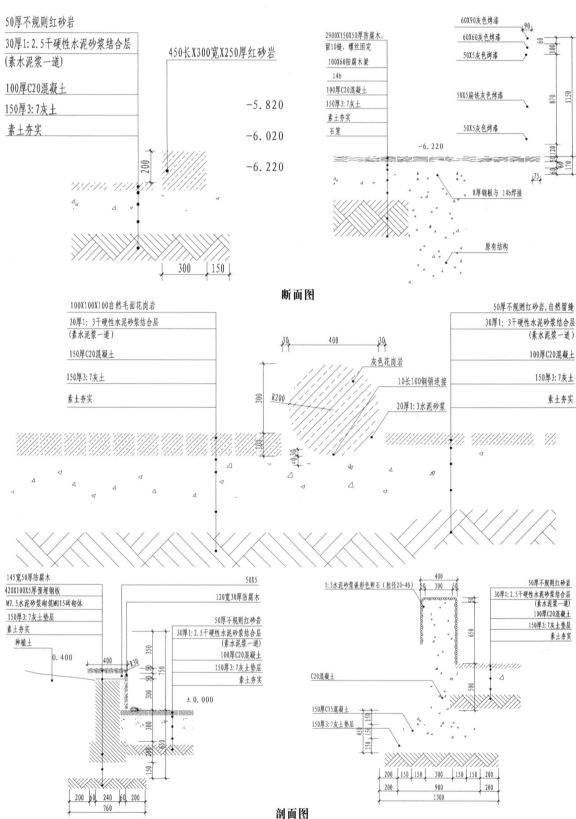

断面图

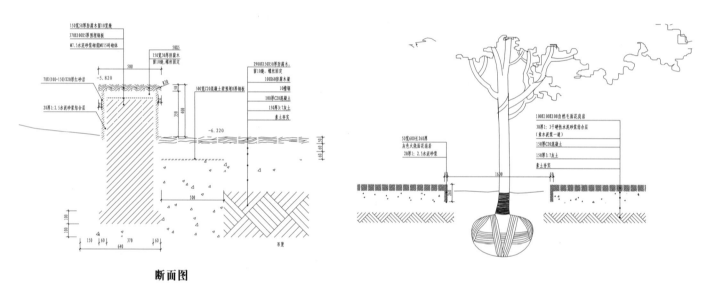

断面图

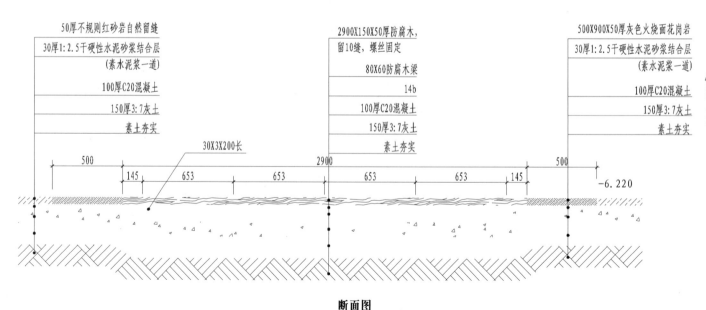

断面图

剖面图

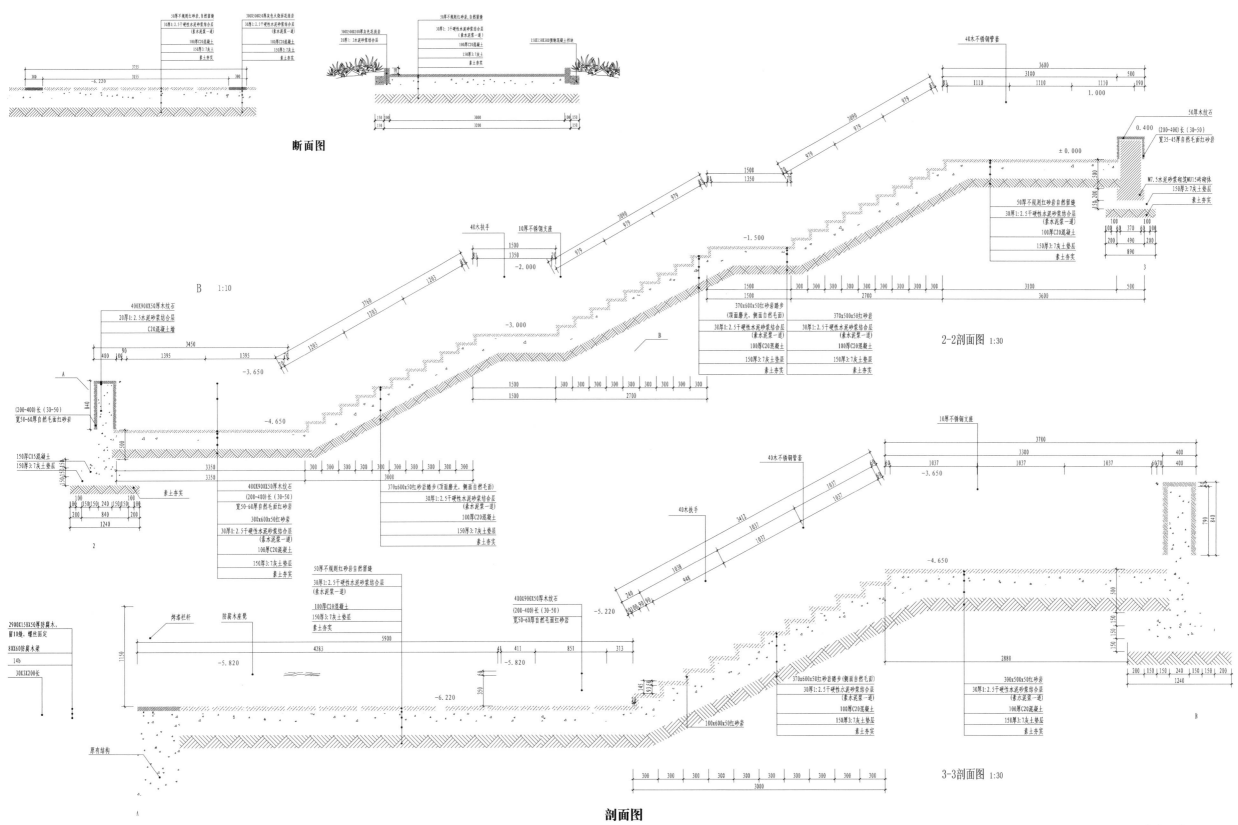

断面图

剖面图

2-2剖面图 1:30

3-3剖面图 1:30

>盐城广场景观工程施工图

设计说明

使用群体: 大众

图纸深度: 施工图

设计风格: 现代风格

绿地类型: 公共活动广场

图纸张数: 63张

景观设施: 亭、廊、花架、榭、舫、平台栈道,园林座凳,儿童游乐场所,景观照明,自行车棚,垃圾箱,管理用房,停车场,公用电话,公用厕所,铺装设计,景墙等。

内容简介

本套图纸包括: 铺装设计图、内庭设计施工图、景墙树池详图、花钵花盆详图、叠水池详图、入口处、旱喷广场、座椅入口种植平面图、沿街花坛、休闲廊架平面图、主商业广场平面图、总平面图。入口叠水池详图、沿街种植平面图。62个CAD文件,附彩色总平面图一张。

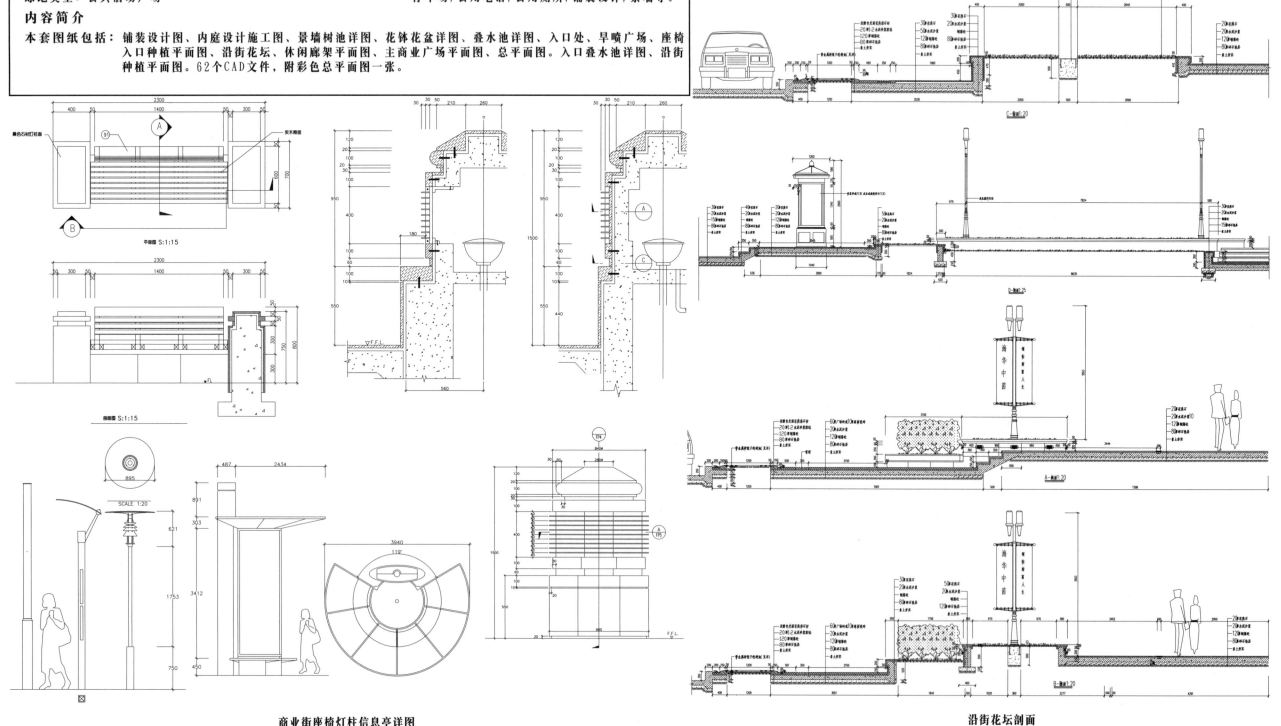

商业街座椅灯柱信息亭详图

沿街花坛剖面

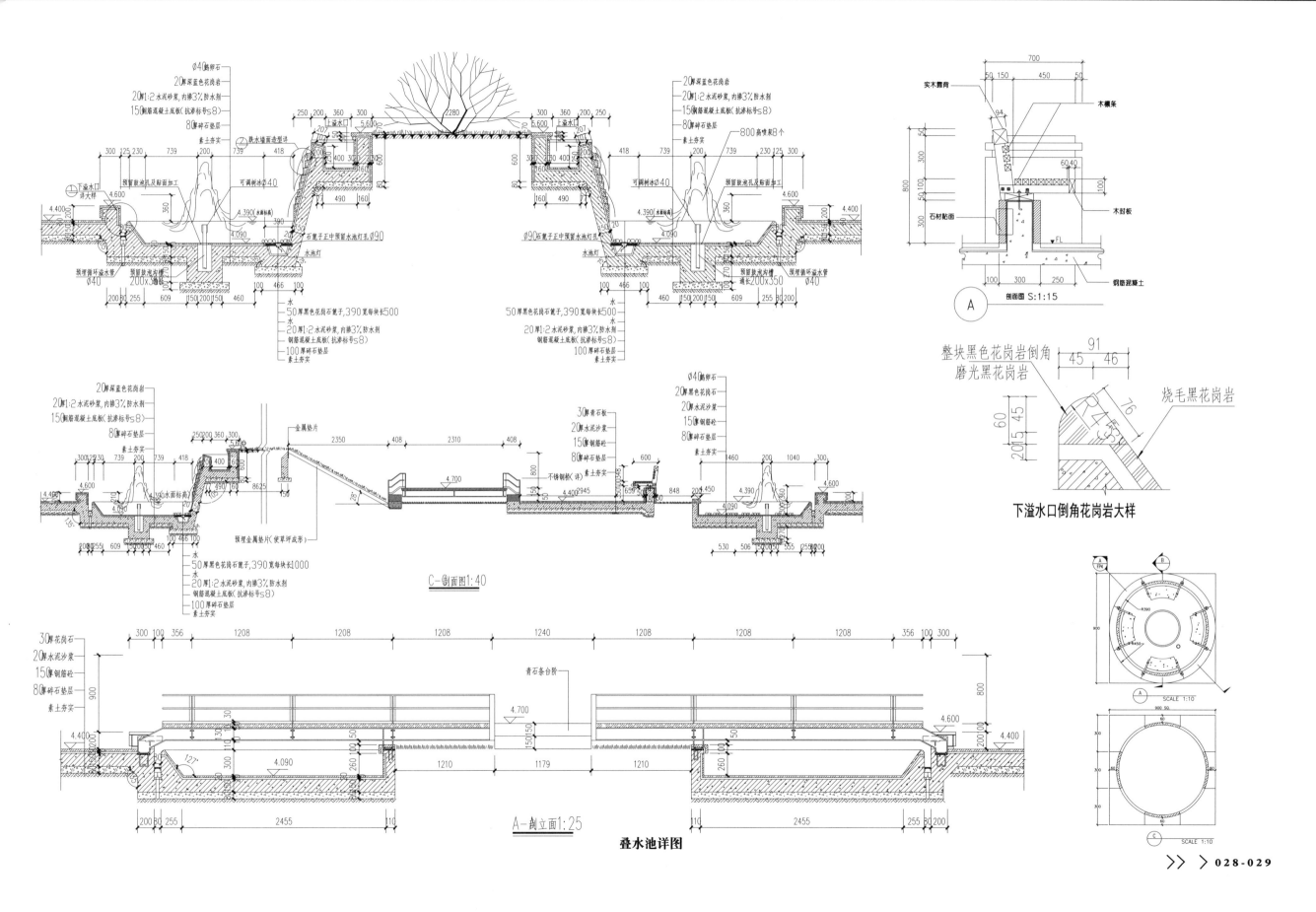

C-剖面图1:40

A-剖立面1:25

叠水池详图

剖面图 S:1:15

下溢水口倒角花岗岩大样

>长沙城市休闲广场园林景观工程施工图

设计说明

使用群体: 大众
图纸深度: 施工图
设计风格: 现代风格
绿地类型: 公共活动广场

图纸张数: 30张
景观设施: 亭·廊·花架,平台·栈道·汀步,座凳·座椅,景墙·围墙,驳岸·挡土墙,大门,栏杆,树池·花坛花钵,水景设计,景观照明,停车场,管理用房等。

内容简介

本套图纸包括: 空间形态及风水分析、功能及结构示意图、景观分析、总平面图、室内装修构造表、建筑设计总说明、门窗表、大样图、楼面结构布置图、屋面结构布置图、基础结构布置图、图纸目录、建筑设计说明、门窗表、室内装修表、平面图、游泳池剖面图、节点详图、屋顶平面 、入口处立面檐口及屋顶放大图、金属玻璃顶平面、入口屋顶平面、基础平面布置图、楼面平面布置图、屋面平面布置图等。

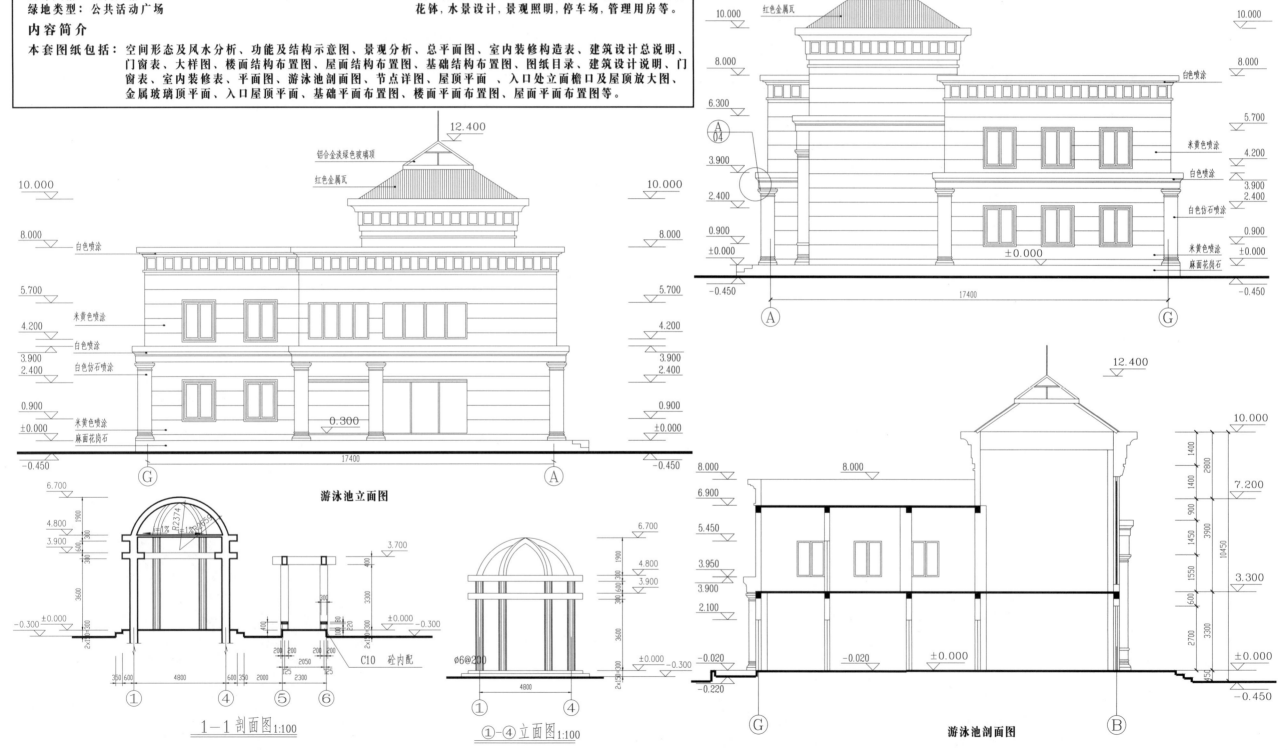

游泳池立面图

1-1 剖面图 1:100

①-④立面图 1:100

游泳池剖面图

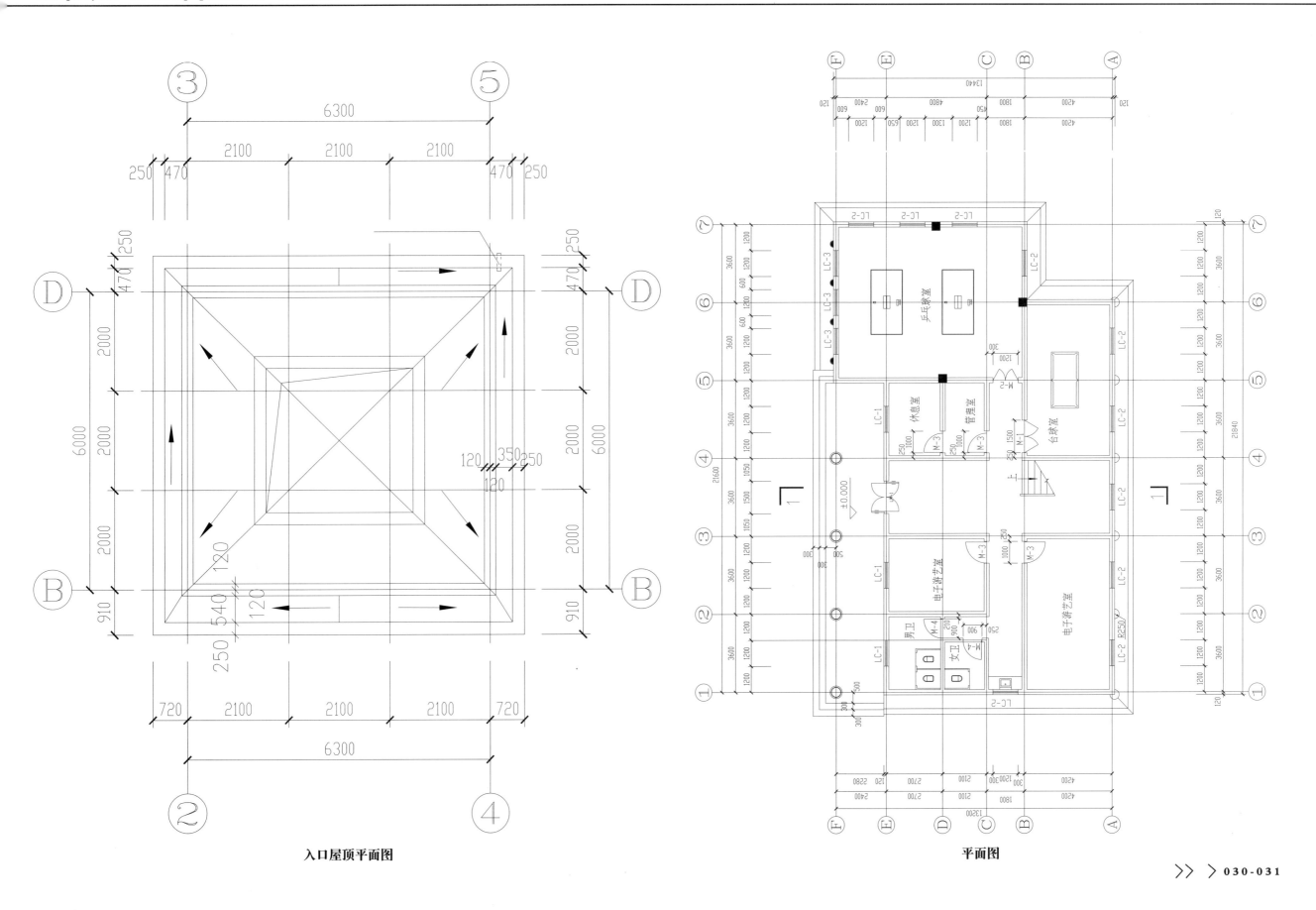

入口屋顶平面图

平面图

>浙江政府前广场景观设计施工图

设计说明

使用群体：大众	图纸张数：87张
图纸深度：施工图	景观设施：亭·廊·花架，座凳·座椅，树池·花坛·花钵，停车场，标识系统，铺装设计等。
设计风格：现代风格	
绿地类型：公共活动广场	

内容简介

本套图纸包括：总平面图、分区平面图、廊架剖立面图、曲水流觞详图、残疾人坡道详图、广场主入口详图、绿化施工详图、休闲长廊结构详图、水景结构平面图、休憩廊基础平面图、围墙结构图、夕阳雕塑平面图、树池详图等，共87张图纸。

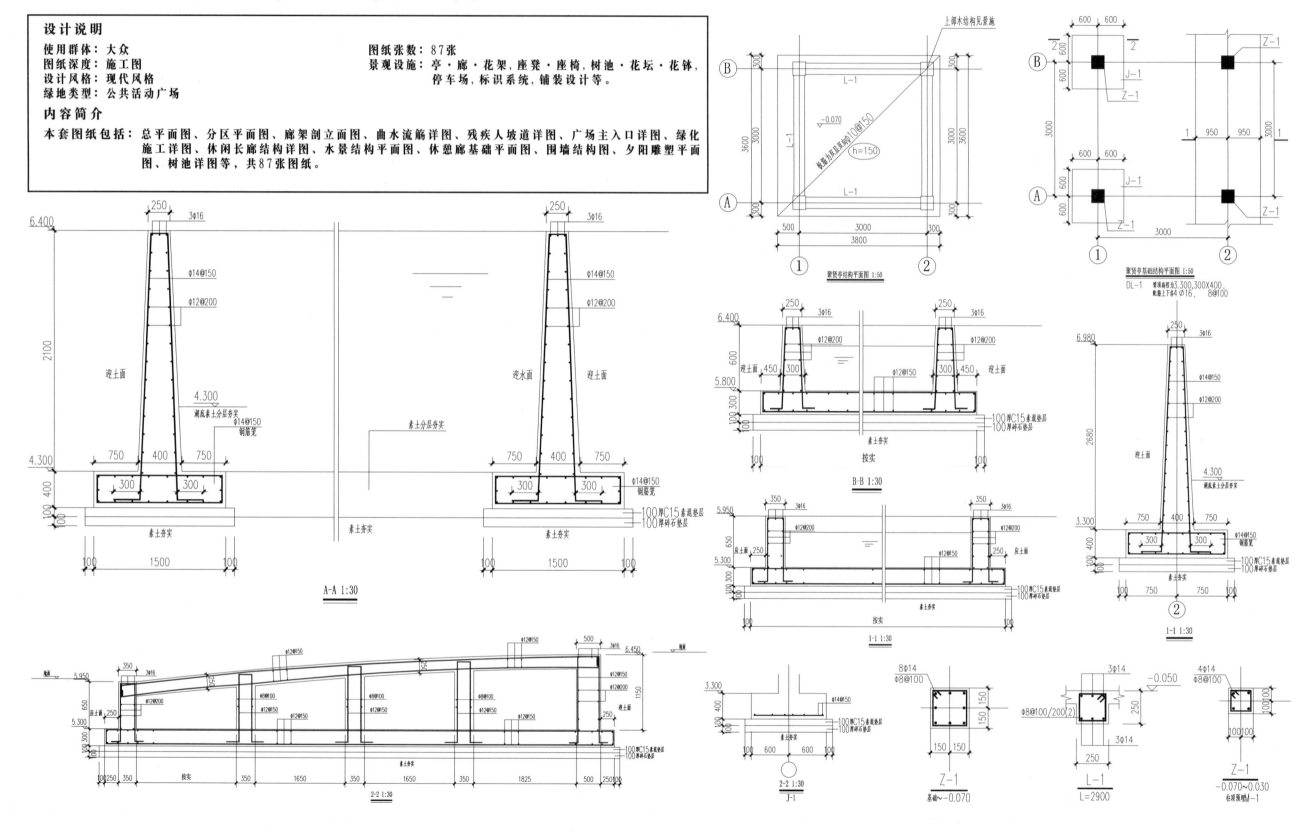

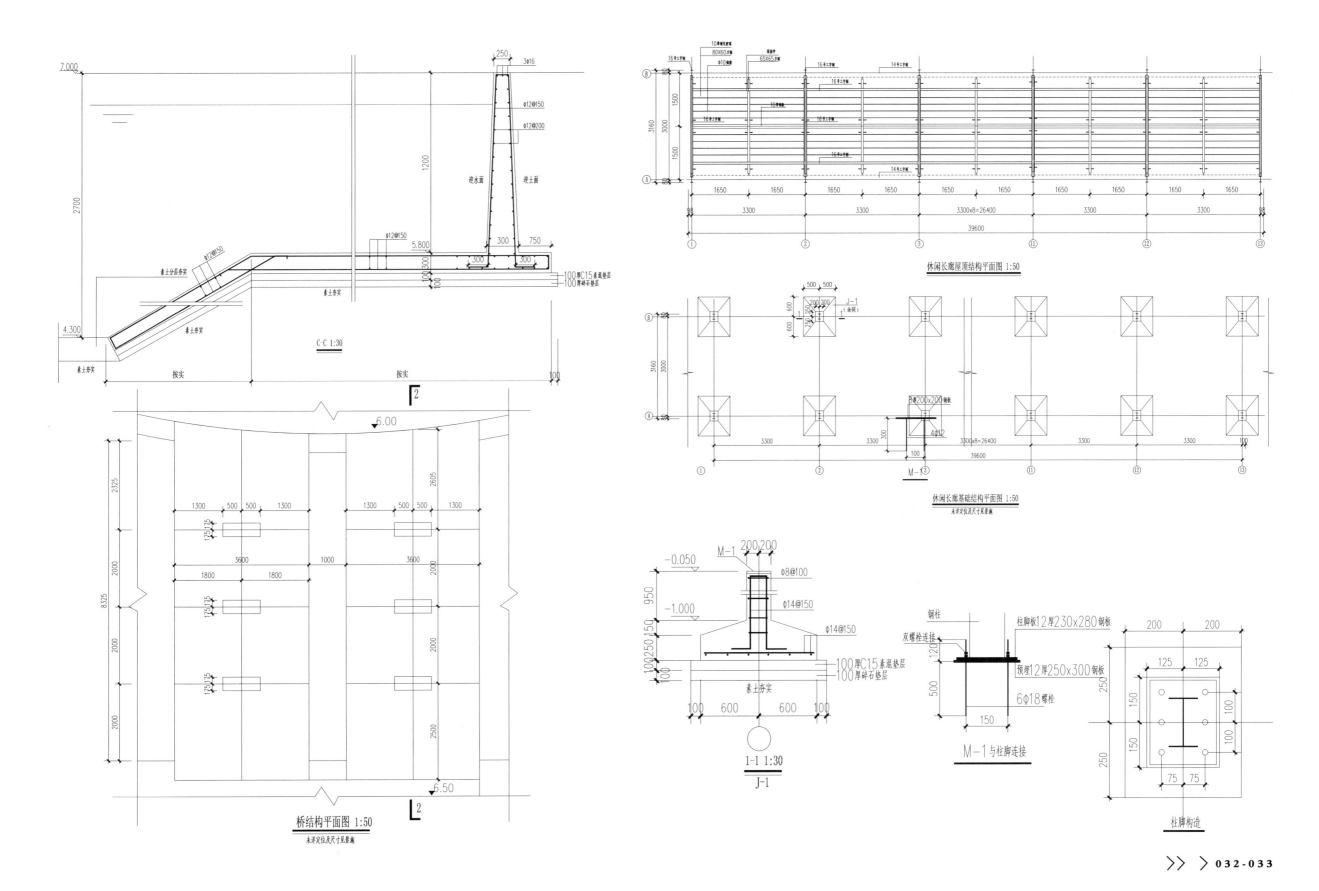

C-C 1:30

休闲长廊屋顶结构平面图 1:50

休闲长廊基础结构平面图 1:50
未详定位及尺寸见景施

桥结构平面图 1:50
未详定位及尺寸见景施

1-1 1:30
J-1

M-1与柱脚连接

柱脚构造

>重庆商住社区广场景观工程施工图

设计说明

使用群体: 大众
图纸深度: 施工图
设计风格: 现代风格
绿地类型: 公共活动广场

图纸张数: 20张
景观设施: 亭·廊·花架,平台·栈道·汀步,座凳·座椅,景墙·围墙·驳岸·挡土墙,大门,栏杆,树池·花坛·花钵,雕塑,水景设计,景观照明等。

内容简介

本套图纸包括: 设计说明、总平面定位图、前区商业广场平面图、商业街大样图、后区入口广场大样图、水景广场平面图、水景区大样图、水景区小瀑布大样图、斜坡花池大样图、阶梯花池及树池大样图、绿草看台大样图、景观栏杆及花池边大样图、踏步大样图、入口水景大样图、标志台大样图、乔木平面布置图、地被及灌木植被植物平面布置图、层叠花池绿化布置图等,共20个CAD文件。

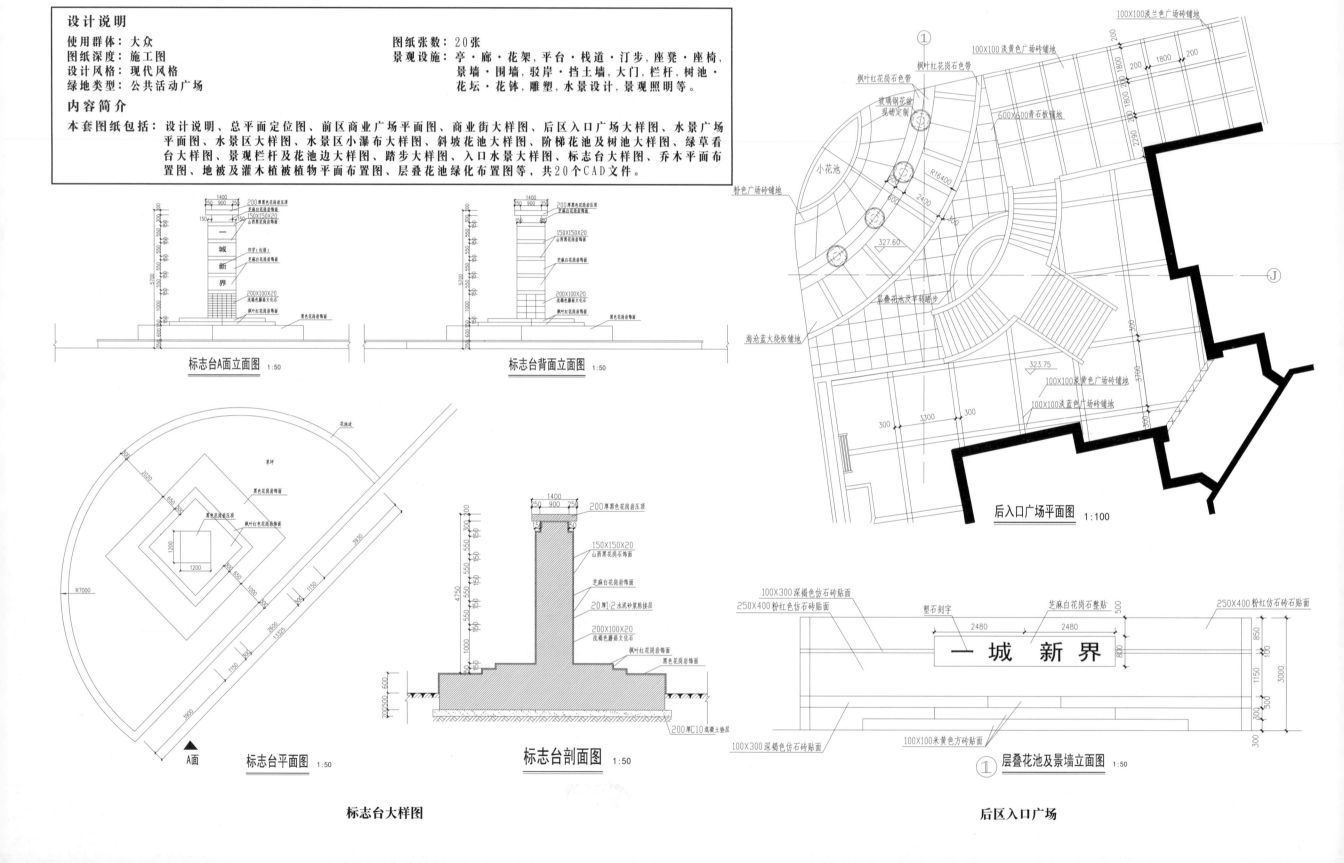

标志台A面立面图 1:50

标志台背面立面图 1:50

后入口广场平面图 1:100

标志台平面图 1:50

标志台剖面图 1:50

层叠花池及景墙立面图 1:50

标志台大样图

后区入口广场

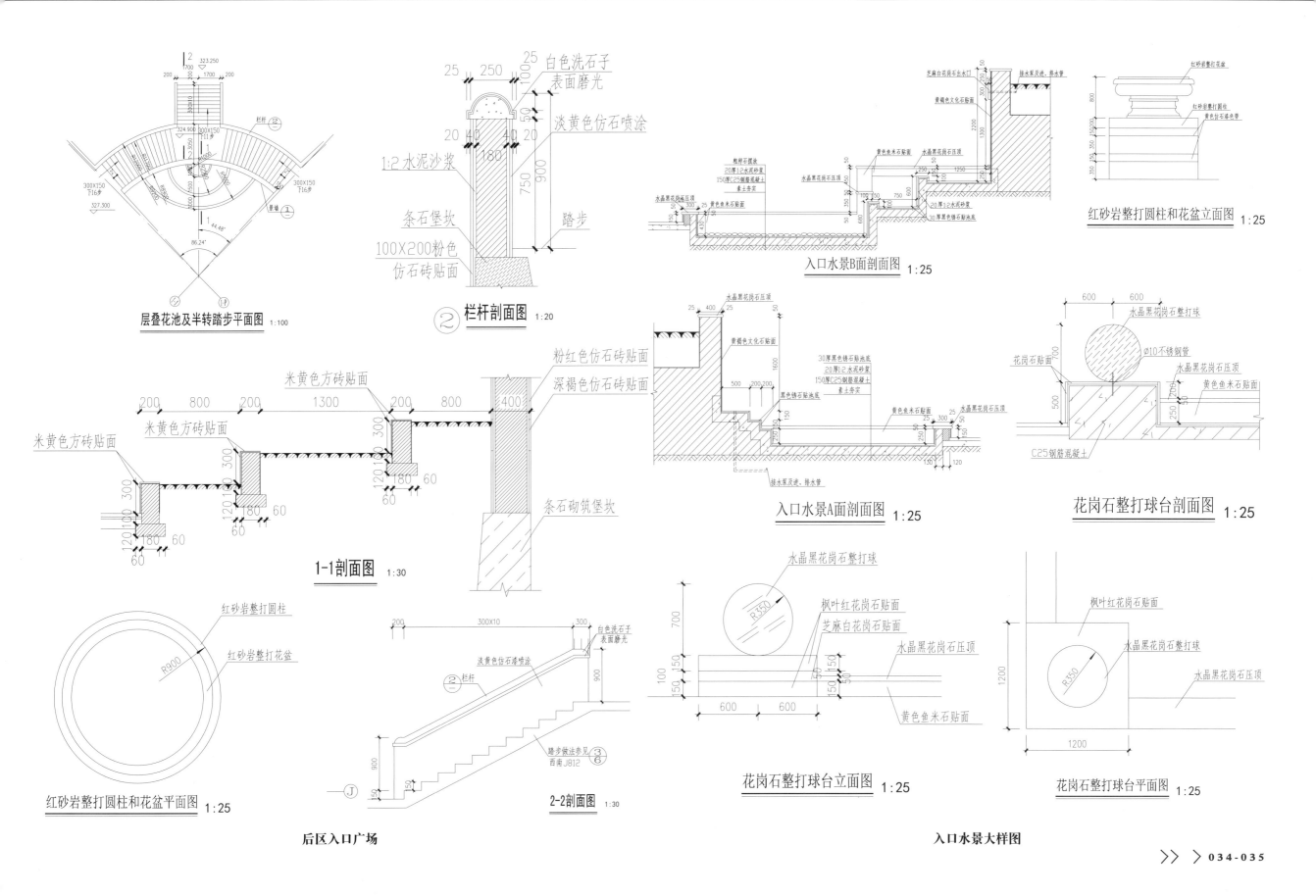

层叠花池及半转踏步平面图 1:100

② 栏杆剖面图 1:20

白色洗石子表面磨光
淡黄色仿石喷涂
1:2 水泥沙浆
条石堡坎
100X200粉色仿石砖贴面
踏步

入口水景B面剖面图 1:25

红砂岩整打圆柱和花盆立面图 1:25

米黄色方砖贴面
米黄色方砖贴面
米黄色方砖贴面
粉红色仿石砖贴面
深褐色仿石砖贴面
条石砌筑堡坎

1-1剖面图 1:30

入口水景A面剖面图 1:25

花岗石整打球台剖面图 1:25

红砂岩整打圆柱
红砂岩整打花盆

红砂岩整打圆柱和花盆平面图 1:25

后区入口广场

白色洗石子表面磨光
淡黄色仿石漆喷涂
② 栏杆
踏步做法参见 ③ 西南J812 ⑥

2-2剖面图 1:30

水晶黑花岗石整打球
枫叶红花岗石贴面
芝麻白花岗石贴面
水晶黑花岗石压顶
黄色鱼米石贴面

花岗石整打球台立面图 1:25

枫叶红花岗石贴面
水晶黑花岗石整打球
水晶黑花岗石压顶

花岗石整打球台平面图 1:25

入口水景大样图

>重庆生活文化广场景观工程施工图

设计说明

使用群体：大众
图纸深度：施工图
设计风格：现代风格
绿地类型：公共活动广场

图纸张数：34张
景观设施：亭·廊·花架，座凳·座椅，树池·花坛·花钵，雕塑，水景设计，假山置石等。

内容简介

本套图纸包括：总平面图、分区平面图、景观台详图、风情竹楼详图、广场铺地详图、花柱详图、火炬盆详图、巨树池详图、入口广场详图、水墙详图、停车场详图、下沉广场详图、休闲坐凳详图、中心广场详图、竹楼大样详图等，共34张图纸。

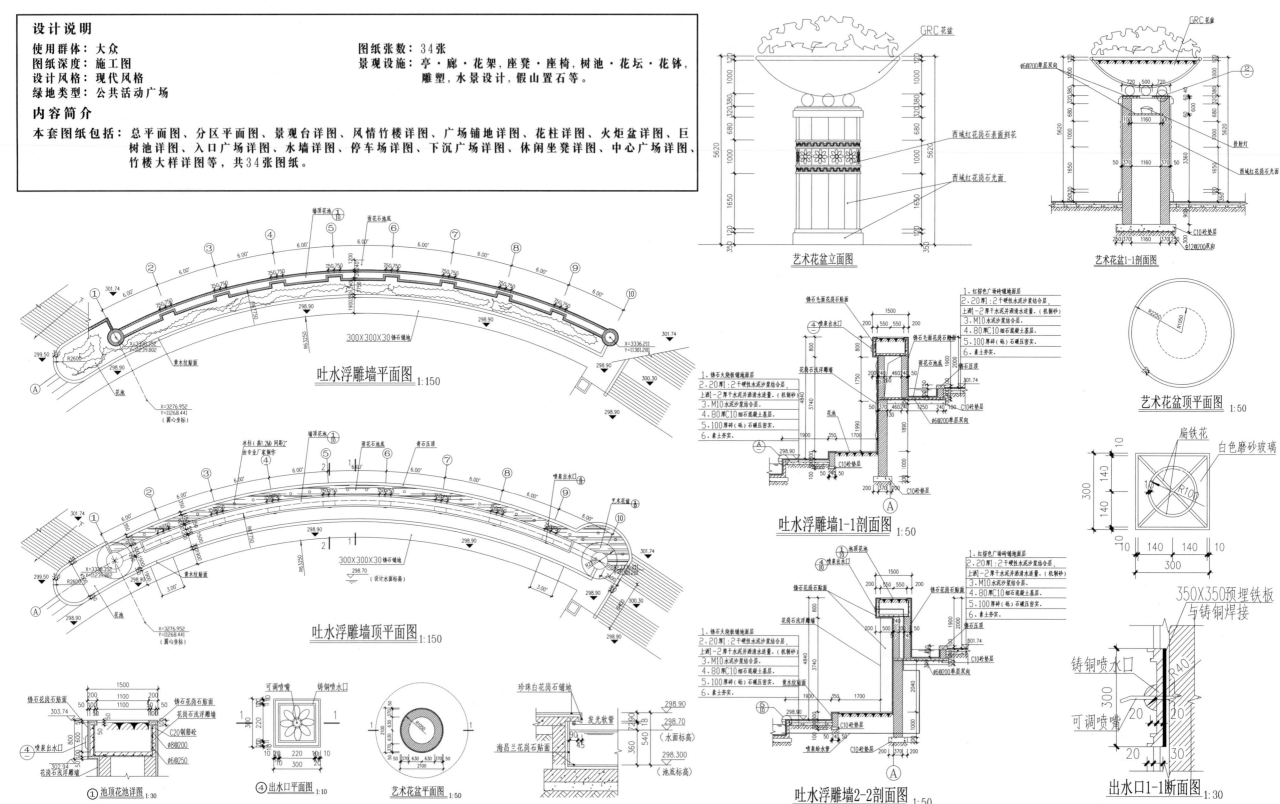

艺术花盆立面图

艺术花盆1-1剖面图

艺术花盆顶平面图 1:50

吐水浮雕墙平面图 1:150

吐水浮雕墙顶平面图 1:150

300X300X30铸石铺地

300X300X30铸石铺地

吐水浮雕墙1-1剖面图 1:50

吐水浮雕墙2-2剖面图 1:50

① 池顶花池详图 1:30

④ 出水口平面图 1:10

艺术花盆平面图 1:50

出水口1-1断面图 1:30

水墙

水墙

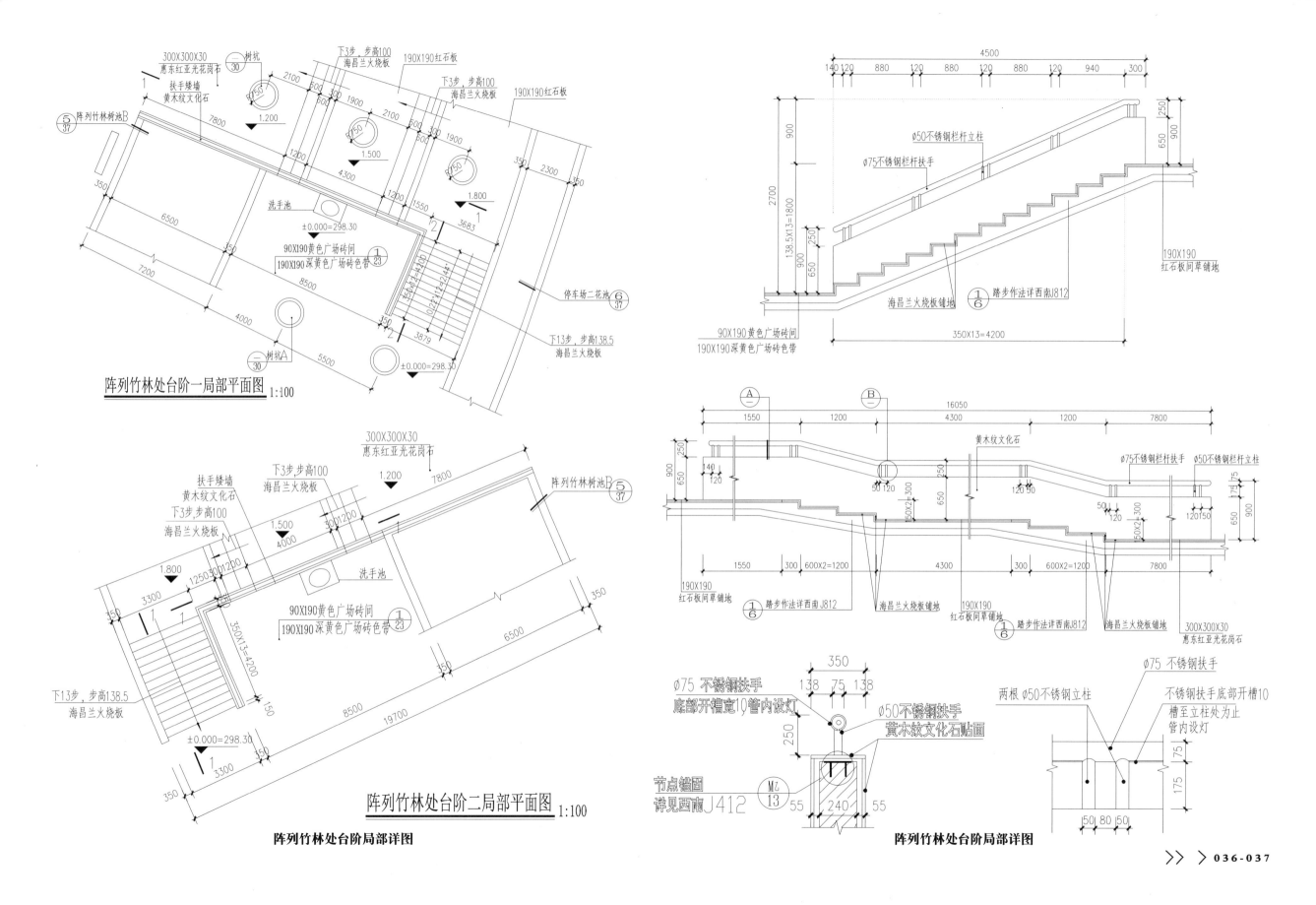

阵列竹林处台阶一局部平面图 1:100

阵列竹林处台阶二局部平面图 1:100

阵列竹林处台阶局部详图

阵列竹林处台阶局部详图

〉重庆广场景观工程设计图

设计说明

使用群体：大众
图纸深度：施工图
设计风格：现代风格
绿地类型：公共活动广场

图纸张数：27张
景观设施：亭·廊·花架·平台·栈道·汀步·座凳·座椅·景墙·围墙·驳岸·挡土墙·栏杆·树池·花坛·花钵、雕塑、水景设计、景观照明、自行车棚、停车场等。

内容简介

本套图纸包括：设计说明、总平图布置及材料配置图、风情竹楼大样图、中心区广场分区平面图、竹林处台阶局部详图、绿岛平面放样图、水景广场详图、玻璃廊桥详图、中心广场分区平面图、吐水浮雕详图、四季花海平面图、饮水思源平面图、树池详图、休息岛详图、跌水池详图、停车场详图、巨树池详图、广场入口平面图、树坑、水景墙、总平面照明图、残疾坡道详图等。

助残坡道二平面图

助残坡道一平面图 1:100

残疾人坡道一3-3剖面图 1:50

残疾人坡道

公厕1至2轴平面图 1:100

公厕A至B轴平面图 1:100

公厕1-1剖面图 1:100

公厕详图

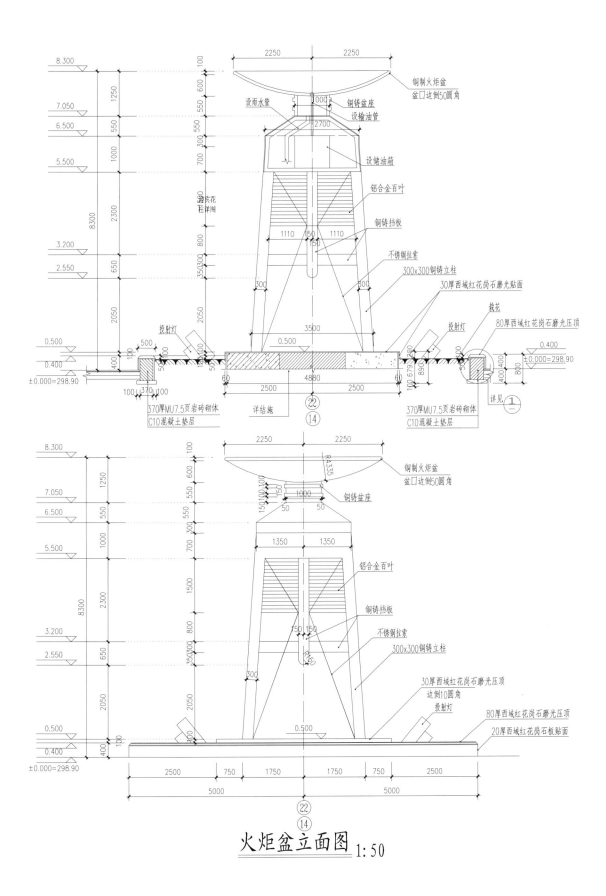

火炬盆立面图 1:50

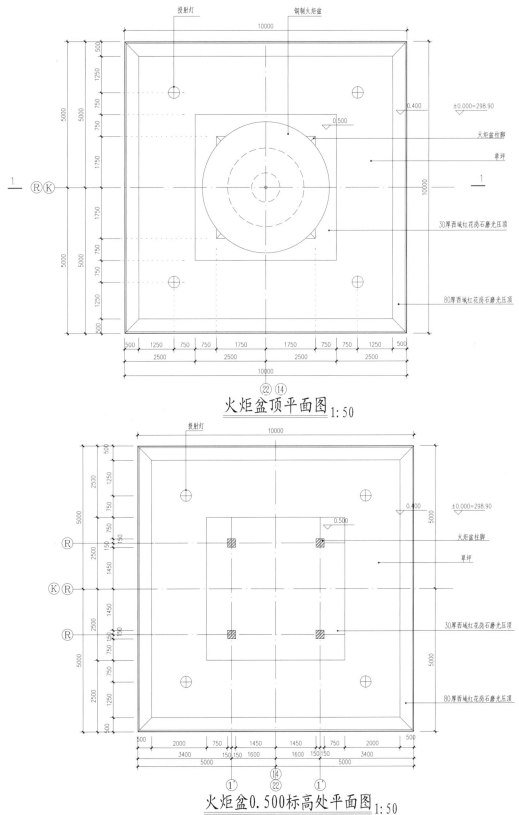

火炬盆顶平面图 1:50

火炬盆0.500标高处平面图 1:50

>大厦广场全套园林施工图纸

设计说明

使用群体: 大众
图纸深度: 施工图
设计风格: 现代风格
绿地类型: 公共活动广场

图纸张数: 16张
景观设施: 亭、廊、花架、栅、舫、平台栈道,园林座凳,景观照明,垃圾箱,停车场,公用电话,公用厕所,铺装设计,景墙,围墙,大门,树池花坛,雕塑,水景等。

内容简介

本套图纸包括: 大厦广场全套园林施工图纸包括总平面、索引详图、灯具布置、植物配置、总平网格以及部分小品施工图共计16张图纸。

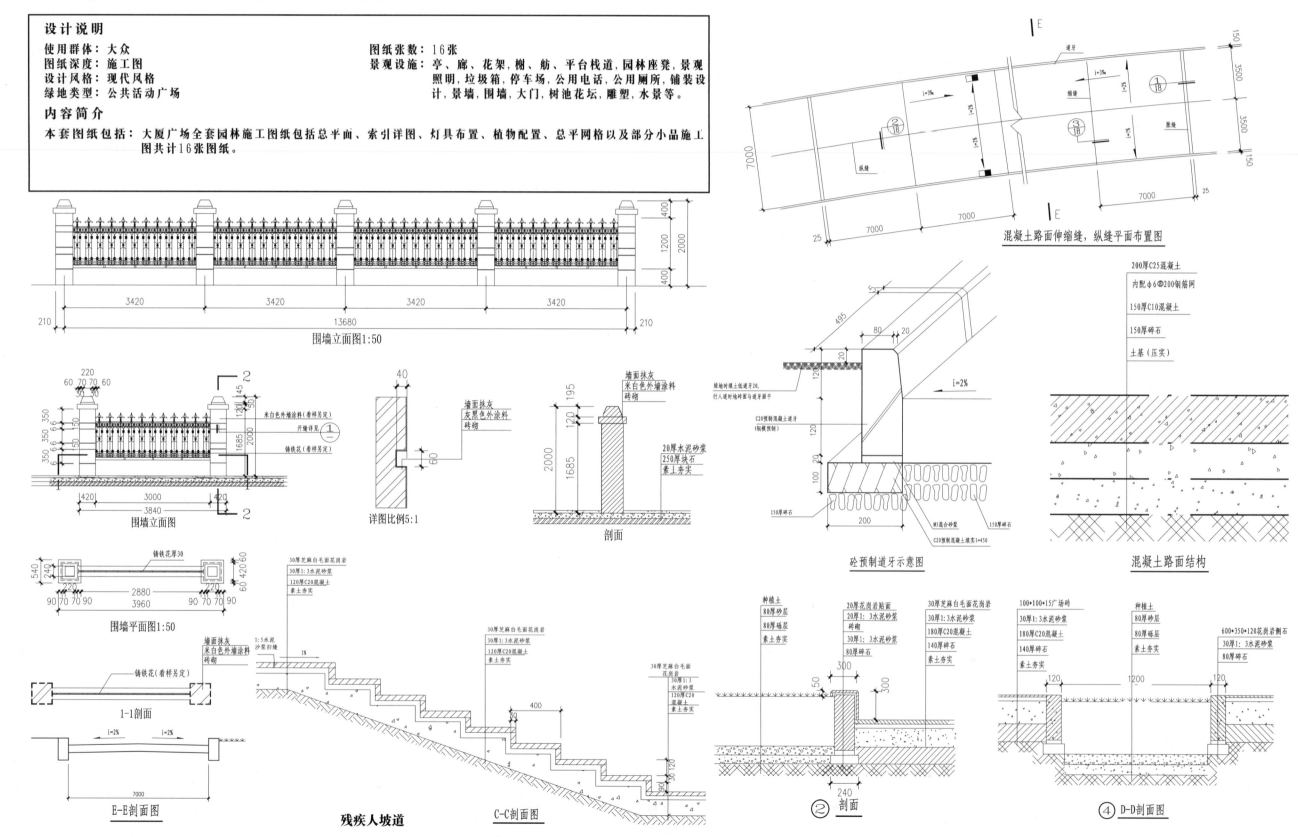

混凝土路面伸缩缝,纵缝平面布置图

围墙立面图1:50

围墙立面图

详图比例5:1

剖面

砼预制道牙示意图

混凝土路面结构

围墙平面图1:50

1-1剖面

E-E剖面图

残疾人坡道

C-C剖面图

② 剖面

④ D-D剖面图

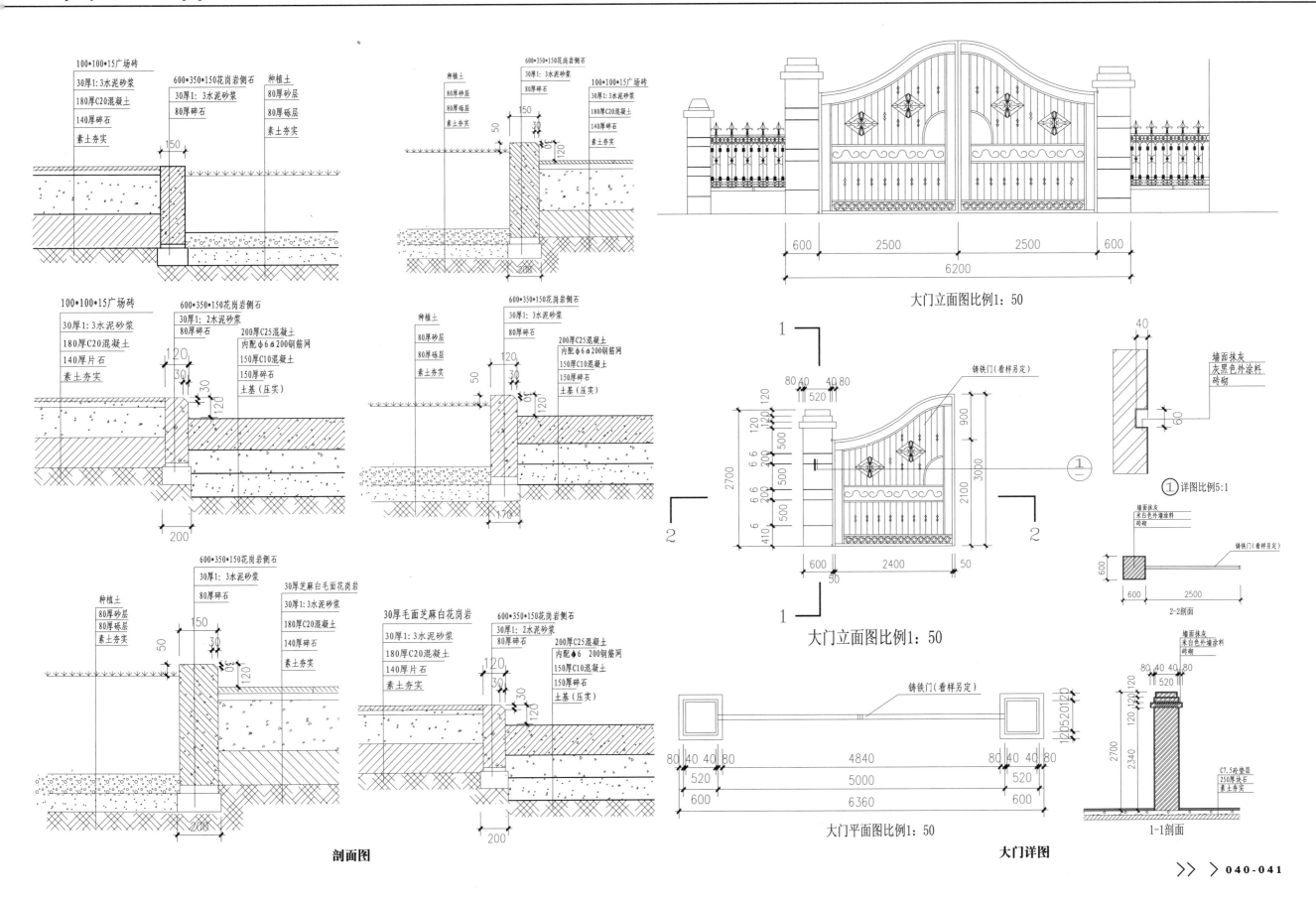

剖面图

大门立面图比例1：50

大门立面图比例1：50

大门平面图比例1：50

大门详图

①详图比例5：1

2-2剖面

1-1剖面

> 大学汇文广场施工图

设计说明

使用群体: 大众
图纸深度: 施工图
设计风格: 现代风格
绿地类型: 公共活动广场

图纸张数: 16张
景观设施: 亭、廊、花架、榭、舫、平台栈道,园林座凳,景观
照明,自行车棚,垃圾箱,公用电话,公用厕所,铺装
设计,景墙,围墙,大门,树池花坛,雕塑,水景等。

内容简介

本套图纸包括: 排水施工图、植物施工图、总平面图、电气系统及说明、电气配线平面图、电器施工图、结构施工图、
主入口形象牌详图、花池及树池详图、踏步及植草砖详图、铺装大样及结构图、植物配置图等共计16张
图纸。

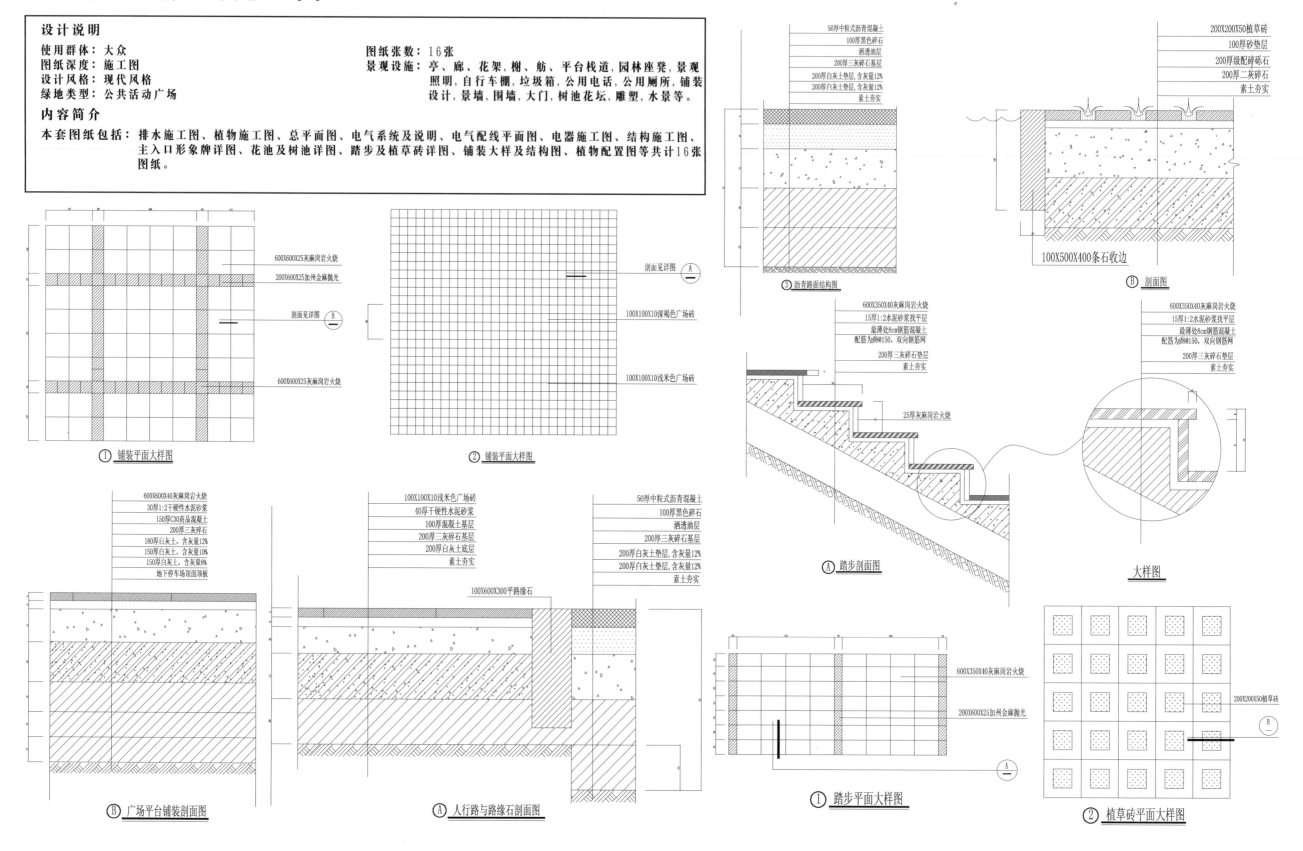

① 铺装平面大样图

② 铺装平面大样图

③ 沥青路面结构图

Ⓑ 剖面图

Ⓐ 踏步剖面图

大样图

Ⓑ 广场平台铺装剖面图

Ⓐ 人行路与路缘石剖面图

① 踏步平面大样图

② 植草砖平面大样图

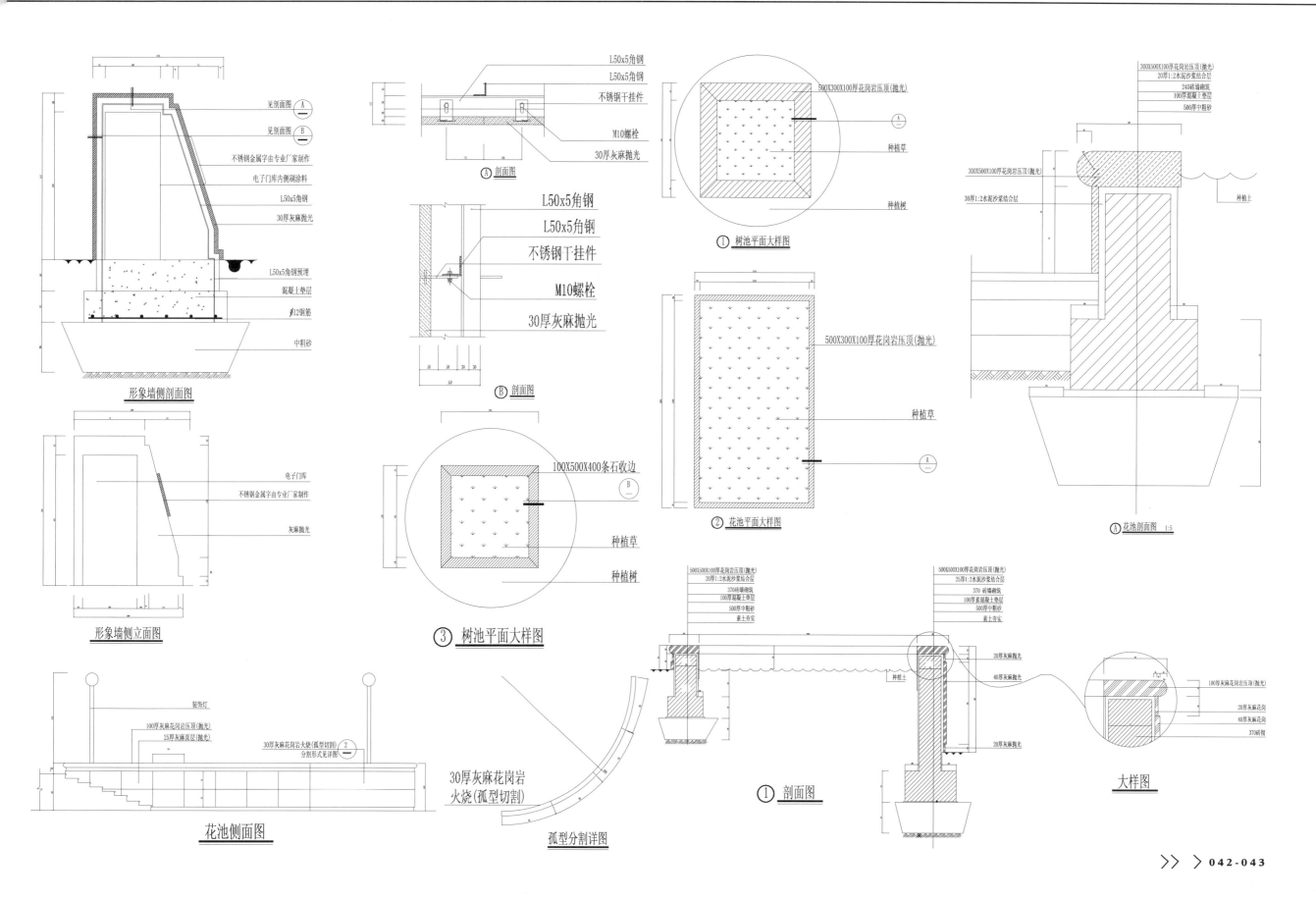

见剖面图 A
见剖面图 B
不锈钢金属字由专业厂家制作
电子门库内侧刷涂料
L50x5角钢
30厚灰麻抛光
L50x5角钢预埋
混凝土垫层
Φ12钢筋
中粗砂

形象墙侧剖面图

L50x5角钢
L50x5角钢
不锈钢干挂件
M10螺栓
30厚灰麻抛光
A 剖面图

L50x5角钢
L50x5角钢
不锈钢干挂件
M10螺栓
30厚灰麻抛光

B 剖面图

590X300X100厚花岗岩压顶(抛光)
种植草
种植树

① 树池平面大样图

500X300X100厚花岗岩压顶(抛光)
种植草

② 花池平面大样图

100X500X400条石收边
种植草
种植树

③ 树池平面大样图

300X500X100厚花岗岩压顶(抛光)
20厚1:2水泥砂浆结合层
240砖墙砌筑
100厚混凝土垫层
500厚中粗砂

300X500X100厚花岗岩压顶(抛光)
30厚1:2水泥砂浆结合层
种植土

A 花池剖面图 1:5

电子门库
不锈钢金属字由专业厂家制作
灰麻抛光

形象墙侧立面图

装饰灯
100厚灰麻花岗岩压顶(抛光)
25厚灰麻面层(抛光)
30厚灰麻花岗岩火烧(弧型切割)
分割形式见详图 ②

花池侧面图

30厚灰麻花岗岩
火烧(弧型切割)

弧型分割详图

500X500X100厚花岗岩压顶(抛光)
20厚1:2水泥砂浆结合层
370砖墙砌筑
100厚混凝土垫层
500厚中粗砂
素土夯实

500X500X100厚花岗岩压顶(抛光)
25厚1:2水泥砂浆结合层
370砖墙砌筑
100厚素混凝土垫层
500厚中粗砂
素土夯实

种植土

① 剖面图

20厚灰麻抛光
40厚灰麻花岗顶
20厚灰麻抛光

100厚灰麻花岗岩压顶(抛光)
20厚灰麻花岗
40厚灰麻花岗
370砖墙

大样图

>广场景观改造工程施工图

设计说明

使用群体: 大众
图纸深度: 施工图
设计风格: 现代风格
绿地类型: 公共活动广场

图纸张数: 10张
景观设施: 亭、廊、花架、树、舫、平台栈道,园林座凳,儿童
游乐场所,景观照明,自行车棚,垃圾箱,管理用房,
公用厕所,铺装设计,景墙,围墙,树池花坛等。

内容简介

本套图纸包括: 土建绿化施工说明、总平面、索引、竖向及小品施工详图等共10张。

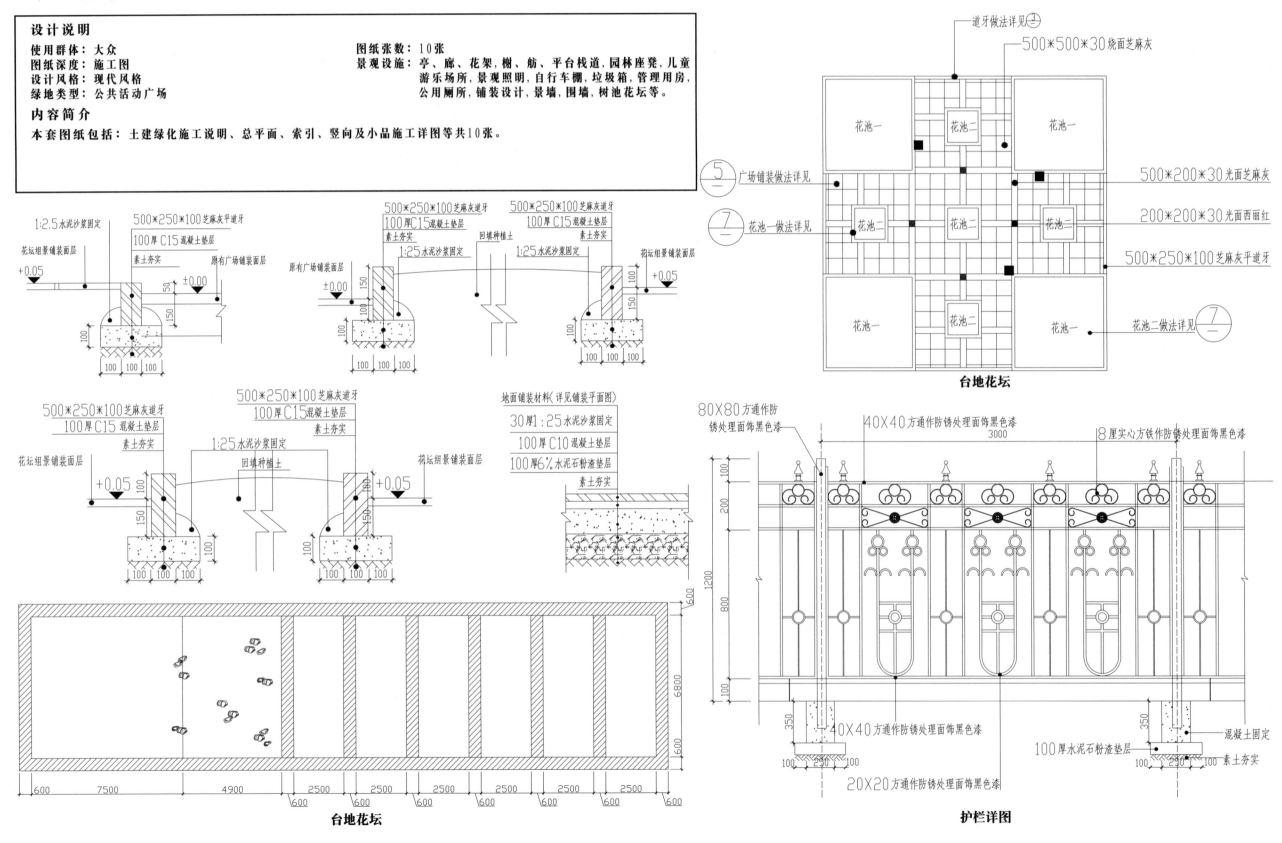

台地花坛

护栏详图

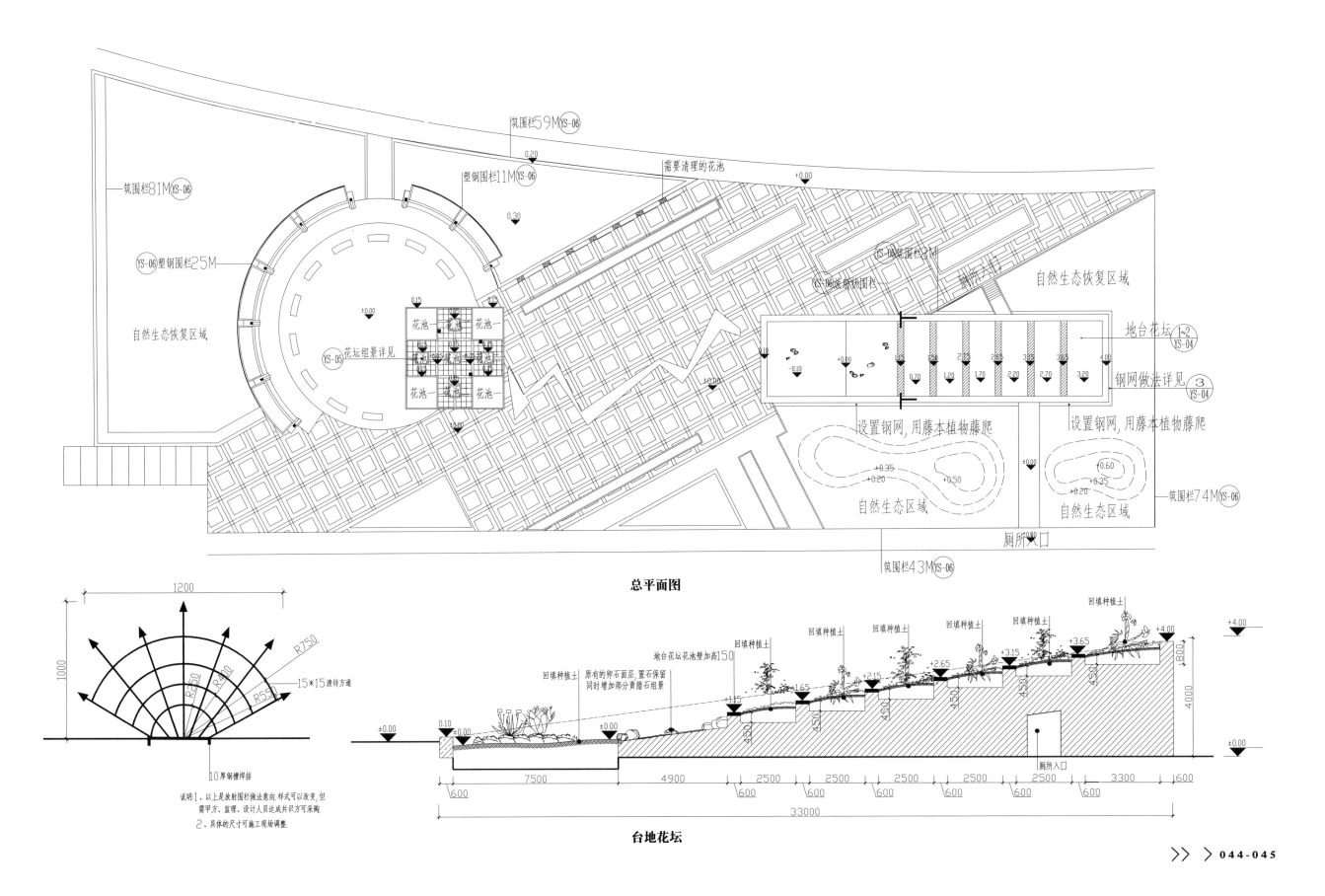

筑围栏81M(YS-06)

(YS-06)塑钢围栏25M

自然生态恢复区域

筑围栏59M(YS-06)

0.20

塑钢围栏11M(YS-06)

0.30

需要清理的花池

+0.00

0.15

±0.00

花坛组景详见(YS-05)

花池 花池 花池

花池 花池 花池

花池 花池 花池

YS-06筑围栏

YS-06筑围栏

厕所入口

自然生态恢复区域

地台花坛1~2(YS-04)

钢网做法详见 3 (YS-04)

-0.10 +0.00

0.70 1.20 1.70 2.20 2.70 3.20

设置钢网,用藤本植物藤爬

设置钢网,用藤本植物藤爬

+0.35
+0.20 +0.50

自然生态区域

+0.60
+0.35
+0.20

自然生态区域

筑围栏74M(YS-06)

厕所入口

筑围栏43M(YS-06)

总平面图

1200

1000

R750
R650
R450
R400
R550

15*15渡锌方通

10厚钢槽焊接

说明:1、以上是放射围栏做法意向、样式可以改变,但
需甲方、监理、设计人员达成共识方可采购
2、具体的尺寸可施工现场调整

回填种植土

+4.00

回填种植土

地台花坛花池花壁加高150

回填种植土

原有的卵石面层,置石保留
同时增加部分黄腊石组景

回填种植土

回填种植土

回填种植土

+4.00

+3.65

+3.15

+2.65

+2.15

+1.65

+1.15

±0.00

±0.00

0.10

±0.00

450 450 450 450 450 450

厕所入口

+0.00

800

4000

±0.00

7500 4900 2500 2500 2500 2500 2500 3300 1600

600 600 600 600 600 600

33000

台地花坛

>广场景观设计施工图

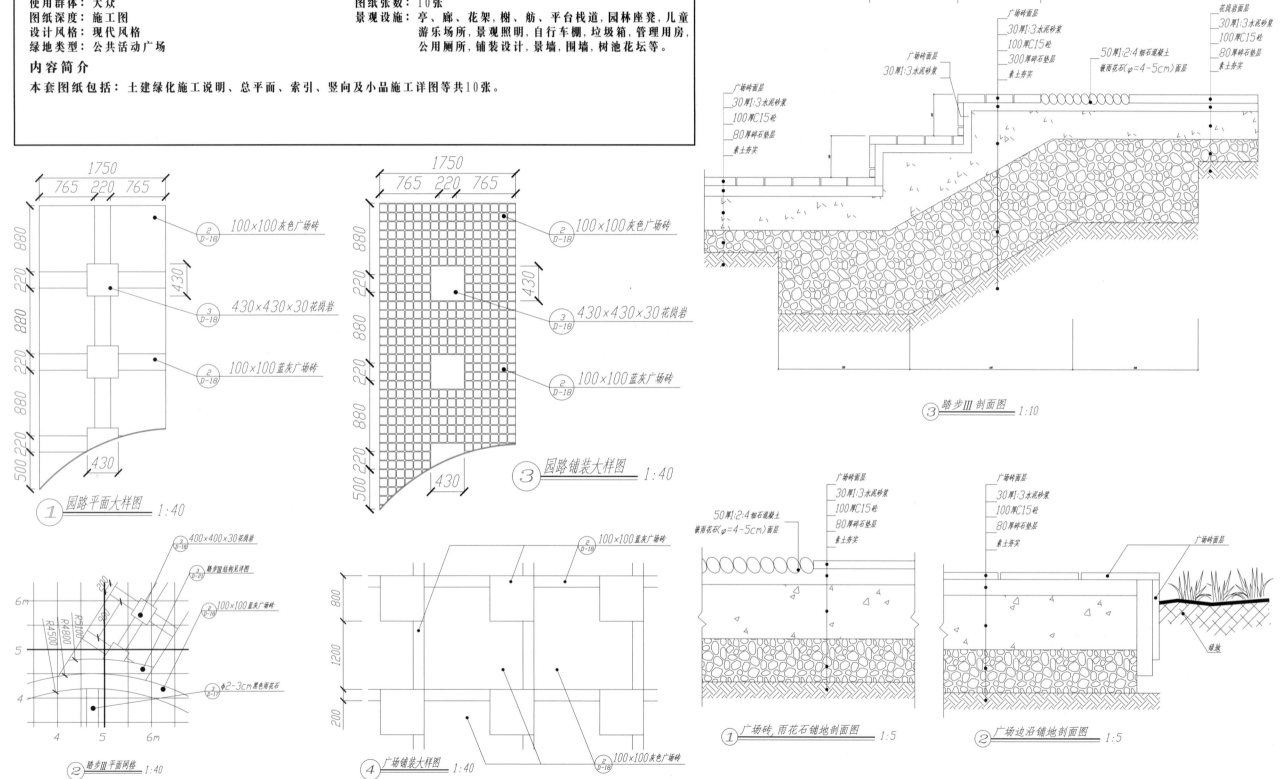

设计说明

使用群体：大众
图纸深度：施工图
设计风格：现代风格
绿地类型：公共活动广场

图纸张数：10张
景观设施：亭、廊、花架、榭、舫、平台栈道，园林座凳，儿童游乐场所，景观照明，自行车棚，垃圾箱，管理用房，公用厕所，铺装设计，景墙，围墙，树池花坛等。

内容简介

本套图纸包括：土建绿化施工说明、总平面、索引、竖向及小品施工详图等共10张。

① 园路平面大样图 1:40

② 踏步Ⅲ平面网格 1:40

③ 园路铺装大样图 1:40

④ 广场铺装大样图 1:40

③ 踏步Ⅲ剖面图 1:10

① 广场砖、雨花石铺地剖面图 1:5

② 广场边沿铺地剖面图 1:5

100×100灰色广场砖

430×430×30花岗岩

100×100蓝灰广场砖

400×400×30花岗岩

φ2-3cm黑色雨花石

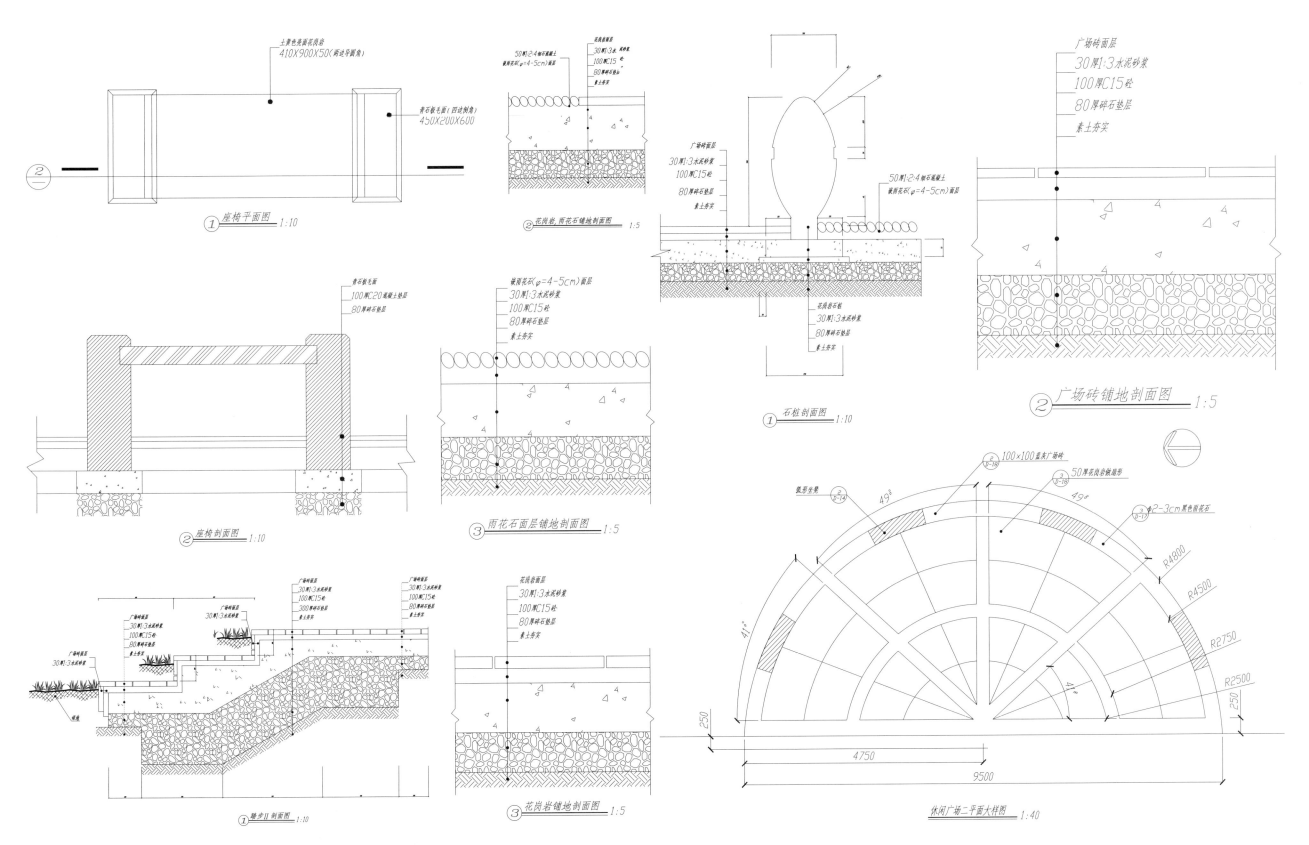

>旱喷广场园林景观工程施工图

设计说明

使用群体：大众	图纸张数：1张

图纸深度：施工图
设计风格：现代风格
绿地类型：公共活动广场

景观设施：亭·廊·花架,平台·栈道·汀步,座凳·座椅,景墙·围墙,驳岸·挡土墙,大门,栏杆,树池·花坛·花钵,雕塑,水景设计,景观照明,停车场等。

内容简介

本套图纸包括：旱喷广场定位设计、旱喷广场高程设计、旱喷广场铺装设计、旱喷广场节点索引设计、旱喷广场灯具布置图、旱喷广场喷头布置图、旱喷广场剖面图、旱喷广场中心段节点、踏步节点、木桥节点、花坛处节点、跌泉节点及花台节点,1个cad文件。

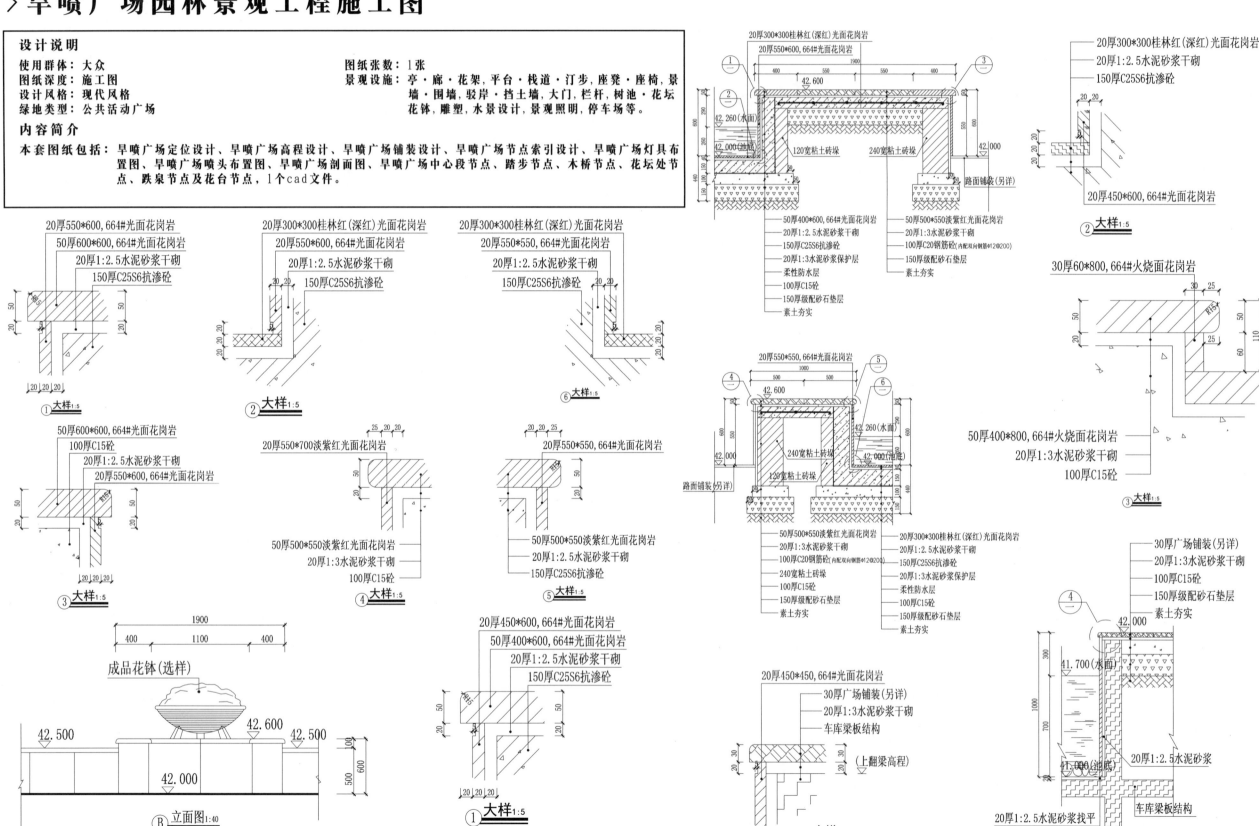

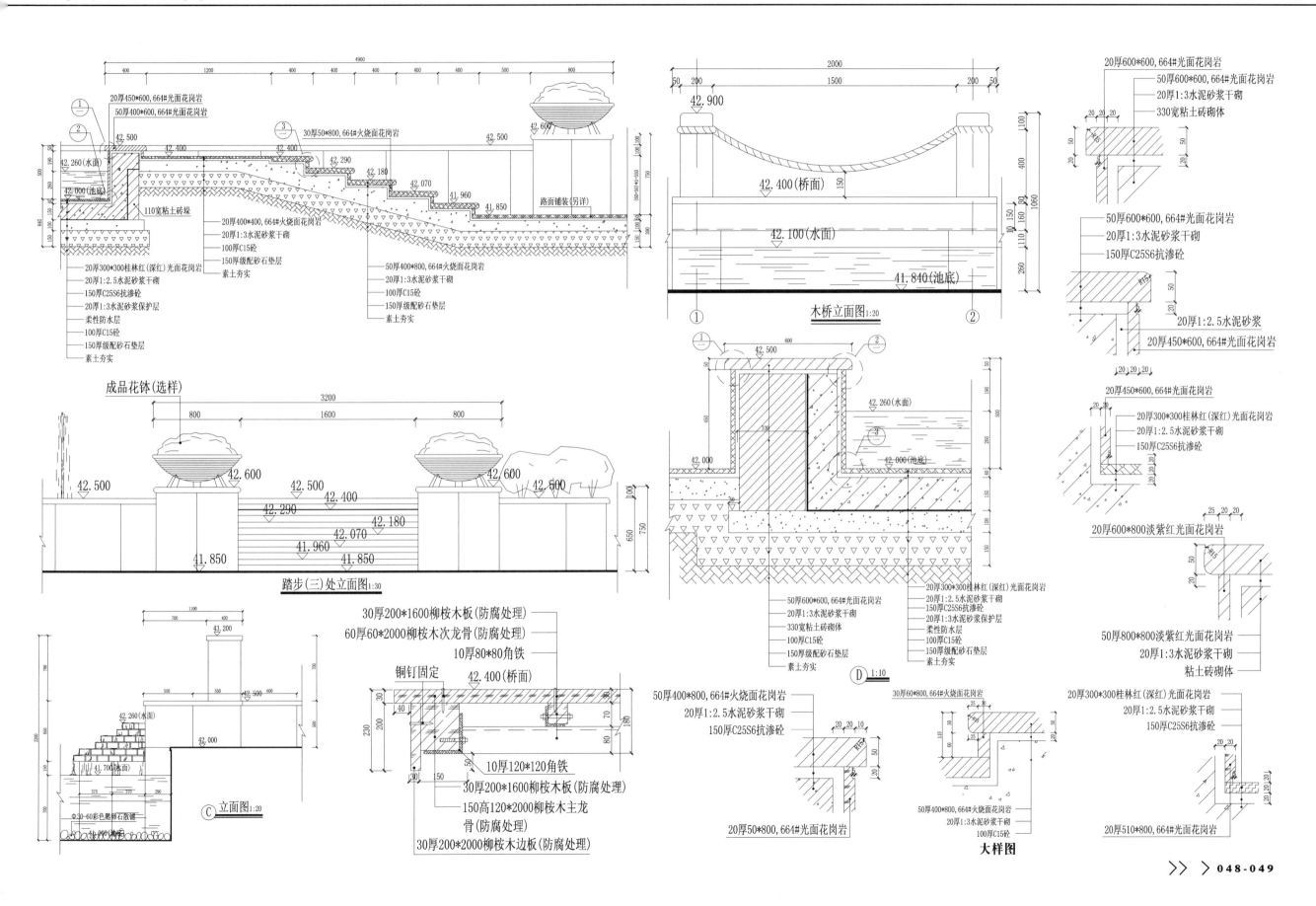

成品花钵(选样)

踏步(三)处立面图1:30

C 立面图1:20

木桥立面图1:20

D 1:10

大样图

30厚200*1600柳桉木板(防腐处理)
60厚60*2000柳桉木次龙骨(防腐处理)
10厚80*80角铁
铜钉固定
42.400(桥面)
10厚120*120角铁
30厚200*1600柳桉木板(防腐处理)
150高120*2000柳桉木主龙骨(防腐处理)
30厚200*2000柳桉木边板(防腐处理)

>河滨路广场景观设计全套图纸

设计说明

使用群体: 大众	图纸张数: 23张
图纸深度: 施工图	景观设施: 亭·廊·花架,平台·栈道·汀步,座凳·座椅,景
设计风格: 现代风格	墙·围墙,大门,栏杆,树池·花坛·花钵,雕塑,水
绿地类型: 公共活动广场	景设计,景观照明,自行车棚,停车场,管理用房等。

内容简介

本套图纸包括:广场平面总图,铺装设计,竖向设计,总平面及定位分析图 绿化设计,灯具布置示意图以及环境小品
景观设计等,共23张图纸。

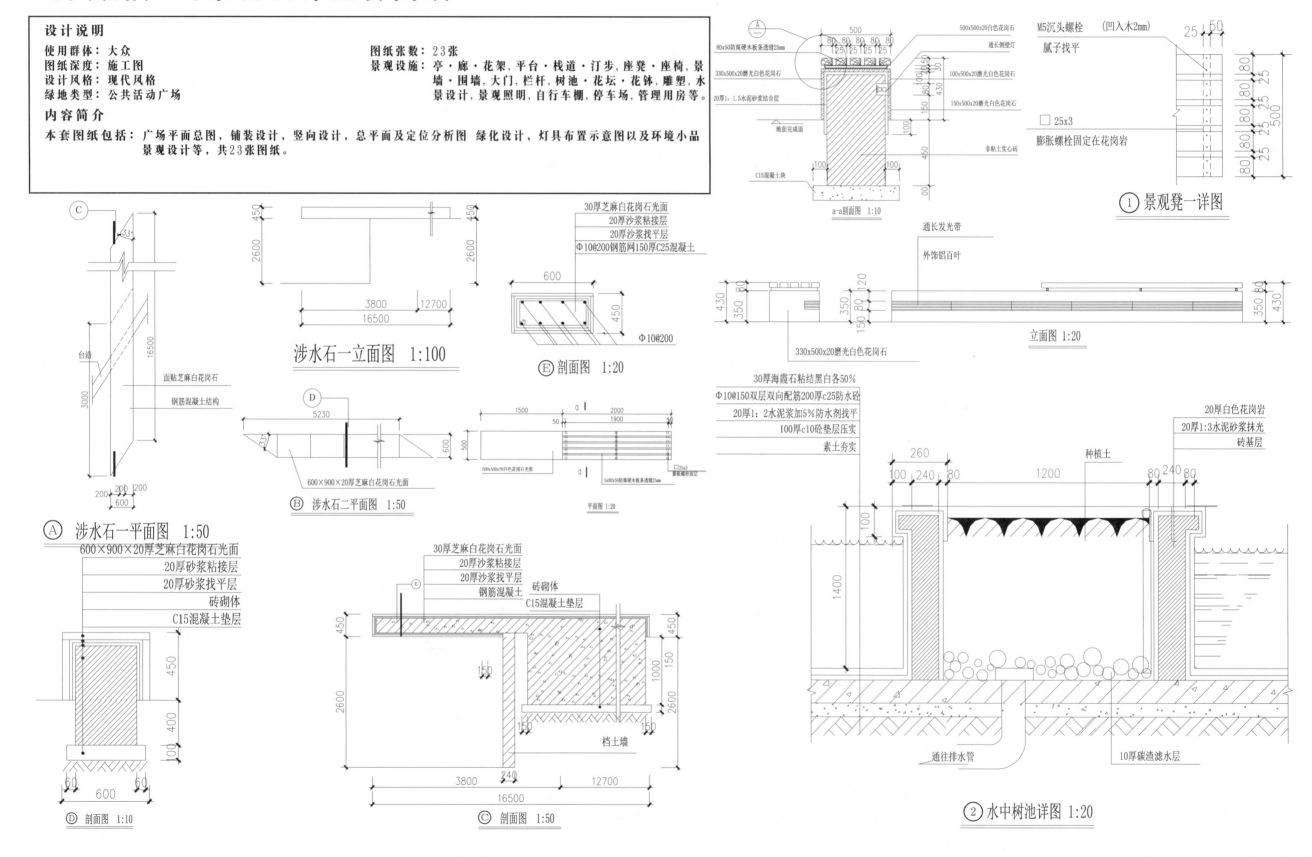

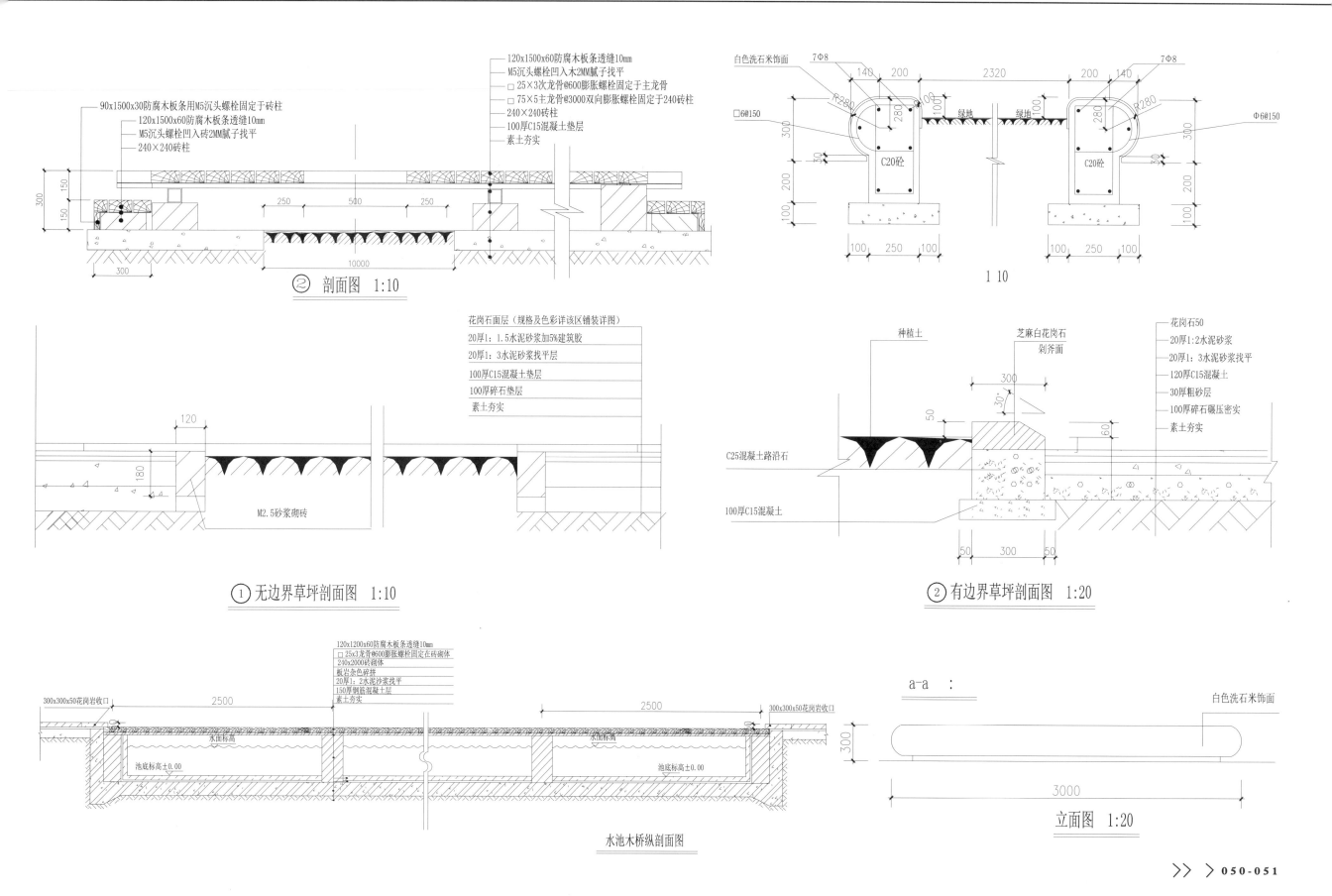

90x1500x30防腐木板条用M5沉头螺栓固定于砖柱
120x1500x60防腐木板条透缝10mm
M5沉头螺栓凹入砖2MM腻子找平
240×240砖柱

120x1500x60防腐木板条透缝10mm
M5沉头螺栓凹入木2MM腻子找平
□ 25×3次龙骨@600膨胀螺栓固定于主龙骨
□ 75×5主龙骨@3000双向膨胀螺栓固定于240砖柱
240×240砖柱
100厚C15混凝土垫层
素土夯实

② 剖面图　1:10

1 10

白色洗石米饰面
7Φ8
7Φ8
□6@150
Φ6@150
绿地
C20砼
C20砼

花岗石面层(规格及色彩详该区铺装详图)
20厚1：1.5水泥砂浆加5%建筑胶
20厚1：3水泥砂浆找平层
100厚C15混凝土垫层
100厚碎石垫层
素土夯实

M2.5砂浆砌砖

① 无边界草坪剖面图　1:10

种植土
芝麻白花岗石
剁斧面
花岗石50
20厚1：2水泥砂浆
20厚1：3水泥砂浆找平
120厚C15混凝土
30厚粗砂层
100厚碎石碾压密实
素土夯实
C25混凝土路沿石
100厚C15混凝土

② 有边界草坪剖面图　1:20

120x1200x60防腐木板条透缝10mm
□ 25x3龙骨@600膨胀螺栓固定在砖砌体
240x2000砖砌体
板岩杂色碎拼
20厚1：2水泥沙浆找平
150厚钢筋混凝土层
素土夯实

300x300x50花岗岩收口
300x300x50花岗岩收口
水面标高
水面标高
池底标高±0.00
池底标高±0.00

水池木桥纵剖面图

a-a　：
白色洗石米饰面

立面图　1:20

> 湖北城市广场全套施工图

设计说明

使用群体: 大众
图纸深度: 施工图
设计风格: 现代风格
绿地类型: 公共活动广场

图纸张数: 20张
景观设施: 亭、廊、花架、榭、舫、平台栈道,园林座凳,景观照明,自行车棚,垃圾箱,管理用房,公用电话,公用厕所,铺装设计,景墙,围墙,大门,树池花坛等。

内容简介

本套图纸包括: 总平面、放线图、植物设计图、铺装设计图、索引图、立面图、喷泉设计图、旱喷设计图、台阶详图、树池详图、景观柱详图、下沉小广场详图、给排水设计图等。

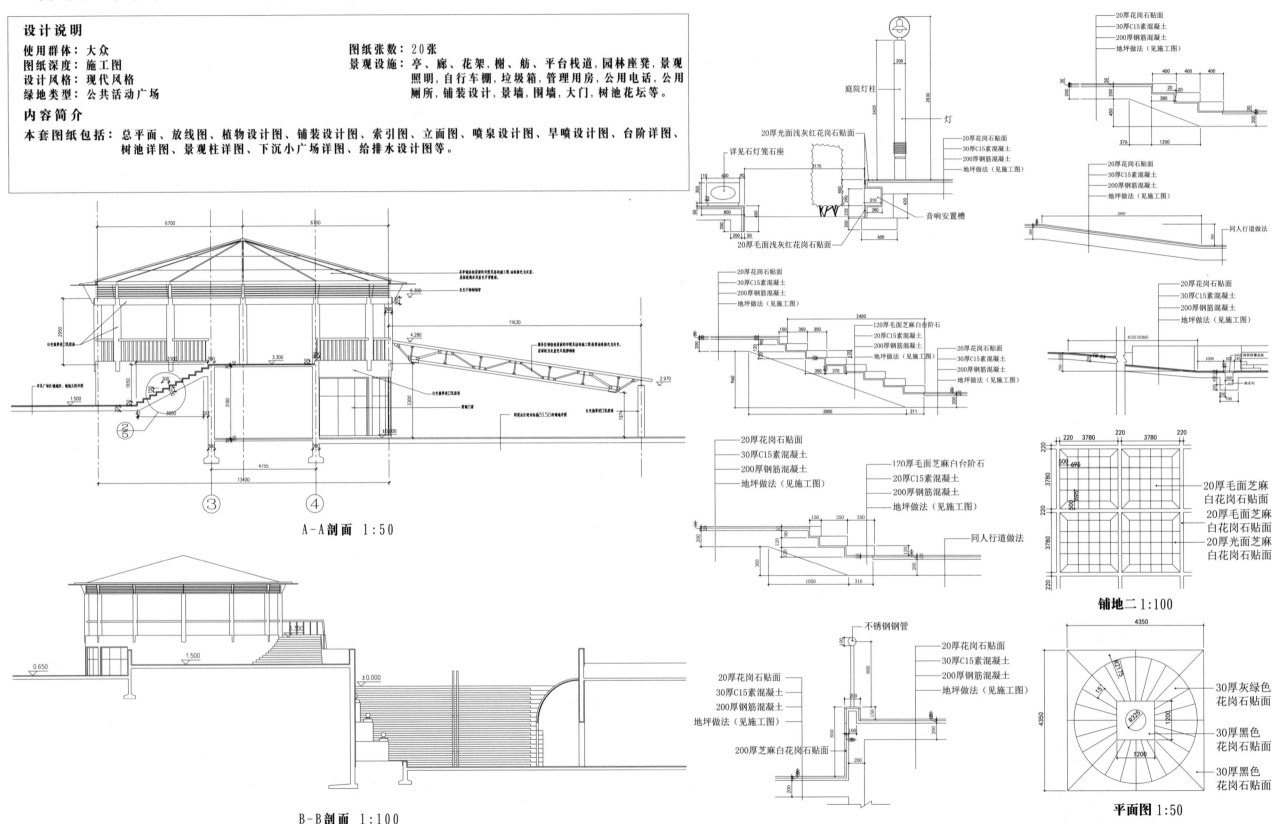

A-A剖面 1:50

B-B剖面 1:100

铺地二 1:100

平面图 1:50

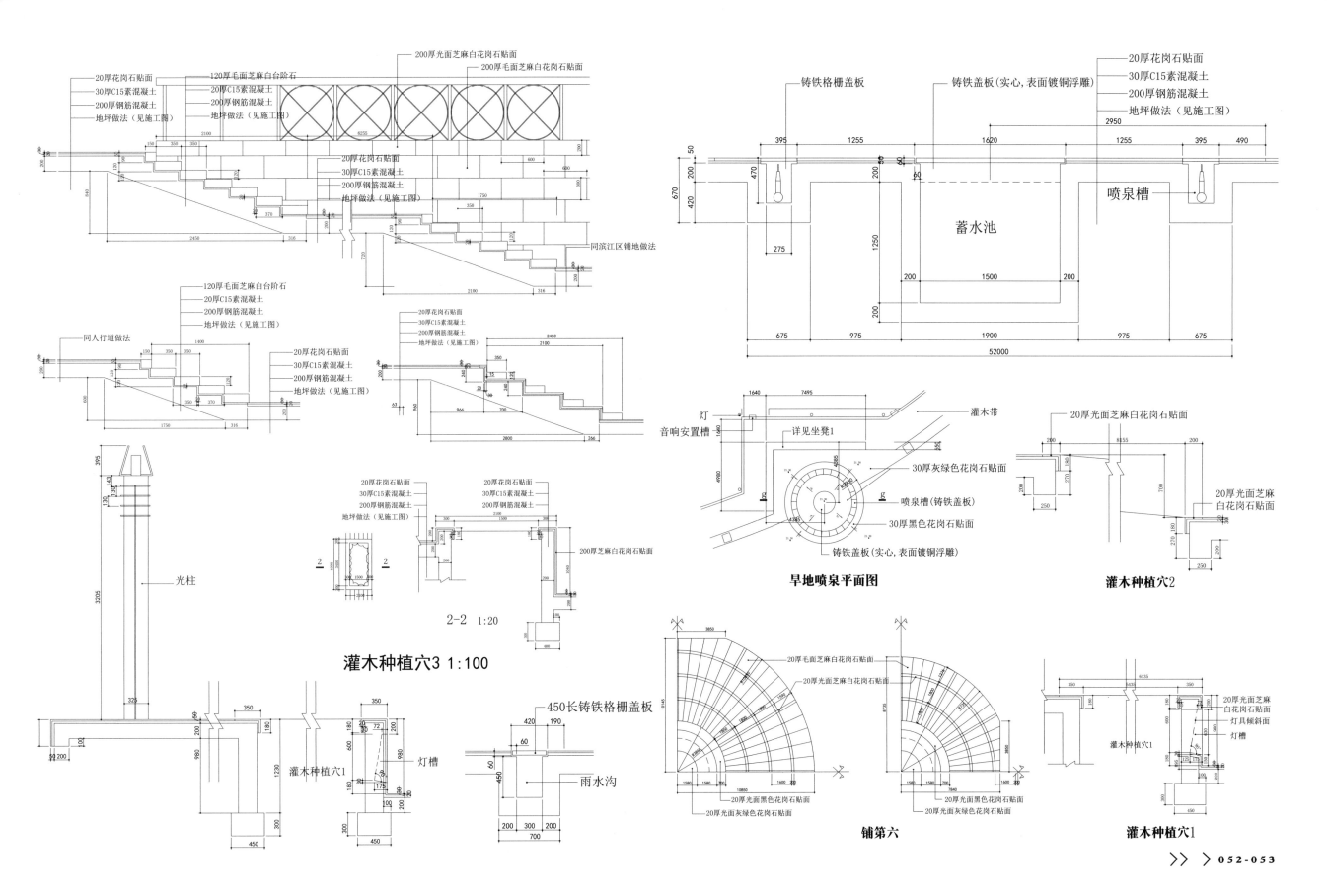

20厚花岗石贴面
30厚C15素混凝土
200厚钢筋混凝土
地坪做法（见施工图）

120厚毛面芝麻白台阶石
20厚C15素混凝土
200厚钢筋混凝土
地坪做法（见施工图）

200厚光面芝麻白花岗石面
200厚毛面芝麻白花岗石贴面

20厚花岗石贴面
30厚C15素混凝土
200厚钢筋混凝土
地坪做法（见施工图）

同滨江区铺地做法

120厚毛面芝麻白台阶石
20厚C15素混凝土
200厚钢筋混凝土
地坪做法（见施工图）

同人行道做法

20厚花岗石贴面
30厚C15素混凝土
200厚钢筋混凝土
地坪做法（见施工图）

20厚花岗石贴面
30厚C15素混凝土
200厚钢筋混凝土
地坪做法（见施工图）

20厚花岗石贴面
30厚C15素混凝土
200厚钢筋混凝土
地坪做法（见施工图）

20厚花岗石贴面
30厚C15素混凝土
200厚钢筋混凝土

200厚芝麻白花岗石贴面

2-2 1:20

光柱

灌木种植穴3 1:100

450长铸铁格栅盖板

灌木种植穴1

灯槽

雨水沟

铸铁格栅盖板   铸铁盖板（实心，表面镀铜浮雕）

20厚花岗石贴面
30厚C15素混凝土
200厚钢筋混凝土
地坪做法（见施工图）

喷泉槽

蓄水池

灯
音响安置槽
详见坐凳1
灌木带

30厚灰绿色花岗石贴面
喷泉槽（铸铁盖板）
30厚黑色花岗石贴面
铸铁盖板（实心，表面镀铜浮雕）

旱地喷泉平面图

20厚光面芝麻白花岗石面

20厚光面芝麻白花岗石贴面

灌木种植穴2

20厚毛面芝麻白花岗石贴面
20厚光面芝麻白花岗石贴面

20厚光面黑色花岗石贴面
20厚光面灰绿色花岗石贴面

铺第六

20厚光面芝麻白花岗石贴面
灯具倾斜面
灯槽
灌木种植穴1

20厚光面黑色花岗石贴面
20厚光面灰绿色花岗石贴面

灌木种植穴1

> 公共会所广场施工图纸

设计说明

使用群体: 大众
图纸深度: 施工图
设计风格: 现代风格
绿地类型: 公共活动广场

图纸张数: 20张
景观设施: 亭、廊、花架、榭、舫、平台栈道,园林座凳,儿童游乐场所,景观照明,自行车棚,垃圾箱,管理用房,停车场,公用电话,公用厕所,铺装设计等。

内容简介

本套图纸包括:总平面定位及分区图、总平面公用设施布置图、总平面灯具布置示意图、总平面竖向及场地排水图A区跌水池网格定位图、A区竖向设计图、B区平面图、A区平面图、植物配置图、涉水石及环境详图、A区铺装详图一、A区铺装详图二、A区踏步区地详图、B区铺装详图、A区跌水详图、A区跌水池栈桥详图跌水石详图(一)、跌水石详图(二)、小品详图(一)、小品详图(二)、小品详图(三)等图纸等

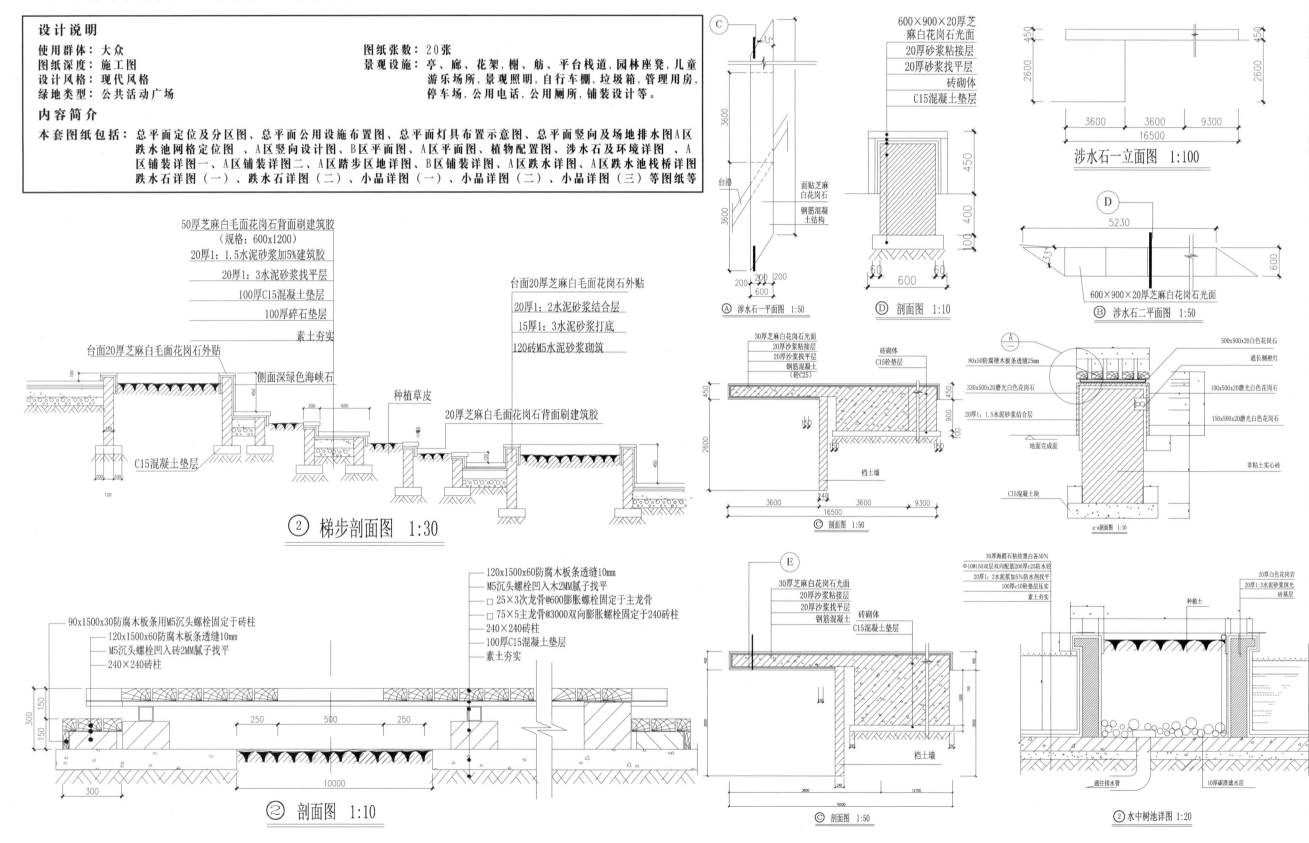

② 梯步剖面图 1:30

② 剖面图 1:10

涉水石一立面图 1:100

Ⓐ 涉水石一平面图 1:50

Ⓓ 剖面图 1:10

Ⓑ 涉水石二平面图 1:50

Ⓒ 剖面图 1:50

a-a剖面图 1:10

Ⓒ 剖面图 1:50

② 水中树池详图 1:20

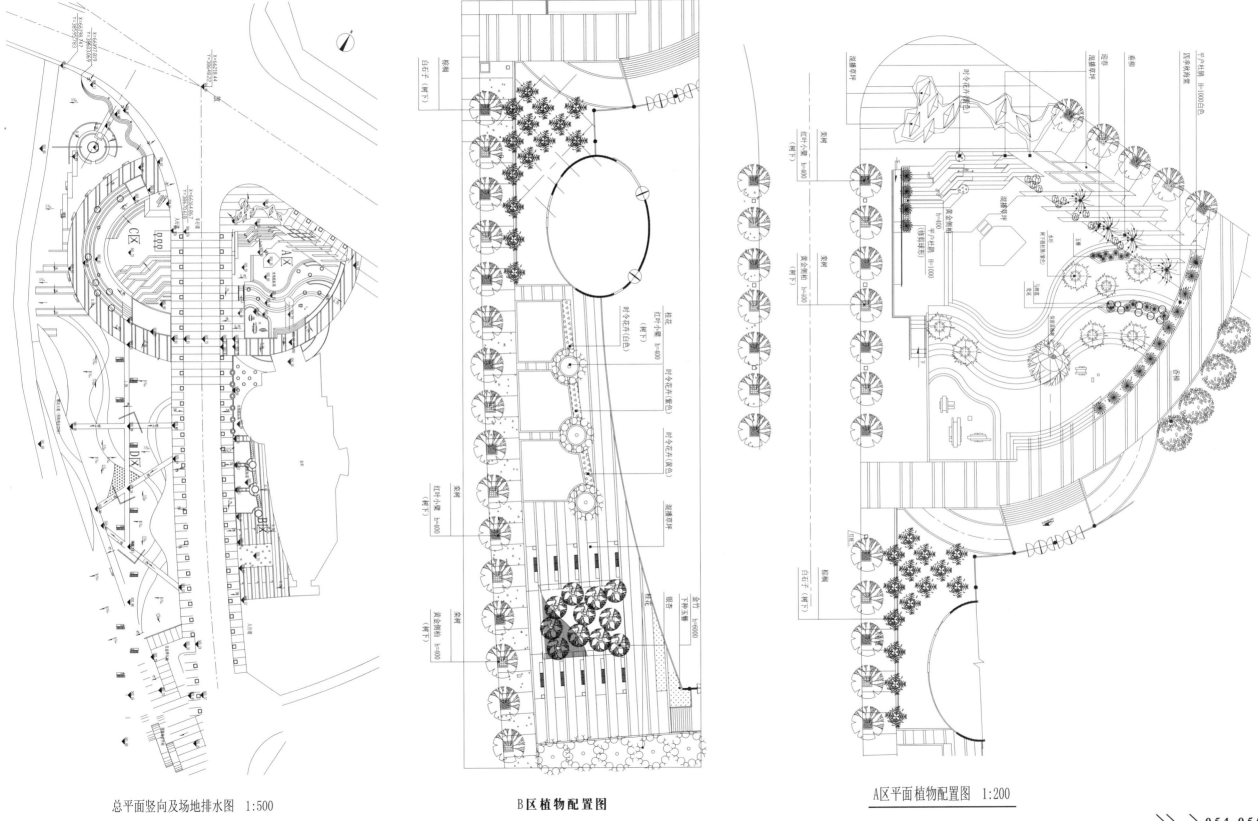

总平面竖向及场地排水图　1:500

B区植物配置图

A区平面植物配置图　1:200

>青海城市中心广场施工图

设计说明

使用群体: 大众
图纸深度: 施工图
设计风格: 现代风格
绿地类型: 公共活动广场

图纸张数: 30张
景观设施: 亭、廊、花架、榭、舫、平台栈道,园林座凳,景观照明,自行车棚,垃圾箱,管理用房,停车场,公用电话,树池花坛,雕塑,水景、喷泉,花钵花盆等。

内容简介

本套图纸包括: 总平面定位及分区图、总平面公用设施布置图、总平面灯具布置示意图、总平面,建筑施工、绿化等。

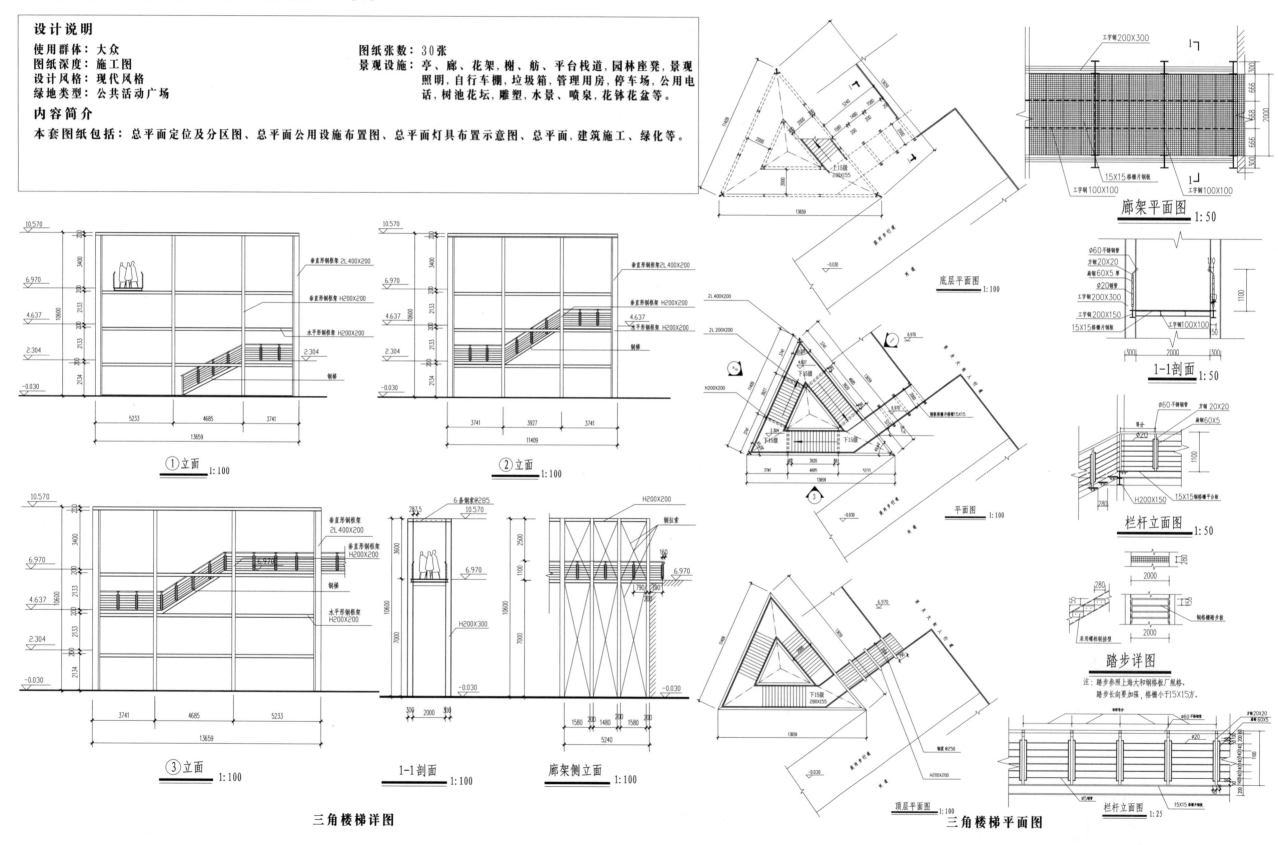

① 立面 1:100

② 立面 1:100

③ 立面 1:100

1-1剖面 1:100

廊架侧立面 1:100

三角楼梯详图

底层平面图 1:100

平面图 1:100

顶层平面图 1:100

廊架平面图 1:50

1-1剖面 1:50

栏杆立面图 1:50

踏步详图

栏杆立面图 1:25

三角楼梯平面图

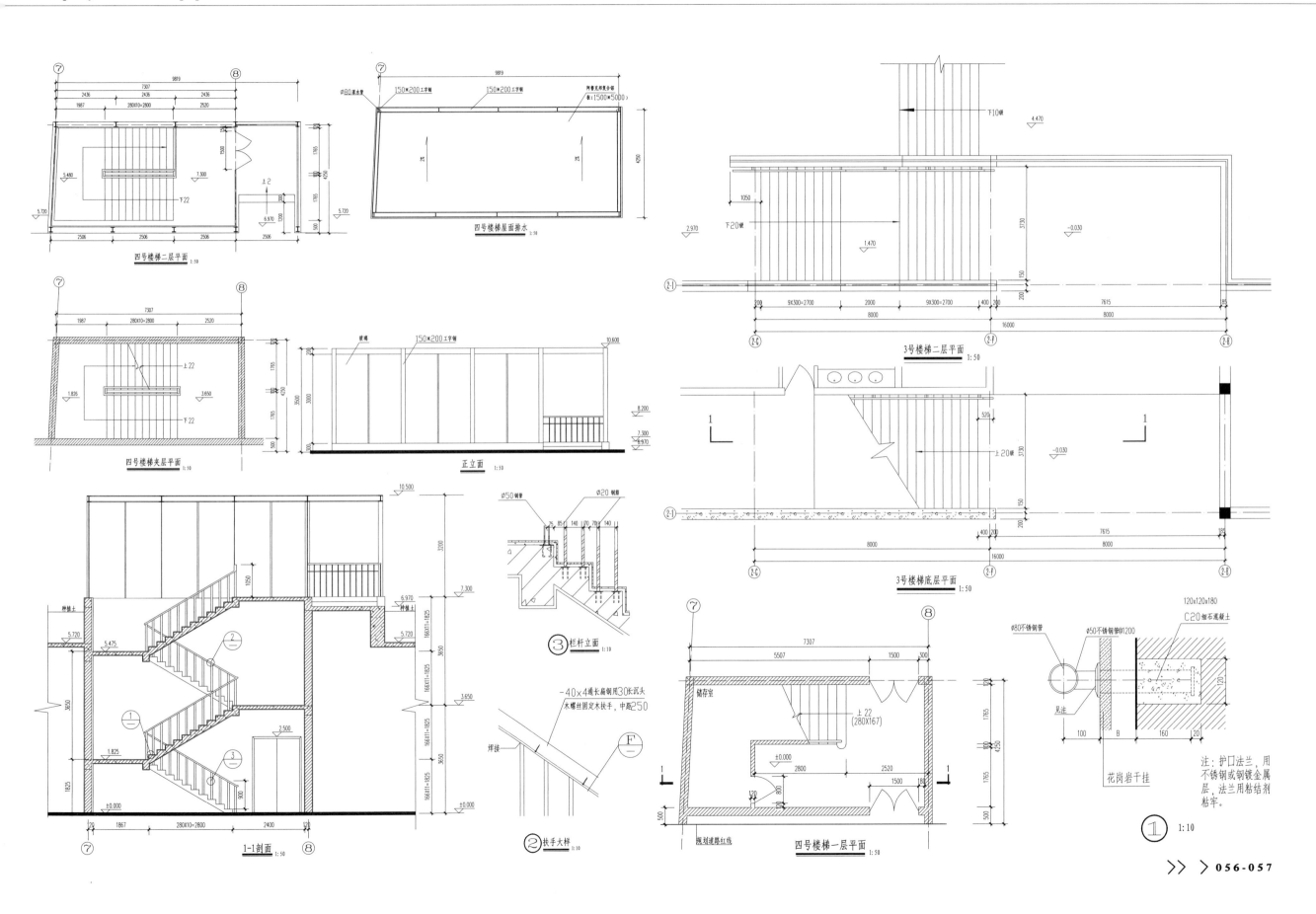

四号楼梯二层平面 1:50

四号楼梯屋面排水 1:50

四号楼梯夹层平面 1:50

正立面 1:50

3号楼梯二层平面 1:50

3号楼梯底层平面 1:50

1-1剖面 1:50

③栏杆立面 1:10

②扶手大样 1:10

四号楼梯一层平面 1:50

① 1:10

注：护口法兰，用不锈钢或钢镀金属层，法兰用粘结剂粘牢。

>软件园广场景观全套施工图

设计说明

使用群体: 大众
图纸深度: 施工图
设计风格: 现代风格
绿地类型: 公共活动广场

图纸张数: 12张
景观设施: 亭、廊、花架、榭、舫、平台栈道,园林座凳,景观照明,自行车棚,垃圾箱,管理用房,停车场,公用电话,公用厕所,铺装设计,景墙,围墙,大门等。

内容简介

本套图纸包括:绿化、设计说明、材质平面、道路定位竖向、总尺寸定位、电、水、详图等共12张图纸。

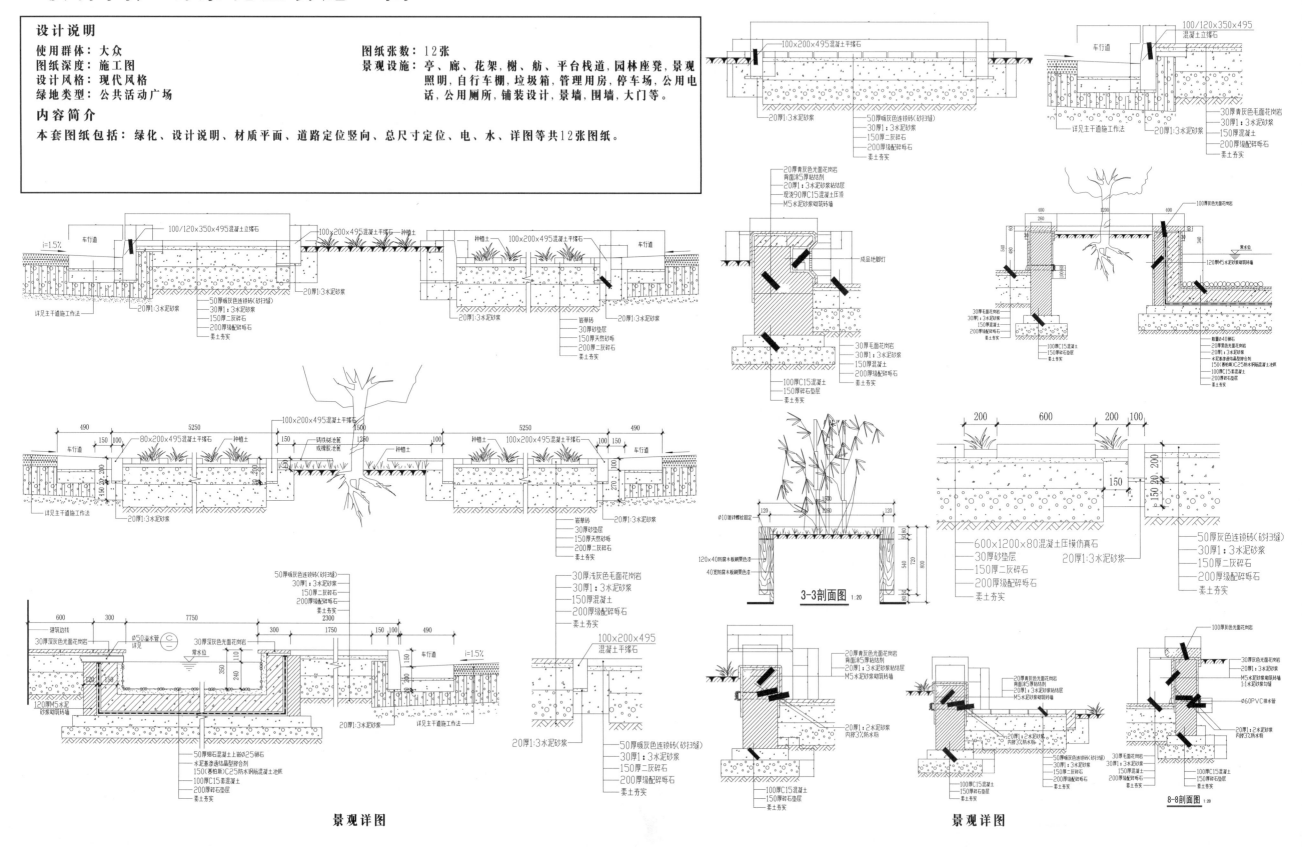

3-3剖面图 1:20

景观详图

8-8剖面图 1:20

景观详图

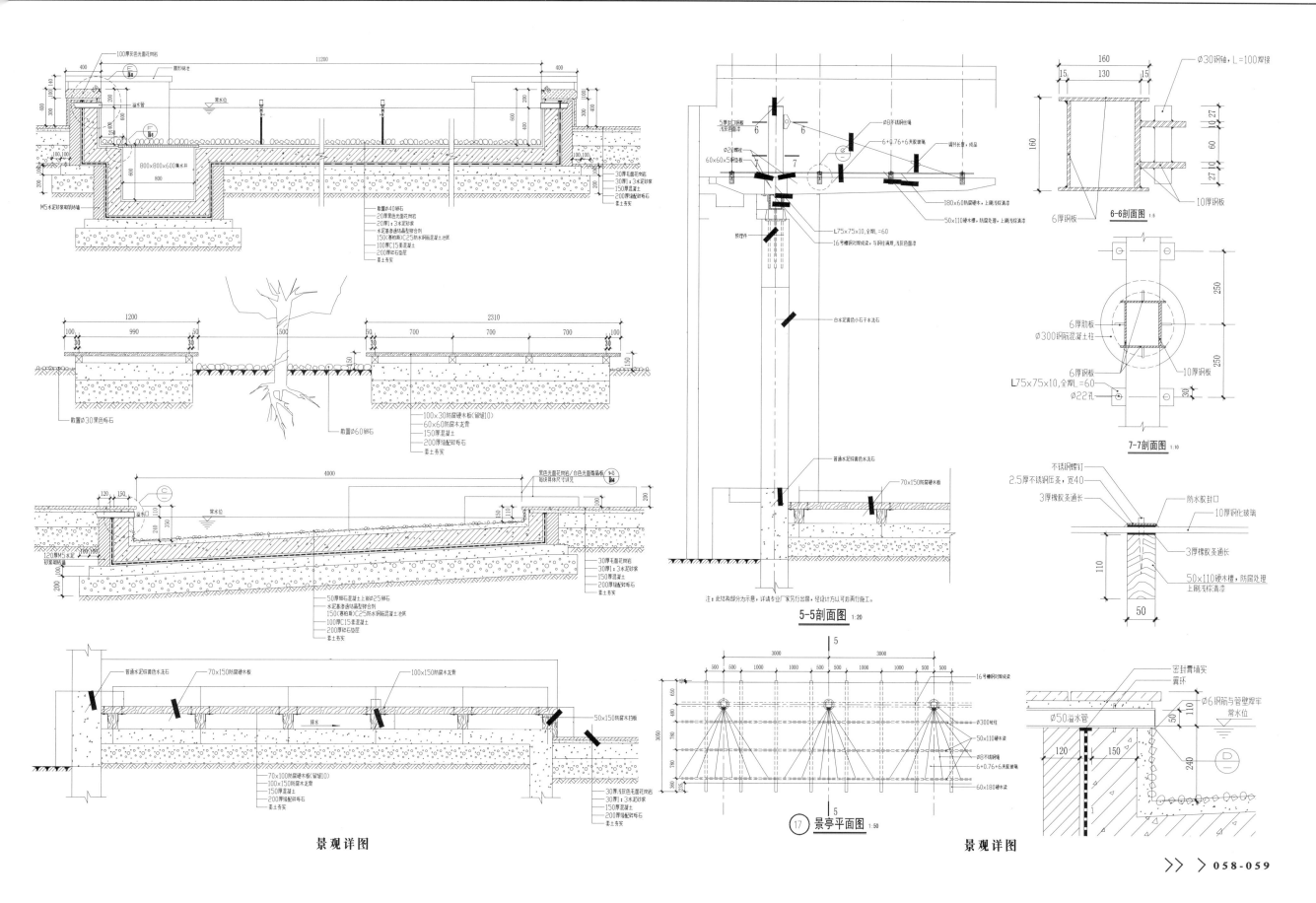

景观详图　　　　　　　　景亭平面图 1:50　　　景观详图

5-5剖面图 1:20
6-6剖面图
7-7剖面图

>市政广场全套施工图

设计说明

使用群体: 大众
图纸深度: 施工图
设计风格: 现代风格
绿地类型: 公共活动广场

图纸张数: 4张
景观设施: 亭、廊、花架、榭、舫、平台栈道,园林座凳,儿童游乐场所,景观照明,自行车棚,垃圾箱,管理用房,公用电话,铺装设计,景墙,围墙,树池花坛等。

内容简介

本套图纸包括: 平面图、竖向设计图、植物设计图、给排水设计图、放线图、无障碍通道设计详图、栏杆详图、树池详图、花坛详图、铺装详图、景墙详图等。

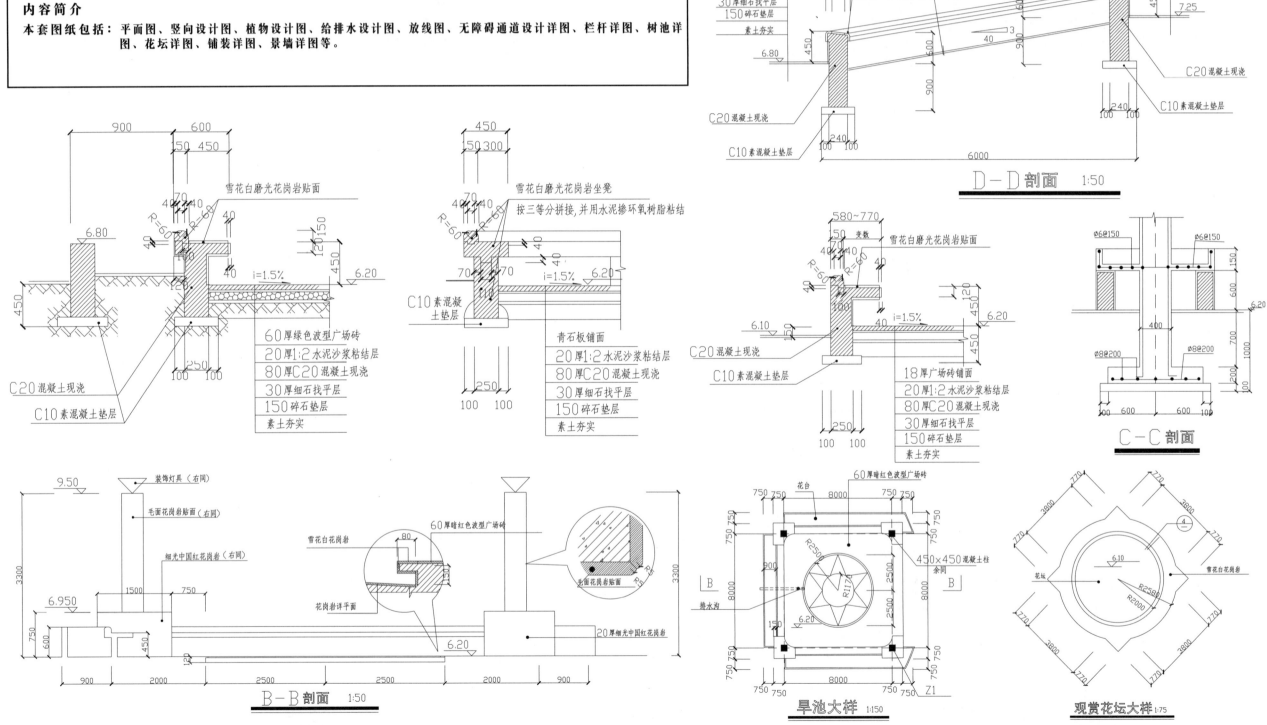

D-D剖面 1:50

C-C剖面

B-B剖面 1:50

旱池大样 1:150

观赏花坛大样 1:75

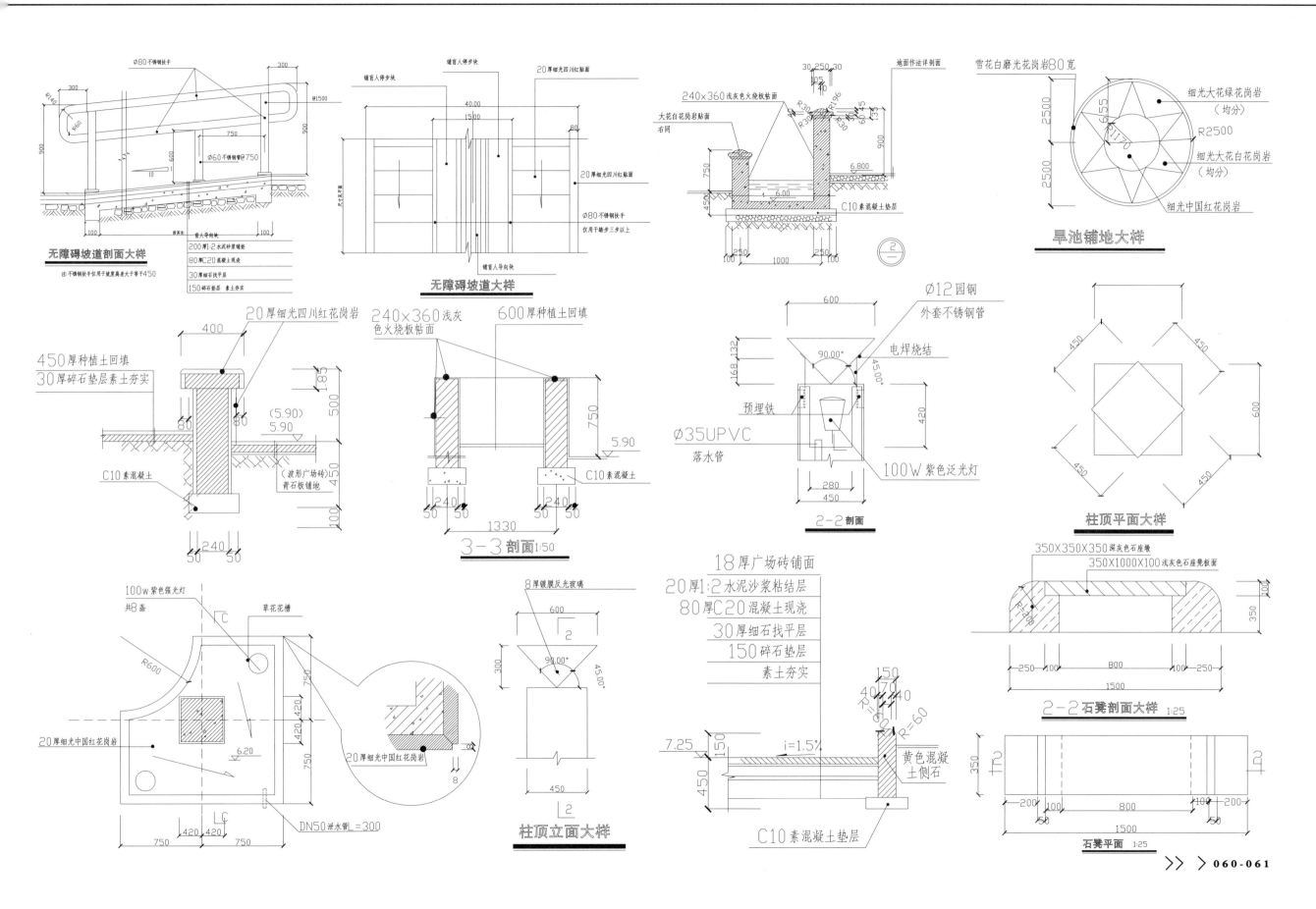

无障碍坡道剖面大样

无障碍坡道大样

旱池铺地大样

3-3 剖面 1:50

2-2 剖面

柱顶平面大样

柱顶立面大样

2-2 石凳剖面大样 1:25

石凳平面 1:25

>惜时广场台地景观设计套图

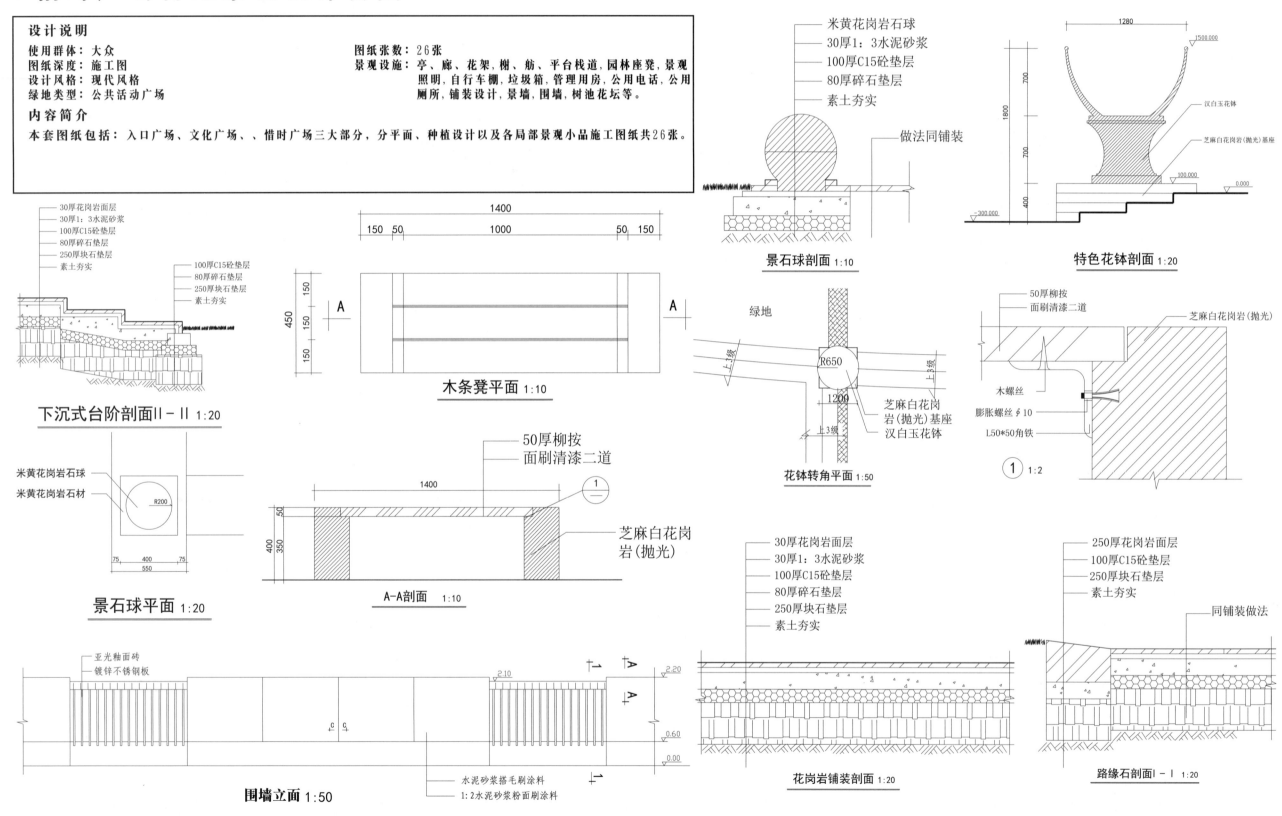

设计说明

使用群体：大众
图纸深度：施工图
设计风格：现代风格
绿地类型：公共活动广场

图纸张数：26张
景观设施：亭、廊、花架、榭、舫、平台栈道，园林座凳，景观照明，自行车棚，垃圾箱，管理用房，公用电话，公用厕所，铺装设计，景墙，围墙，树池花坛等。

内容简介

本套图纸包括：入口广场、文化广场、、惜时广场三大部分，分平面、种植设计以及各局部景观小品施工图纸共26张。

30厚花岗岩面层
30厚1:3水泥砂浆
100厚C15砼垫层
80厚碎石垫层
250厚块石垫层
素土夯实

100厚C15砼垫层
80厚碎石垫层
250厚块石垫层
素土夯实

下沉式台阶剖面II-II 1:20

米黄花岗岩石球
米黄花岗岩石材

R200

75 400 75
550

景石球平面 1:20

1400
150 50 1000 50 150

450
150
150
150

A——A

木条凳平面 1:10

50厚柳按
面刷清漆二道

1400

50
400
350

A-A剖面 1:10

芝麻白花岗岩(抛光)

米黄花岗岩石球
30厚1:3水泥砂浆
100厚C15砼垫层
80厚碎石垫层
素土夯实

做法同铺装

景石球剖面 1:10

1280
1500.000

700

1800

700

400
0.000
-300.000

汉白玉花钵

芝麻白花岗岩(抛光)基座

100.000

特色花钵剖面 1:20

绿地

上 3 级

R650

1200

上 3 级

芝麻白花岗岩(抛光)基座
汉白玉花钵

花钵转角平面 1:50

50厚柳按
面刷清漆二道

芝麻白花岗岩(抛光)

木螺丝

膨胀螺丝 ∮10

L50*50角铁

① 1:2

30厚花岗岩面层
30厚1:3水泥砂浆
100厚C15砼垫层
80厚碎石垫层
250厚块石垫层
素土夯实

花岗岩铺装剖面 1:20

250厚花岗岩面层
100厚C15砼垫层
250厚块石垫层
素土夯实

同铺装做法

路缘石剖面I-I 1:20

亚光釉面砖
镀锌不锈钢板

2.10
2.20
A

c
c

0.60

0.00

围墙立面 1:50

水泥砂浆搭毛刷涂料

1:2水泥砂浆粉面刷涂料

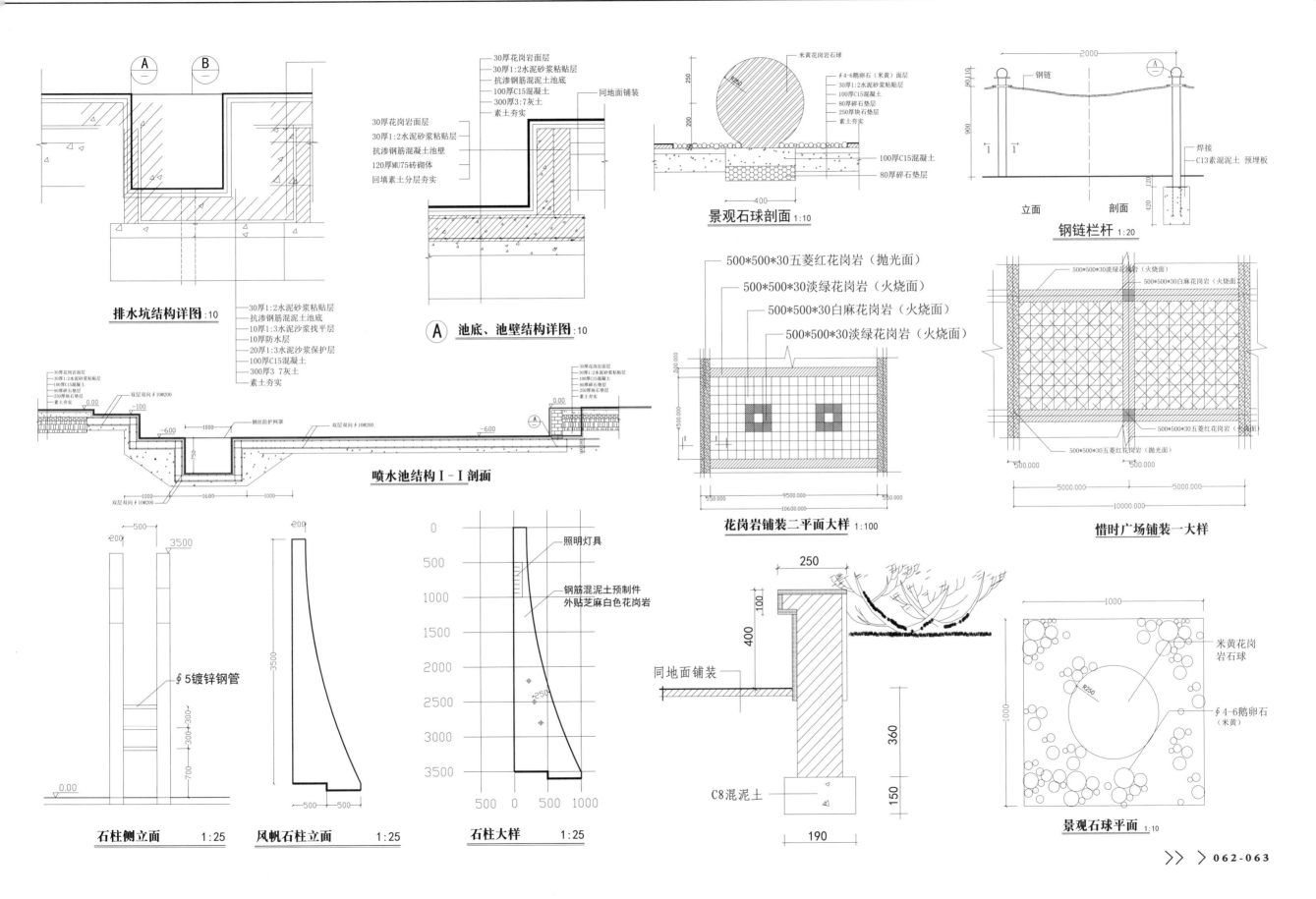

Ⓐ Ⓑ

排水坑结构详图 :10

30厚1:2水泥砂浆粘贴层
抗渗钢筋混凝土池底
10厚1:3水泥沙浆找平层
10厚防水层
20厚1:3水泥沙浆保护层
100厚C15混凝土
300厚3:7灰土
素土夯实

30厚花岗岩面层
30厚1:2水泥砂浆粘贴层
抗渗钢筋混凝土池壁
120厚MU75砖砌体
回填素土分层夯实

30厚花岗岩面层
30厚1:2水泥砂浆粘贴层
抗渗钢筋混凝土池底
100厚C15混凝土
300厚3:7灰土
素土夯实

同地面铺装

Ⓐ **池底、池壁结构详图** :10

米黄花岗岩石球

∮4-6鹅卵石（米黄）面层
30厚1:2水泥砂浆粘贴层
100厚C15混凝土
80厚碎石垫层
250厚块石垫层
素土夯实

R250

100厚C15混凝土
80厚碎石垫层

景观石球剖面 1:10

2000

钢链

焊接
C13素混凝土 预埋板

立面   剖面

钢链栏杆 1:20

30厚花岗岩面层
30厚1:2水泥砂浆粘贴层
100厚C15混凝土
80厚碎石垫层
250厚块石垫层
素土夯实

钢丝防护网罩
双层双向∮10#200

0.00
-100
-600
-750
1000
双层双向∮10#200
-600

喷水池结构Ⅰ-Ⅰ剖面

0.00
双层双向∮10#200
1000   1680   1000

500*500*30五菱红花岗岩（抛光面）
500*500*30淡绿花岗岩（火烧面）
500*500*30白麻花岗岩（火烧面）
500*500*30淡绿花岗岩（火烧面）

花岗岩铺装二平面大样 1:100

500*500*30淡绿花岗岩（火烧面）
500*500*30白麻花岗岩（火烧面）
500*500*30五菱红花岗岩（抛光面）

惜时广场铺装一大样

500
200
3500

∮5镀锌钢管

石柱侧立面 1:25

200
3500
500

凤帆石柱立面 1:25

0
500
1000
1500
2000
2500
3000
3500
500 0 500 1000

照明灯具

钢筋混凝土预制件
外贴芝麻白色花岗岩

石柱大样 1:25

250
100
400
360
150
190

同地面铺装

C8混泥土

米黄花岗岩石球

R250

∮4-6鹅卵石（米黄）

1000
1000

景观石球平面 1:10

〉园林广场施工全图

设计说明

使用群体: 大众	图纸张数: 8张
图纸深度: 施工图	景观设施: 亭、廊、花架、榭、舫、平台栈道,园林座凳,景观
设计风格: 现代风格	照明,自行车棚,垃圾箱,管理用房,停车场,公用厕
绿地类型: 公共活动广场	所,铺装设计,景墙,围墙,大门,树池花坛等。

内容简介

本套图纸包括: 总平面布置图,总平面定位图,绿化总平面图,中心剧场平面图,住宅入户庭院平面图,苗木表,壁泉水池
详图,花池组合平面图,花架详图,主入口及儿童游戏场平面图,住宅入户庭院平面图等。

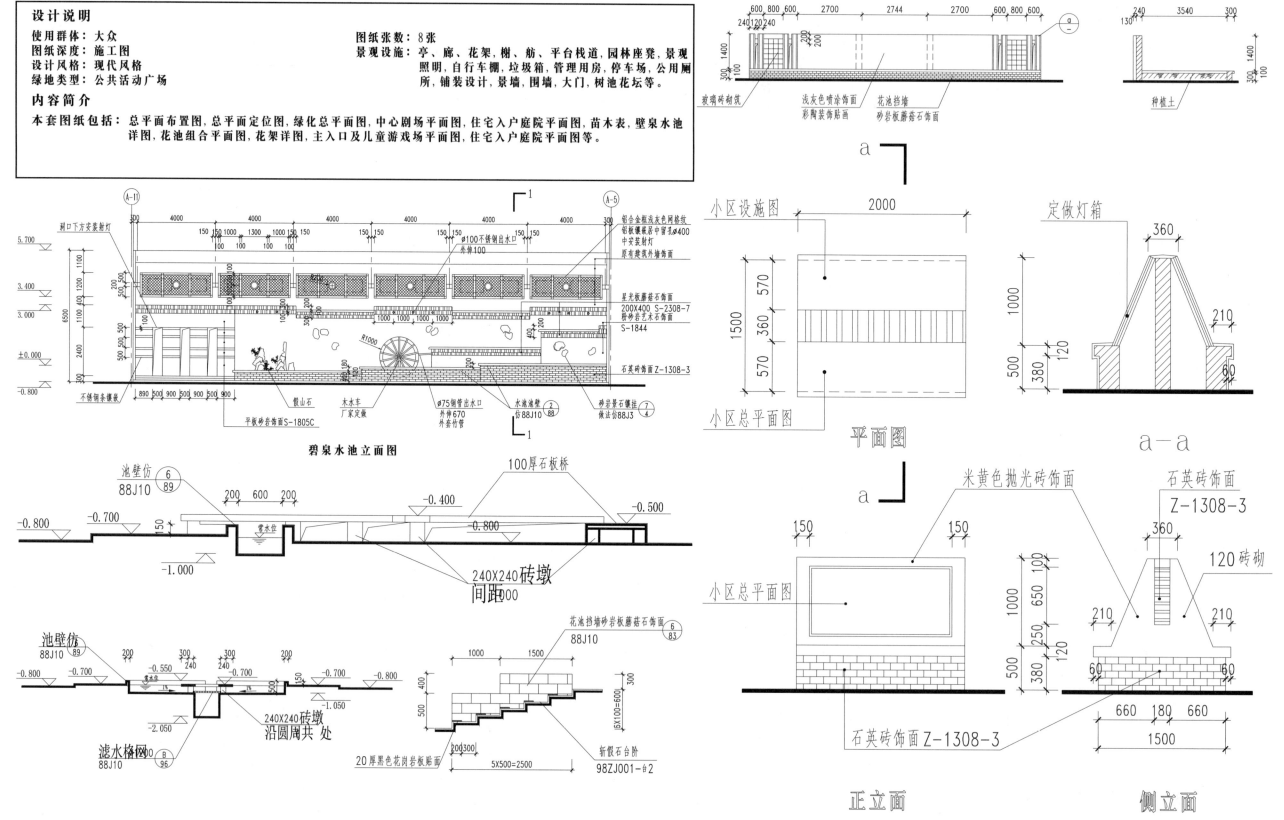

碧泉水池立面图

平面图

a—a

正立面

侧立面

小区总平面图

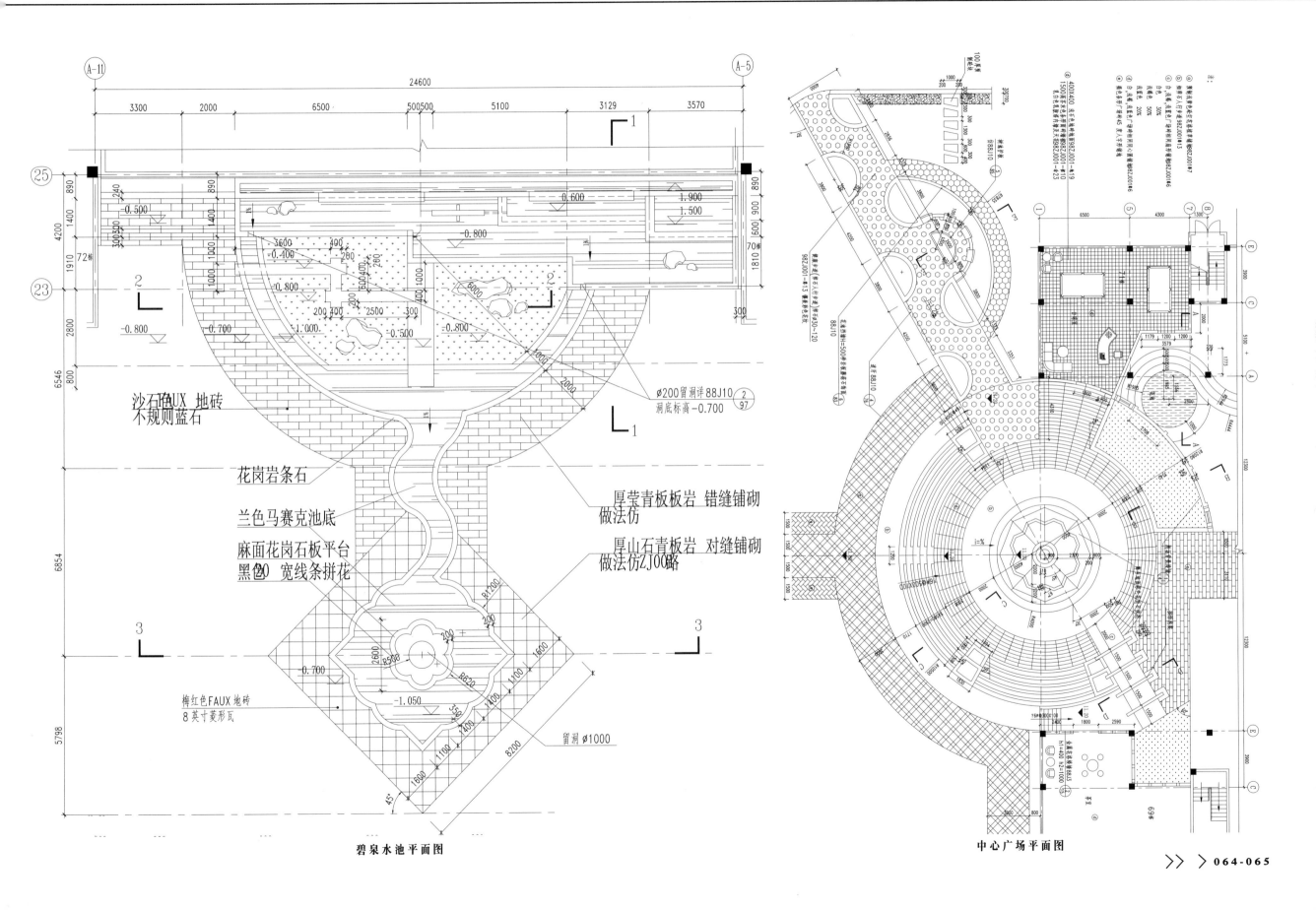

沙石FAUX 地砖
不规则蓝石

花岗岩条石

兰色马赛克池底

麻面花岗石板平台
黑色 宽线条拼花

梅红色FAUX 地砖
8英寸菱形瓦

厚莹青板板岩 错缝铺砌 做法仿

厚山石青板岩 对缝铺砌 做法仿ZJ00路

∅200留洞详88J10 ②/97
洞底标高-0.700

留洞 ∅1000

碧泉水池平面图

中心广场平面图

>小区小广场和道路施工图

设计说明

使用群体： 大众
图纸深度： 施工图
设计风格： 现代风格
绿地类型： 公共活动广场

图纸张数： 6张
景观设施： 亭、廊、花架、棚、舫、平台栈道、园林座凳、景观照明、自行车棚、垃圾箱、管理用房、停车场、公用厕所、铺装设计、景墙、围墙、大门、树池花坛等。

内容简介

本套图纸包括：总平面图、栏杆大样、坡道及扶手、盲道块、枯水池大样及节点详图、剖面及观赏平台大样详图、临江平路、休闲座、园路等。

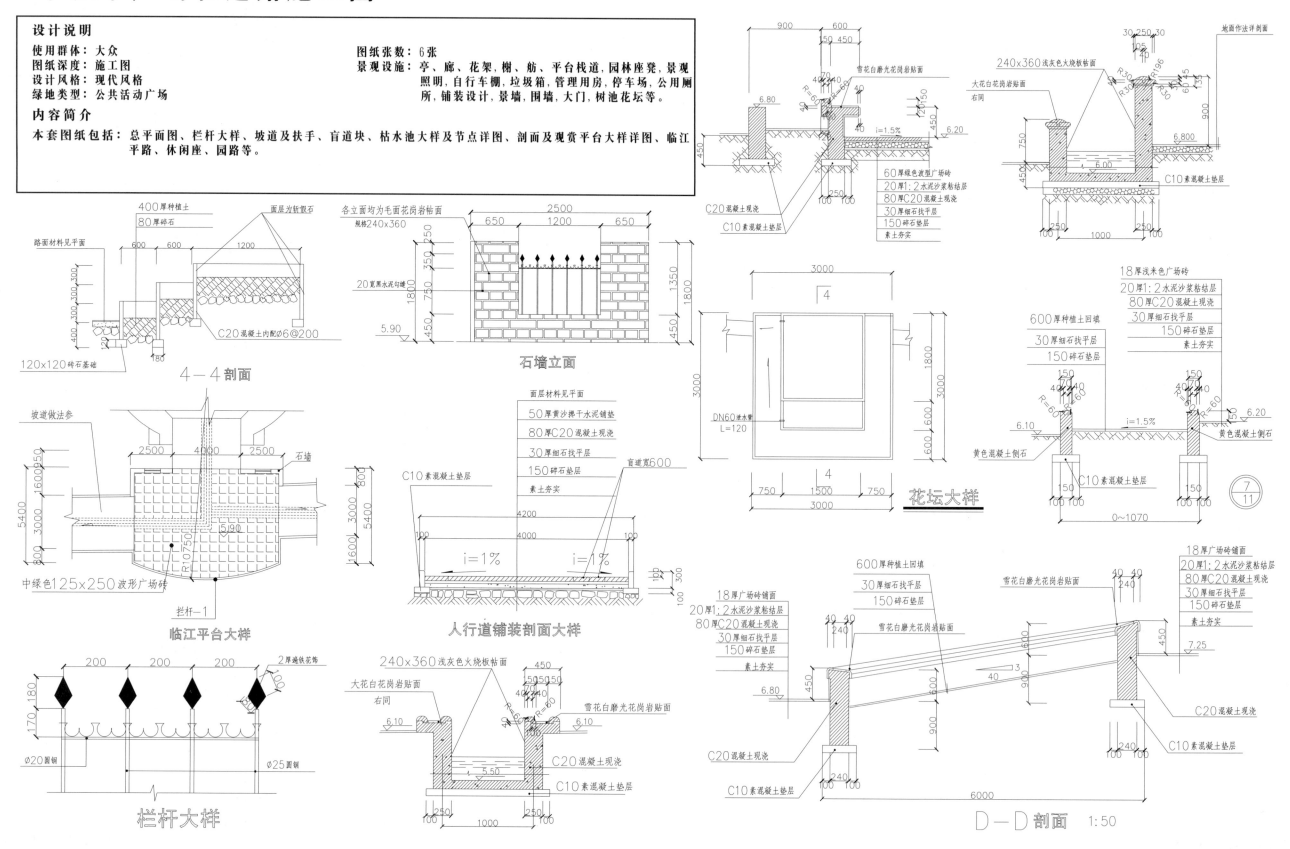

4-4剖面

石墙立面

花坛大样

临江平台大样

人行道铺装剖面大样

栏杆大样

D-D剖面 1:50

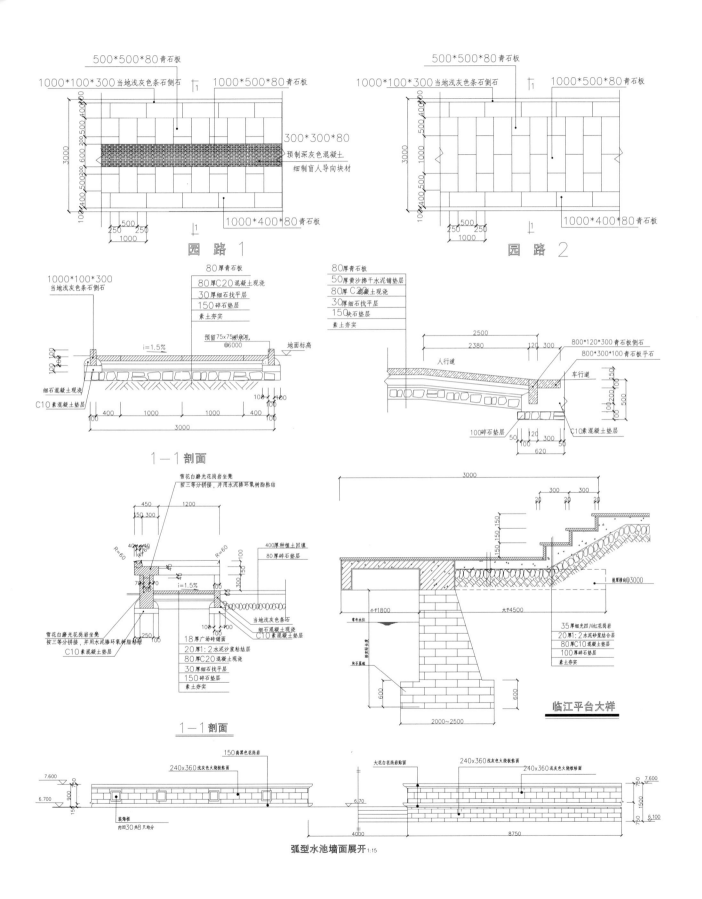

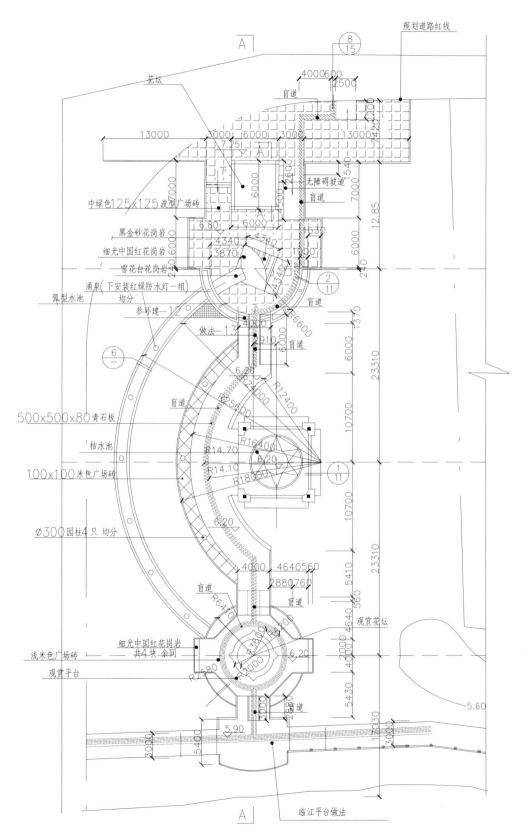

># 中心广场景观全套施工图

设计说明

使用群体: 大众
图纸深度: 施工图
设计风格: 现代风格
绿地类型: 公共活动广场

图纸张数: 18张
景观设施: 亭、廊、花架、榭、舫、平台栈道,园林座凳,景观照明,自行车棚,垃圾箱,管理用房,停车场,公用厕所,铺装设计,景墙,围墙,大门,树池花坛等。

内容简介

本套图纸包括: 总平图、植物配置图、网格定位、指引图以及建筑景观小品节点详图共计18张。

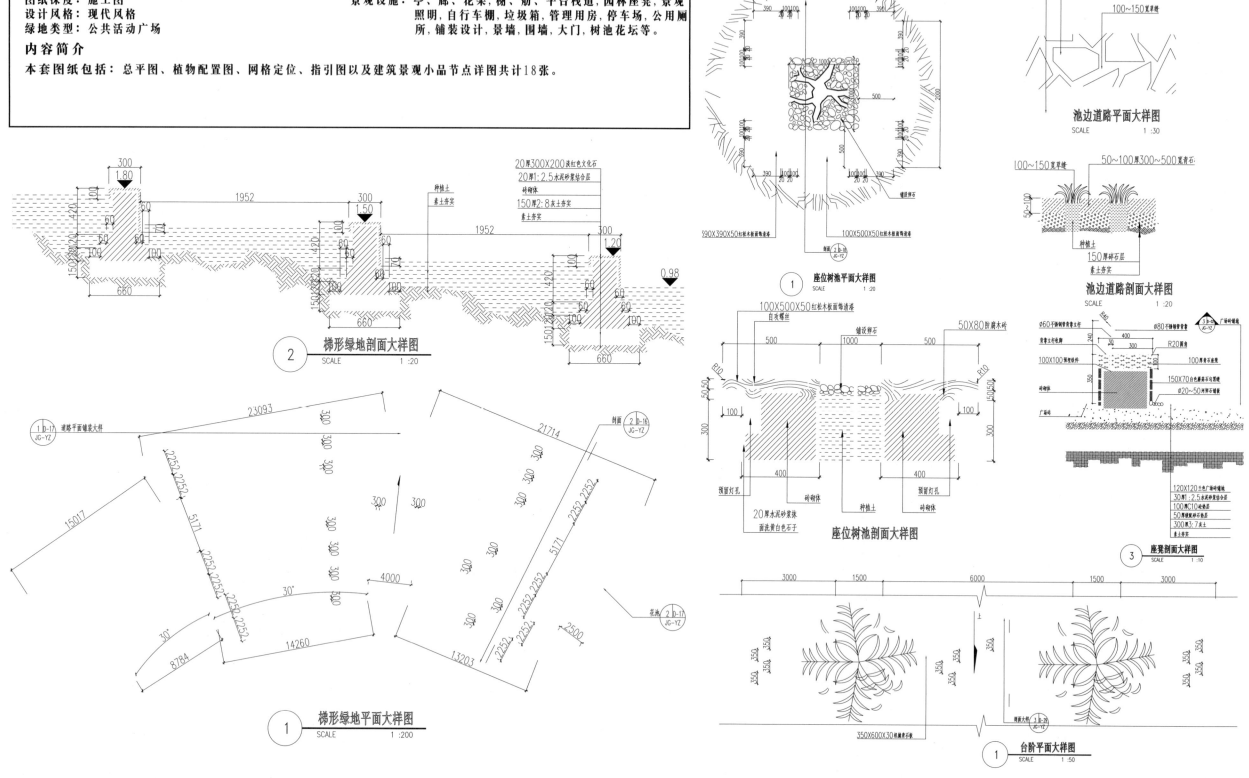

池边道路平面大样图　SCALE 1:30

座位树池平面大样图　SCALE 1:20

池边道路剖面大样图　SCALE 1:20

座位树池剖面大样图

座凳剖面大样图　SCALE 1:10

梯形绿地剖面大样图　SCALE 1:20

梯形绿地平面大样图　SCALE 1:200

台阶平面大样图　SCALE 1:50

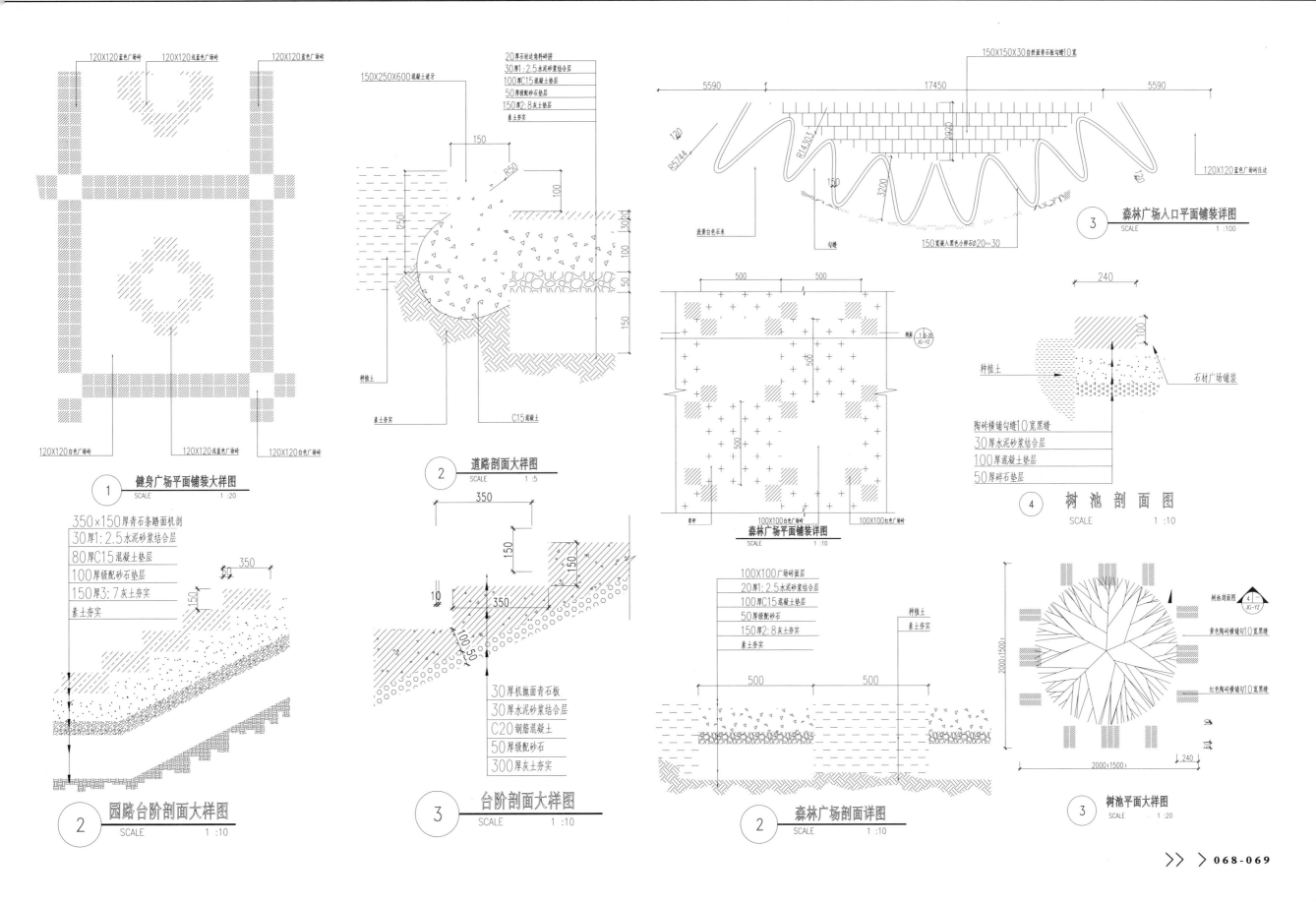

120X120蓝色广场砖 120X120浅蓝色广场砖 120X120蓝色广场砖

120X120蓝色广场砖

120X120白色广场砖 120X120浅蓝色广场砖 120X120白色广场砖

① 健身广场平面铺装大样图
SCALE 1：20

20厚石材边角料碎拼
30厚1：2.5水泥砂浆结合层
100厚C15混凝土垫层
50厚级配砂石垫层
150厚2：8灰土垫层
素土夯实

150X250X600混凝土道牙

R50

种植土

素土夯实 C15混凝土

② 道路剖面大样图
SCALE 1：5

350X150厚青石条踏面机剖
30厚1：2.5水泥砂浆结合层
80厚C15混凝土垫层
100厚级配砂石垫层
150厚3：7灰土夯实
素土夯实

② 园路台阶剖面大样图
SCALE 1：10

30厚机抛面青石板
30厚水泥砂浆结合层
C20钢筋混凝土
50厚级配砂石
300厚灰土夯实

③ 台阶剖面大样图
SCALE 1：10

5590 17450 5590

150X150X30自然面青石板勾缝10宽

R14303
R5744
120

150

3200

淡黄白色石米

勾缝 150宽嵌入黑色小碎石20～30

120X120蓝色广场砖压边

③ 森林广场入口平面铺装详图
SCALE 1：100

500 500

500

100X100白色广场砖 100X100红色广场砖

森林广场平面铺装详图
SCALE 1：10

100X100广场砖面层
20厚1：2.5水泥砂浆结合层
100厚C15混凝土垫层
50厚级配砂石
150厚2：8灰土夯实
素土夯实

500 500

种植土
素土夯实

② 森林广场剖面详图
SCALE 1：10

240

种植土

石材广场铺装

陶砖横铺勾缝10宽黑缝
30厚水泥砂浆结合层
100厚混凝土垫层
50厚碎石垫层

④ 树池剖面图
SCALE 1：10

2000（1500）

黄色陶砖横铺勾10宽黑缝

红色陶砖横铺勾10宽黑缝

240

2000（1500）

③ 树池平面大样图
SCALE 1：20

〉大厦广场环境设计施工图

设计说明

使用群体：大众
图纸深度：施工图
设计风格：现代风格
绿地类型：公共活动广场

图纸张数：8张
景观设施：亭、廊、花架、榭、舫、平台栈道，园林座凳，景观
照明，垃圾箱，公用电话，公用厕所，铺装设计，景墙
围墙，大门，水景，喷泉，花钵花盆等。

内容简介

本套图纸包括：平面图、植物设计图、竖向设计图、铺装设计图、水池设计图、小品设计图、基础节点设计图等。

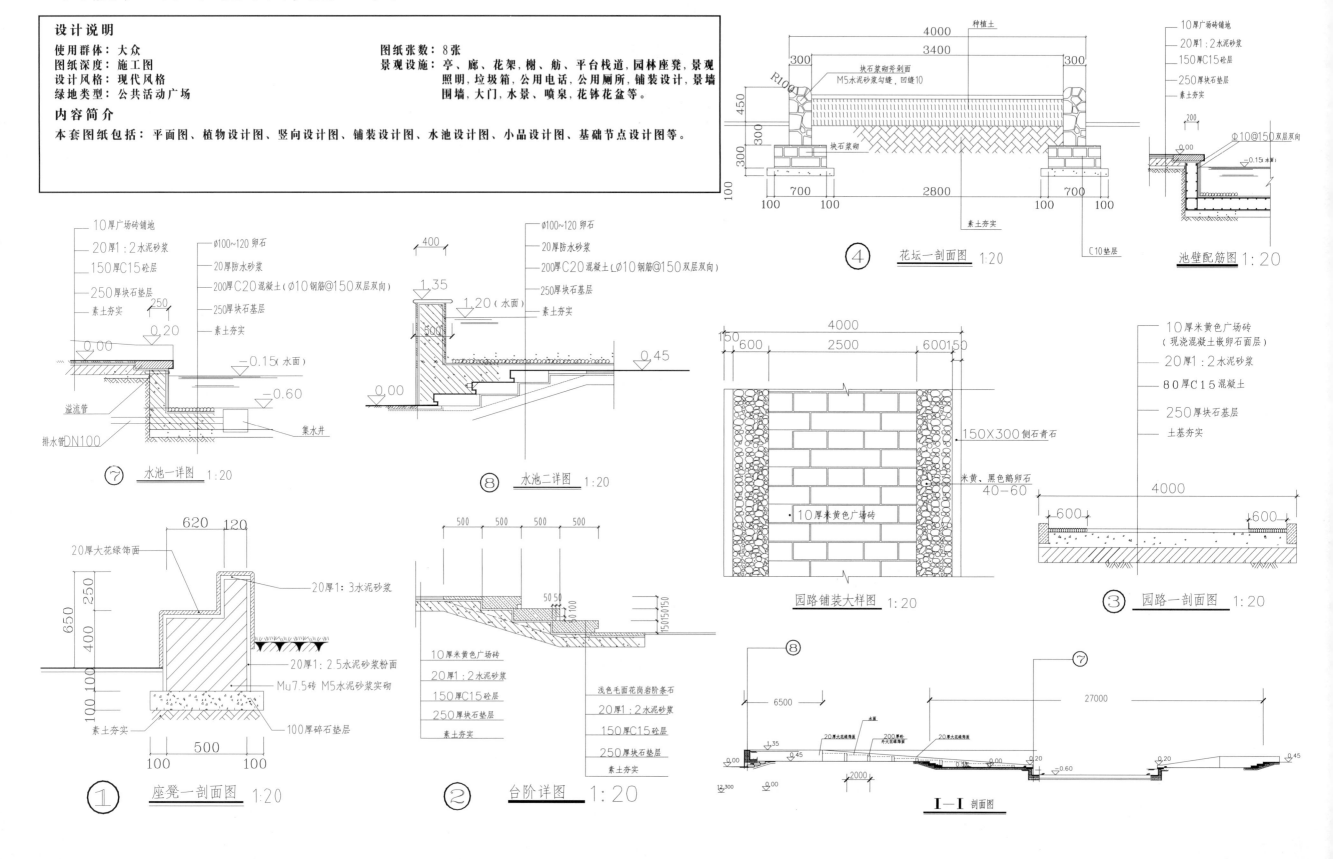

④ 花坛一剖面图 1:20

池壁配筋图 1:20

⑦ 水池一详图 1:20

⑧ 水池二详图 1:20

园路铺装大样图 1:20

③ 园路一剖面图 1:20

① 座凳一剖面图 1:20

② 台阶详图 1:20

I—I 剖面图

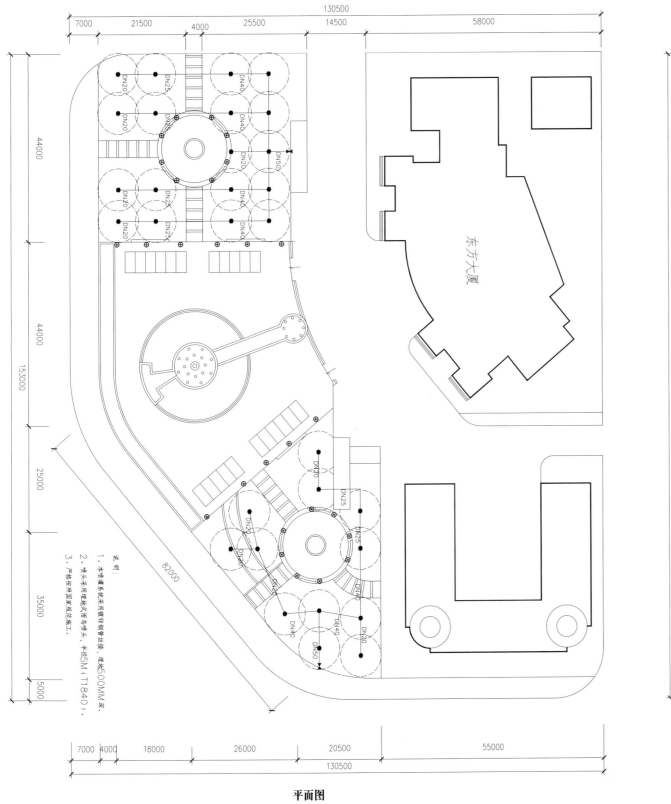

平面图

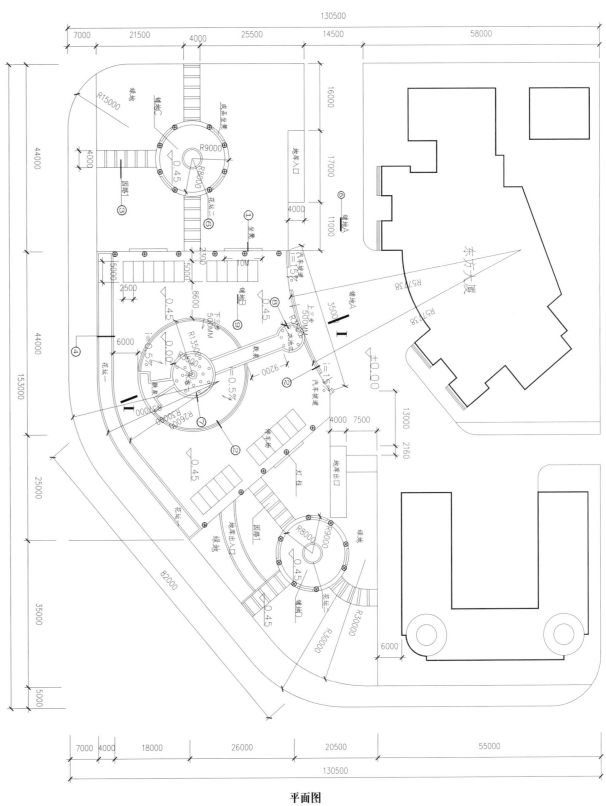

平面图

> 福建某下沉广场施工图

设计说明

使用群体: 大众	图纸张数: 3张
图纸深度: 施工图	景观设施: 亭、廊、花架、榭、舫、平台栈道, 园林座凳, 儿童
设计风格: 现代风格	游乐场所, 景观照明, 自行车棚, 垃圾箱, 管理用房,
绿地类型: 公共活动广场	停车场, 喷泉, 花钵花盆, 运动健身场所等。

内容简介

本套图纸包括: 平面图、立面图、花池详图、景桥详图、景观亭详图。

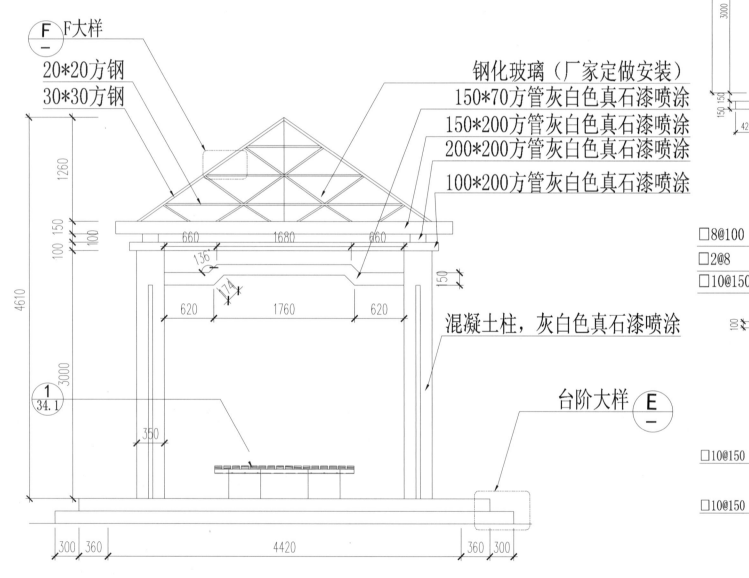

F大样

20*20方钢
30*30方钢

钢化玻璃（厂家定做安装）
150*70方管灰白色真石漆喷涂
150*200方管灰白色真石漆喷涂
200*200方管灰白色真石漆喷涂
100*200方管灰白色真石漆喷涂

混凝土柱, 灰白色真石漆喷涂

台阶大样 E

立面图 1:50

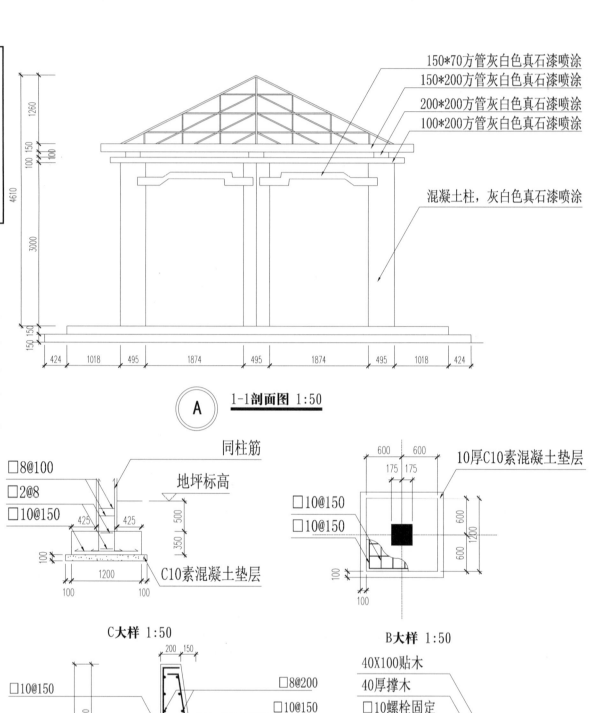

150*70方管灰白色真石漆喷涂
150*200方管灰白色真石漆喷涂
200*200方管灰白色真石漆喷涂
100*200方管灰白色真石漆喷涂

混凝土柱, 灰白色真石漆喷涂

A 1-1剖面图 1:50

同柱筋
地坪标高
□8@100
□2@8
□10@150
C10素混凝土垫层

C大样 1:50

10厚C10素混凝土垫层
□10@150
□10@150

B大样 1:50

□10@150
□10@150
□10@150
□8@200
□10@150
□8@200

桥基础结构 1:10

40X100贴木
40厚撑木
□10螺栓固定

C大样 1:10

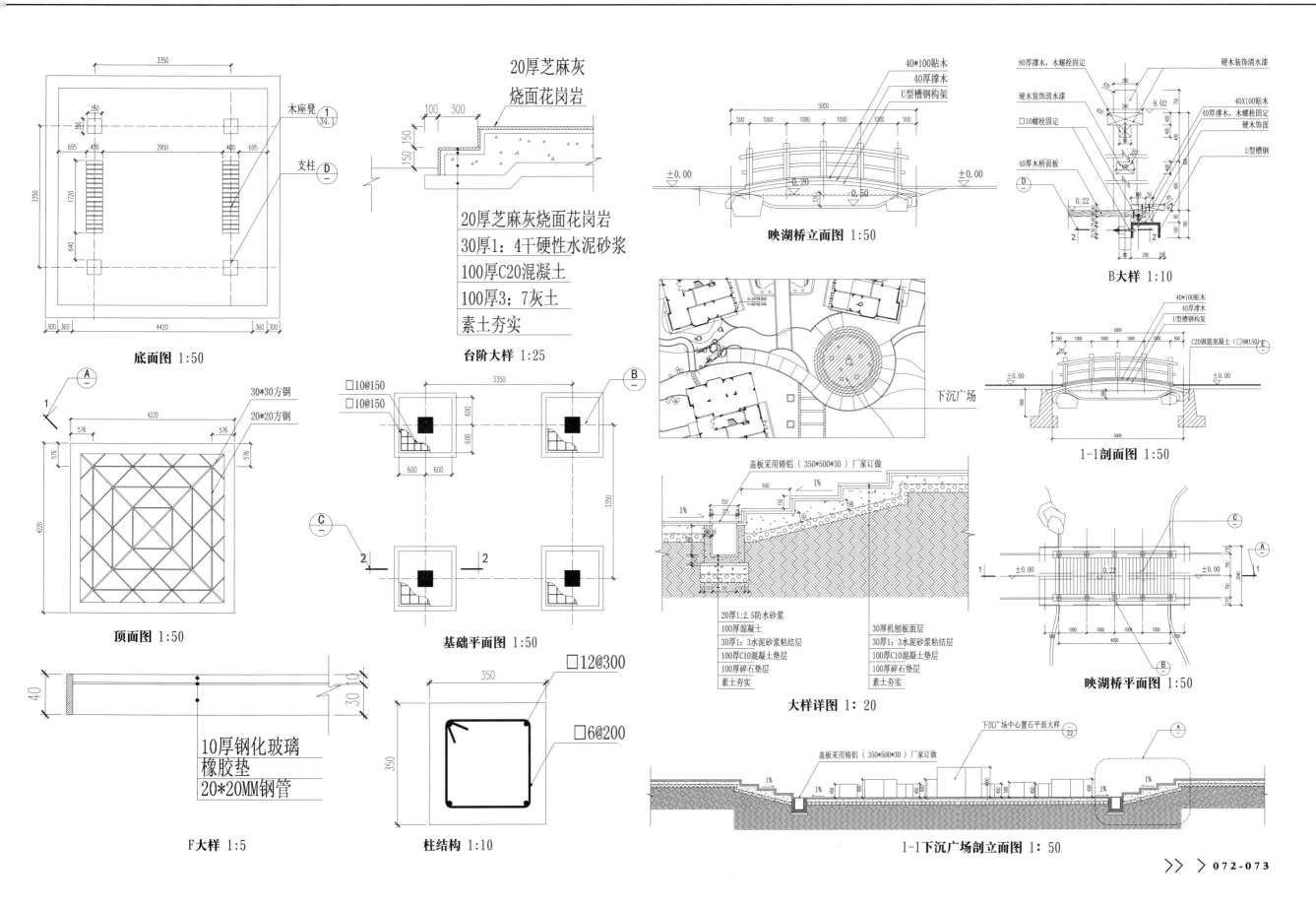

底面图 1:50

顶面图 1:50

20厚芝麻灰
烧面花岗岩

台阶大样 1:25

20厚芝麻灰烧面花岗岩
30厚1：4干硬性水泥砂浆
100厚C20混凝土
100厚3：7灰土
素土夯实

木座凳
支柱

30*30方钢
20*20方钢

□10@150
□10@150

基础平面图 1:50

□12@300
□6@200

柱结构 1:10

10厚钢化玻璃
橡胶垫
20*20MM钢管

F大样 1:5

40*100贴木
40厚撑木
U型槽钢构架

映湖桥立面图 1:50

80厚撑木，木螺栓固定
硬木装饰清水漆
硬木装饰清水漆
□10螺栓固定
40X100贴木
40厚撑木，木螺栓固定
硬木饰面
40厚木桥面板
U型槽钢

B大样 1:10

下沉广场

40*100贴木
40厚撑木
U型槽钢构架
C20钢筋混凝土（□8@150）

1-1剖面图 1:50

盖板采用铸铝（350*500*30）厂家订做

20厚1:2.5防水砂浆
100厚混凝土
30厚1：3水泥砂浆粘结层
100厚C10混凝土垫层
100厚碎石垫层
素土夯实

30厚机刨板面层
30厚1：3水泥砂浆粘结层
100厚C10混凝土垫层
100厚碎石垫层
素土夯实

大样详图 1：20

映湖桥平面图 1:50

盖板采用铸铝（350*500*30）厂家订做
下沉广场中心置石平面大样

1-1下沉广场剖立面图 1：50

>广场施工图全套

设计说明

使用群体：大众	图纸张数：121张

图纸深度：施工图
设计风格：现代风格
绿地类型：公共活动广场

景观设施：亭、廊、花架、榭、舫、平台栈道,园林座凳,儿童
游乐场所,景观照明,自行车棚,垃圾箱,管理用房,
停车场,喷泉,花钵花盆,运动健身场所等。

内容简介

本套图纸包括：总平面图 、建筑及园林小品平面布置图 、竖向设计、排水系统及铺装平面图 、绿化平面、各类节点
的详细施工图（景观亭、园路、坐凳、假山、停车场、花池、水池、树池、挡土墙、溪流等）。

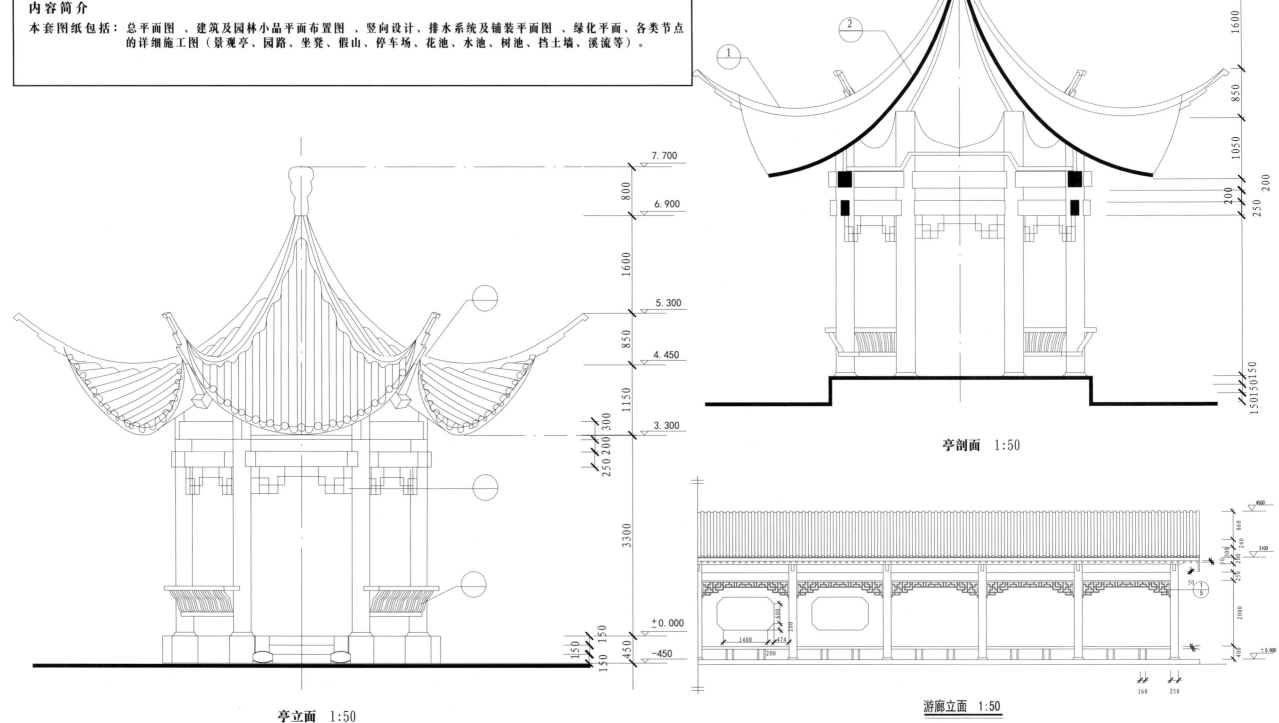

亭剖面 1:50

亭立面 1:50

游廊立面 1:50

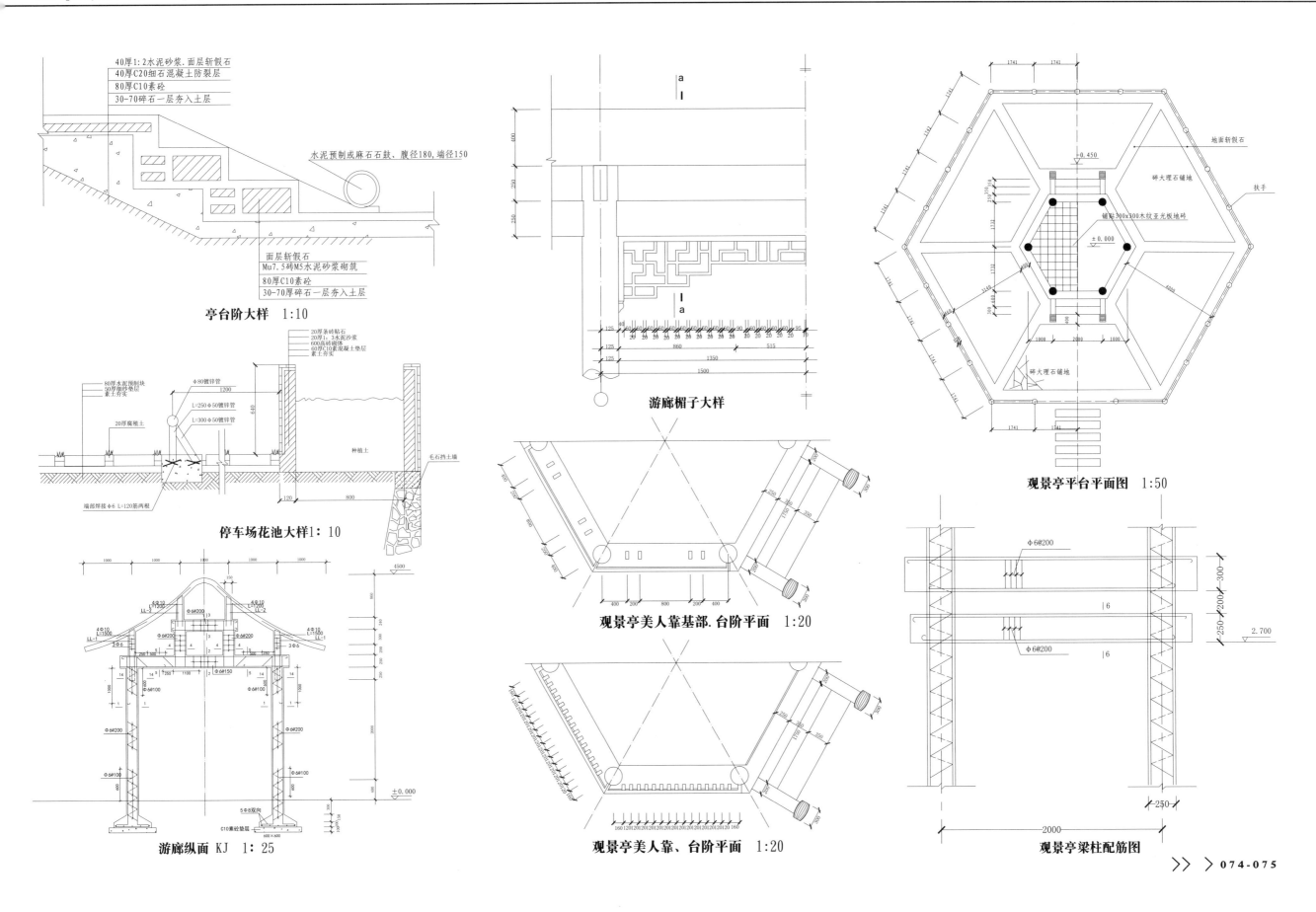

40厚1:2水泥砂浆.面层斩假石
40厚C20细石混凝土防裂层
80厚C10素砼
30-70碎石一层夯入土层

水泥预制或麻石石鼓、腹径180,端径150

面层斩假石
Mu7.5砖M5水泥砂浆砌筑
80厚C10素砼
30-70厚碎石一层夯入土层

亭台阶大样 1:10

停车场花池大样1:10

游廊纵面 KJ 1:25

游廊楣子大样

观景亭美人靠基部.台阶平面 1:20

观景亭美人靠、台阶平面 1:20

观景亭平台平面图 1:50

观景亭梁柱配筋图

>广东市政水景广场施工图

设计说明

使用群体: 大众
图纸深度: 施工图
设计风格: 现代风格
绿地类型: 公共活动广场

图纸张数: 121张
景观设施: 亭、廊、花架、栅、舫、平台栈道,园林座凳,景观
照明,自行车棚,垃圾箱,管理用房,停车场,公用电
话,公用厕所,铺装设计雕塑,水景、喷泉等。

内容简介

本套图纸包括: 水景广场总平面图及说明,水姿图,水景广场管线布置,还包括有节点大样图等

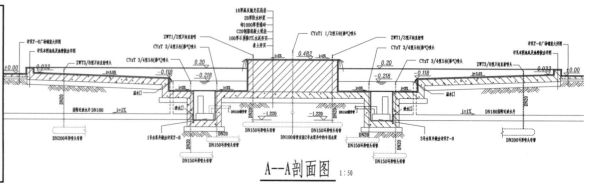

A--A剖面图 1:50

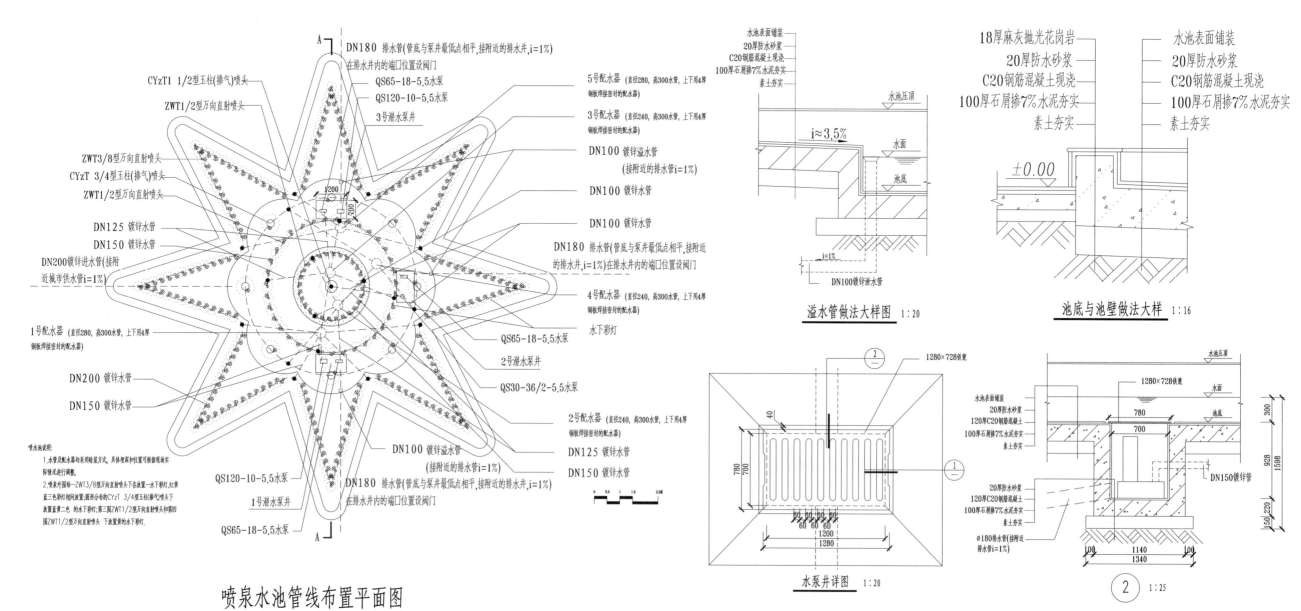

喷泉水池管线布置平面图

溢水管做法大样图 1:20

池底与池壁做法大样 1:16

水泵井详图 1:20

② 1:25

水泵做法大样

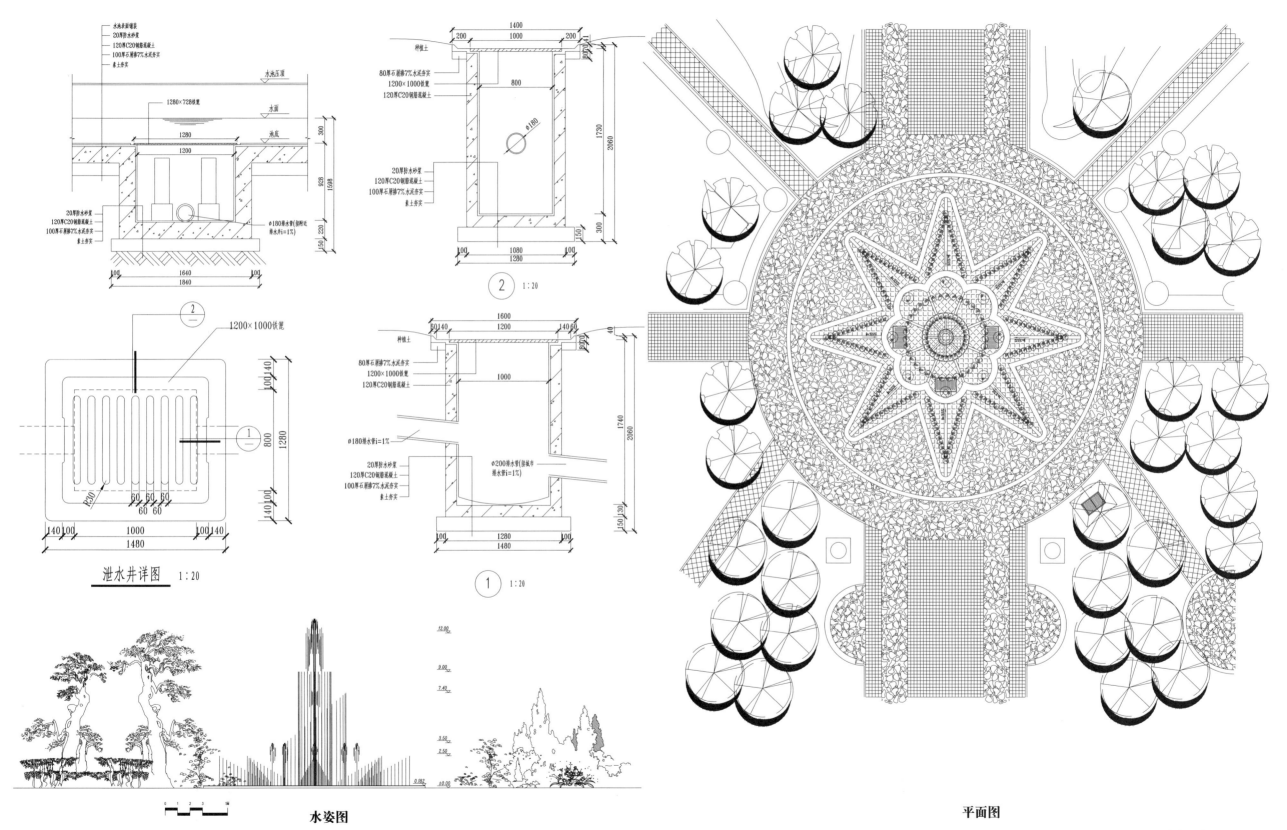

泄水井详图 1:20

水姿图

平面图

>旱喷广场施工图全套

设计说明

使用群体: 大众
图纸深度: 施工图
设计风格: 现代风格
绿地类型: 公共活动广场

图纸张数: 25张
景观设施: 亭、廊、花架、榭、舫、平台栈道,园林座凳,景观照明,自行车棚,垃圾箱,管理用房,公用电话,公用铺装设计,景墙,围墙,树池花坛,花钵花盆等。

内容简介

本套图纸包括: 旱喷广场定位设计,旱喷广场中心段节点1,跌泉节点1,旱喷广场高程设计,旱喷广场中心段节点2,跌泉节点2及花台节点1,旱喷广场铺装设计,旱喷广场中心段节点3,花台节点2,旱喷广场节点索引设计,旱喷广场中心段节点4及踏步(一)节点1,旱喷广场灯具布置图 踏步(二)节点,旱喷广场喷头布置图 木桥节点1,旱喷广场剖面图,木桥节点2等。

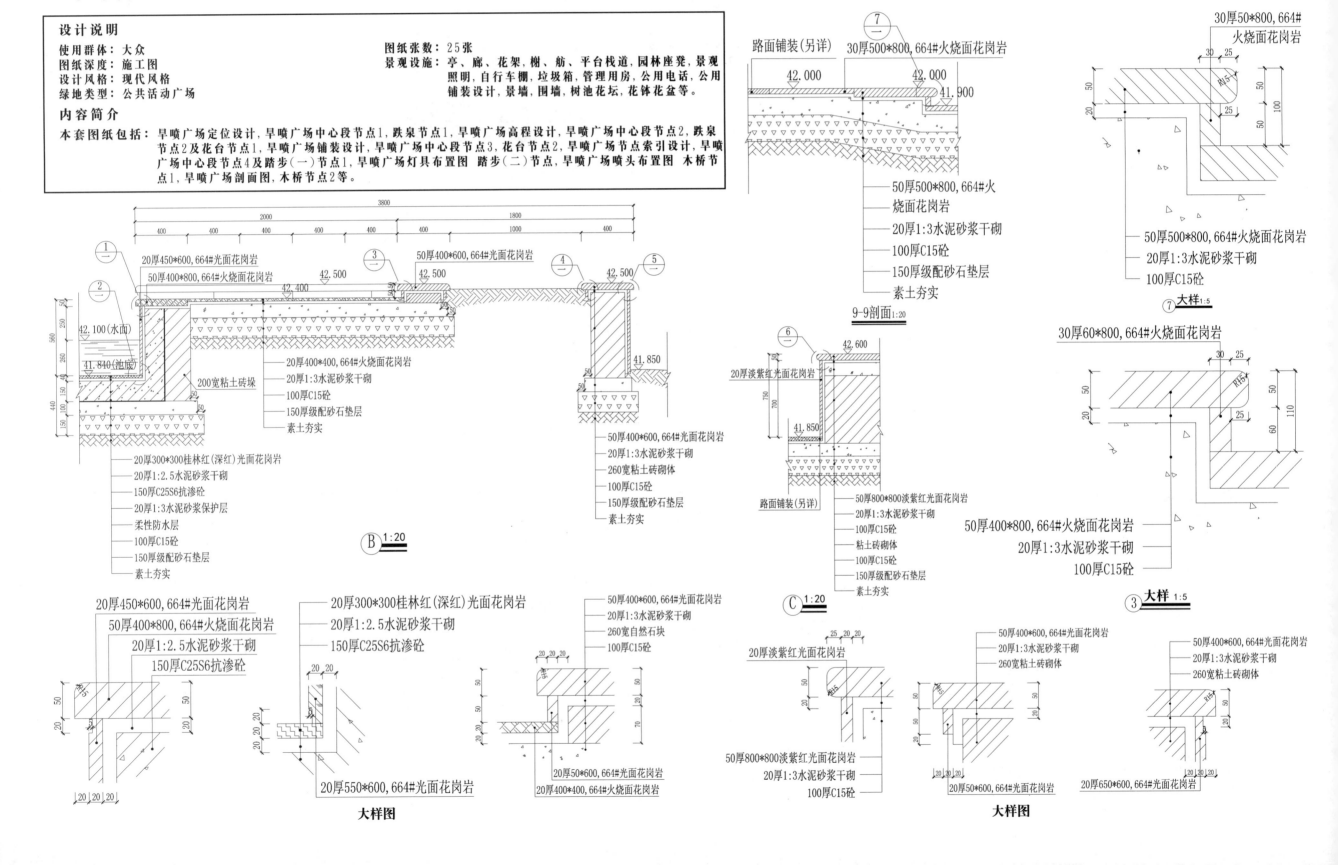

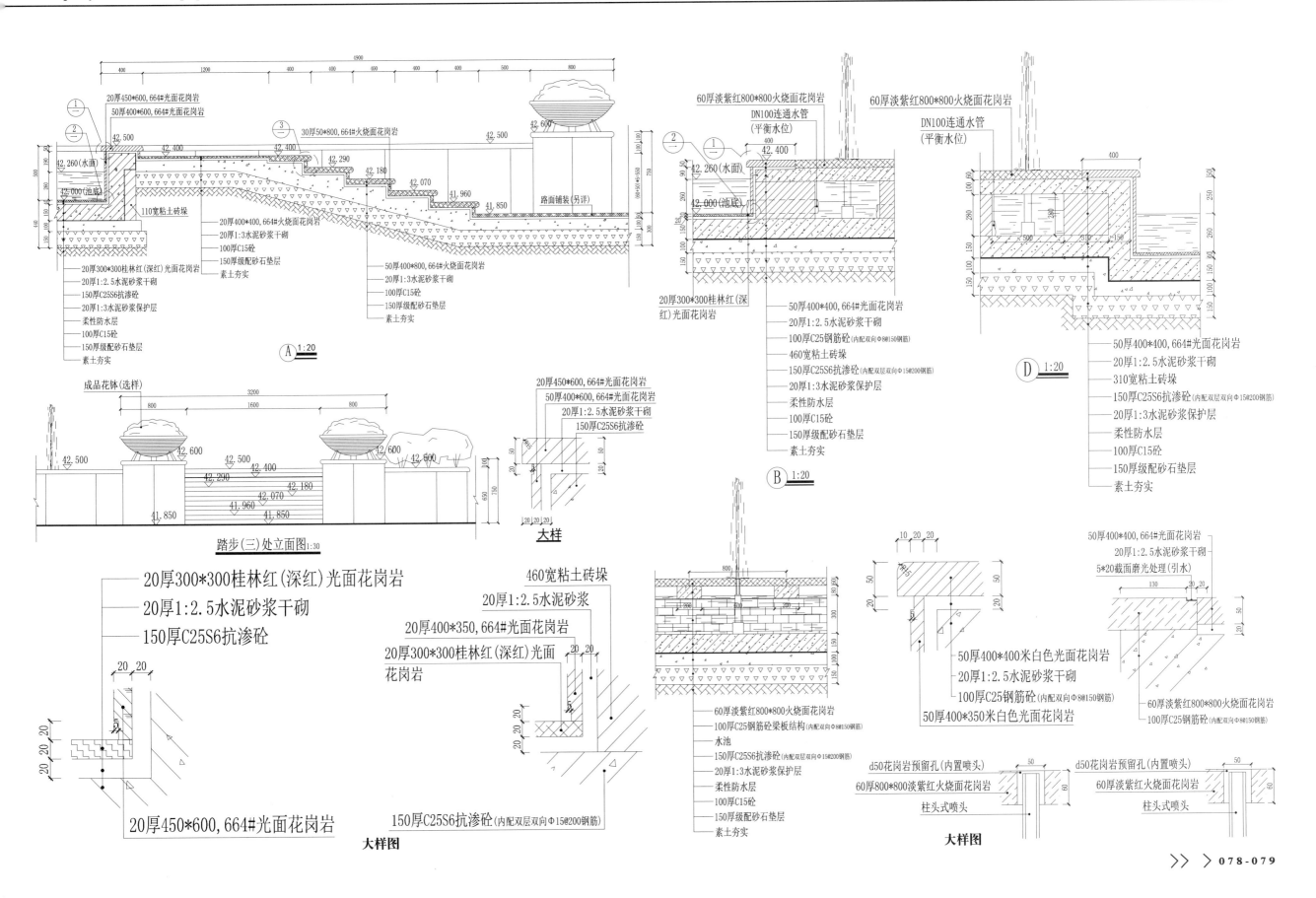

>行政中心广场全套施工图

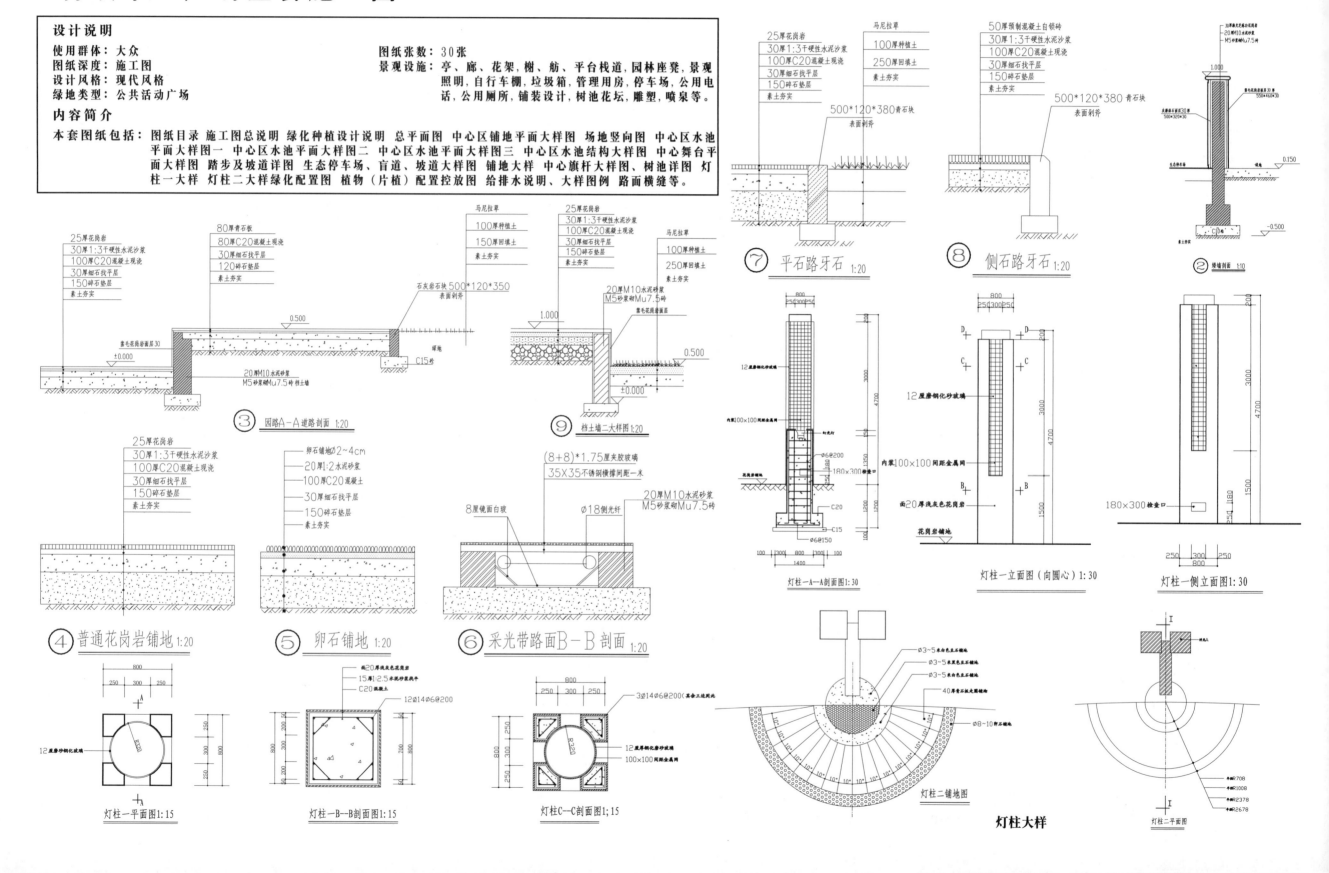

设计说明

使用群体: 大众
图纸深度: 施工图
设计风格: 现代风格
绿地类型: 公共活动广场

图纸张数: 30张

景观设施: 亭、廊、花架、榭、舫、平台栈道, 园林座凳, 景观照明, 自行车棚, 垃圾箱, 管理用房, 停车场, 公用电话, 公用厕所, 铺装设计, 树池花坛, 雕塑, 喷泉等。

内容简介

本套图纸包括: 图纸目录 施工图总说明 绿化种植设计说明 总平面图 中心区铺地平面大样图 场地竖向图 中心区水池平面大样图一 中心区水池平面大样图二 中心区池平面大样图三 中心区水池结构大样图 中心舞台平面大样图 踏步及坡道详图 生态停车场、盲道、坡道大样图 铺地大样 中心旗杆大样图、树池详图 灯柱一大样 灯柱二大样绿化配置图 植物(片植)配置控放图 给排水说明、大样图例 路面横缝等。

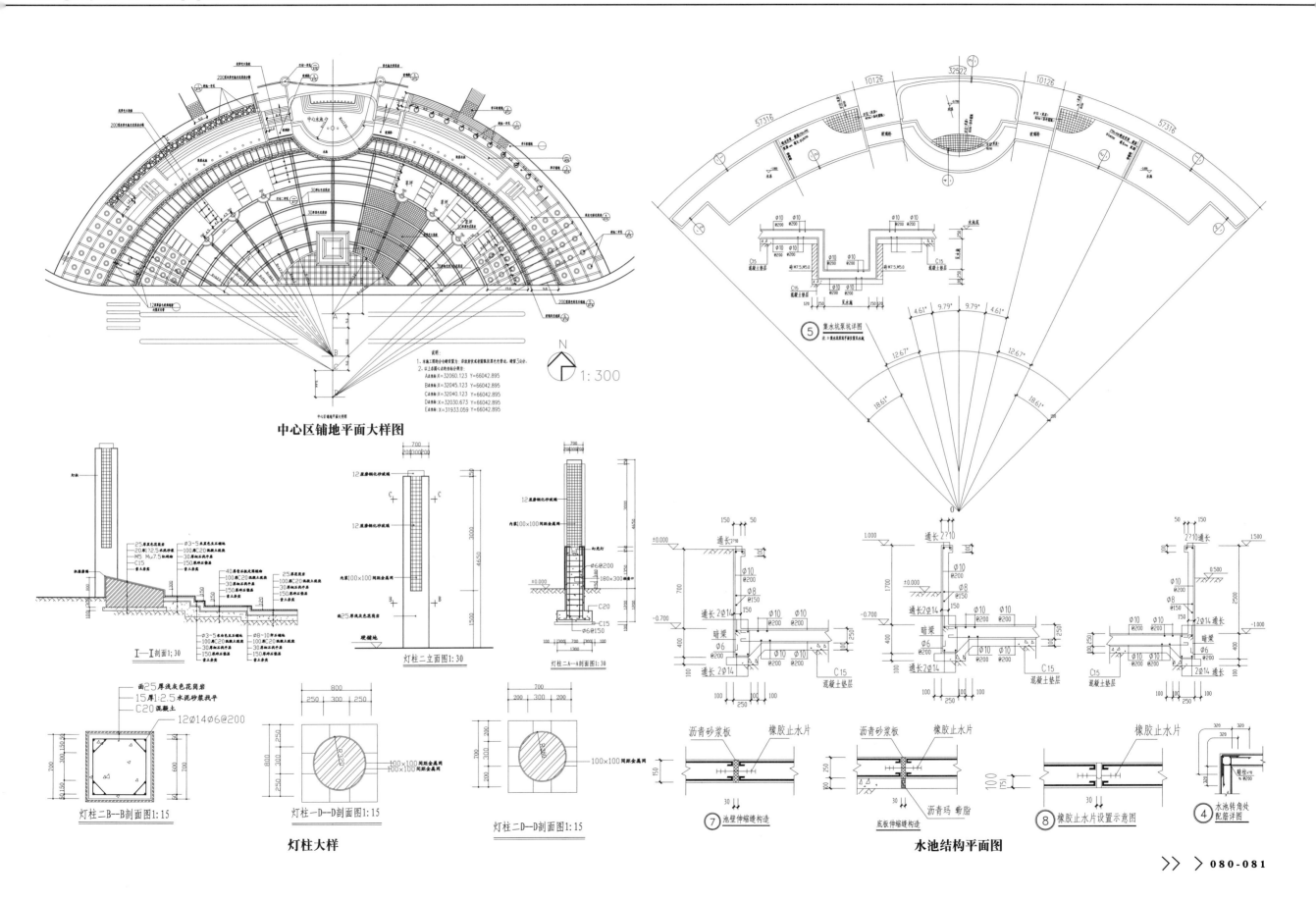

中心区铺地平面大样图

灯柱大样

水池结构平面图

>杭州广场景观施工图

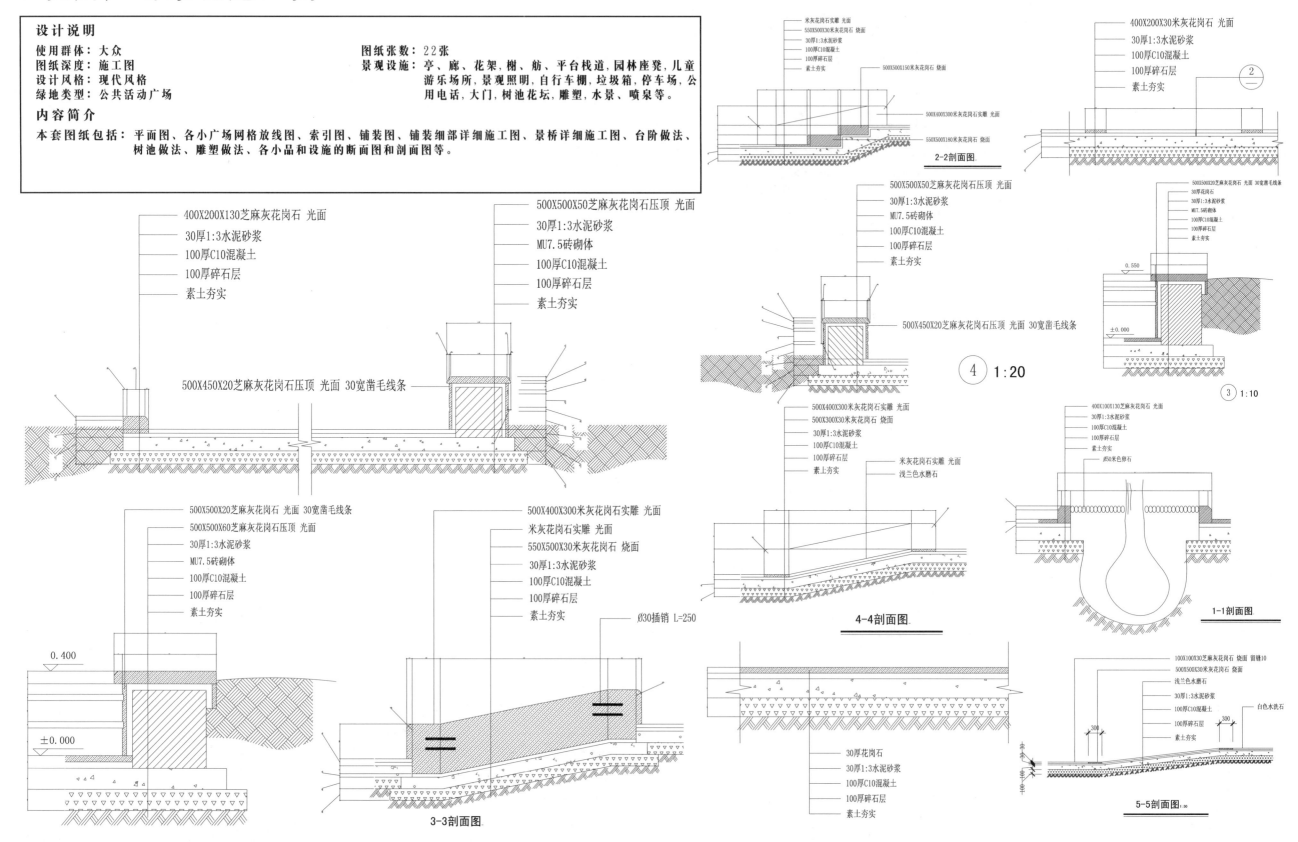

设计说明

使用群体: 大众
图纸深度: 施工图
设计风格: 现代风格
绿地类型: 公共活动广场

图纸张数: 22张
景观设施: 亭、廊、花架、榭、舫、平台栈道,园林座凳、儿童
游乐场所,景观照明、自行车棚、垃圾箱、停车场、公
用电话、大门,树池花坛、雕塑、水景、喷泉等。

内容简介

本套图纸包括: 平面图、各小广场网格放线图、索引图、铺装图、铺装细部详细施工图、景桥详细施工图、台阶做法、
树池做法、雕塑做法、各小品和设施的断面图和剖面图等。

400X200X130芝麻灰花岗石 光面
30厚1:3水泥砂浆
100厚C10混凝土
100厚碎石层
素土夯实

500X500X50芝麻灰花岗石压顶 光面
30厚1:3水泥砂浆
MU7.5砖砌体
100厚C10混凝土
100厚碎石层
素土夯实

500X450X20芝麻灰花岗石压顶 光面 30宽凿毛线条

米灰花岗石实雕 光面
550X500X30米灰花岗石 烧面
30厚1:3水泥砂浆
100厚C10混凝土
100厚碎石层
素土夯实

500X400X300米灰花岗石实雕 光面
550X500X150米灰花岗石 烧面

2-2剖面图

400X200X30米灰花岗石 光面
30厚1:3水泥砂浆
100厚C10混凝土
100厚碎石层
素土夯实

2

500X500X20芝麻灰花岗石 光面 30厚凿毛线条
30厚花岗石
30厚1:3水泥砂浆
MU7.5砖砌体
100厚C10混凝土
100厚碎石层
素土夯实

500X500X50芝麻灰花岗石压顶 光面
30厚1:3水泥砂浆
MU7.5砖砌体
100厚C10混凝土
100厚碎石层
素土夯实

500X450X20芝麻灰花岗石压顶 光面 30宽凿毛线条

0.550
±0.000

4 1:20

3 1:10

500X500X20芝麻灰花岗石 光面 30宽凿毛线条
500X500X60芝麻灰花岗石压顶 光面
30厚1:3水泥砂浆
MU7.5砖砌体
100厚C10混凝土
100厚碎石层
素土夯实

500X400X300米灰花岗石实雕 光面
米灰花岗石实雕 光面
550X500X30米灰花岗石 烧面
30厚1:3水泥砂浆
100厚C10混凝土
100厚碎石层
素土夯实
Ø30插销 L=250

500X400X300米灰花岗石实雕 光面
500X300X30米灰花岗石 烧面
30厚1:3水泥砂浆
100厚C10混凝土
100厚碎石层
素土夯实
米灰花岗石实雕 光面
浅兰色水磨石

400X100X130芝麻灰花岗石 光面
30厚1:3水泥砂浆
100厚C10混凝土
100厚碎石层
素土夯实

ø50米色磨石

4-4剖面图

1-1剖面图

0.400
±0.000

100X100X30芝麻灰花岗石 烧面 留缝10
500X500X30米灰花岗石 烧面
浅兰色水磨石
30厚1:3水泥砂浆
100厚C10混凝土
100厚碎石层
素土夯实
白色水洗石

300   300

30厚花岗石
30厚1:3水泥砂浆
100厚C10混凝土
100厚碎石层
素土夯实

3-3剖面图

5-5剖面图

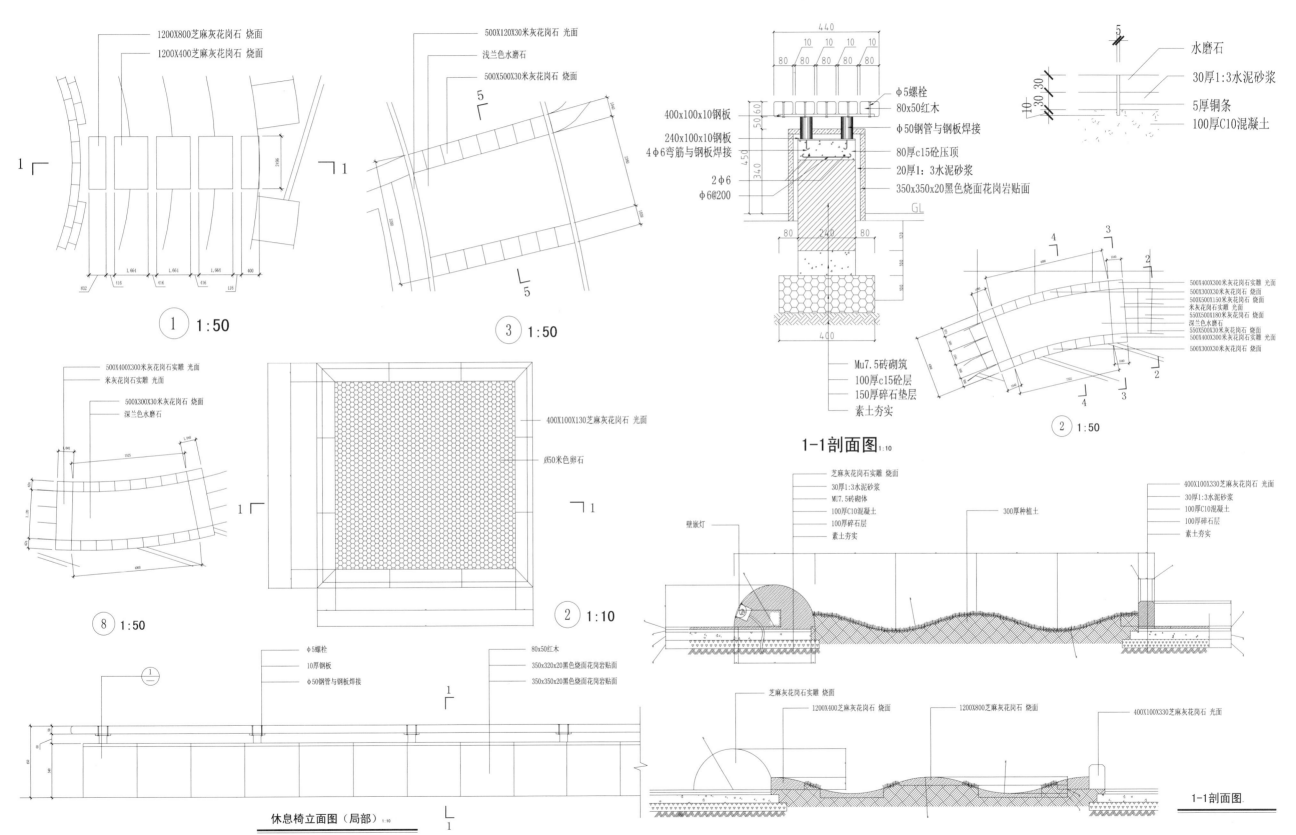

1200X800芝麻灰花岗石 烧面
1200X400芝麻灰花岗石 烧面

① 1:50

500X120X30米灰花岗石 光面
浅兰色水磨石
500X500X30米灰花岗石 烧面

③ 1:50

440
10 10 10 10
80 80 80 80 80
400x100x10钢板
240x100x10钢板
4φ6弯筋与钢板焊接
2φ6
φ6@200

φ5螺栓
80x50红木
φ50钢管与钢板焊接
80厚c15砼压顶
20厚1:3水泥砂浆
350x350x20黑色烧面花岗岩贴面
GL

Mu7.5砖砌筑
100厚c15砼层
150厚碎石垫层
素土夯实

水磨石
30厚1:3水泥砂浆
5厚铜条
100厚C10混凝土

500X400X300米灰花岗石实雕 光面
米灰花岗石实雕 光面
500X300X30米灰花岗石 烧面
深兰色水磨石

⑧ 1:50

400X100X130芝麻灰花岗石 光面
ø50米色卵石

② 1:10

500X400X300米灰花岗石实雕 光面
500X300X30米灰花岗石 烧面
500X500X150米灰花岗石 烧面
米灰花岗石实雕 光面
550X560X180米灰花岗石 烧面
550X500X30米灰花岗石 烧面
深兰色水磨石
500X400X300米灰花岗石 烧面
500X300X30米灰花岗石 烧面

② 1:50

1-1剖面图 1:10

芝麻灰花岗石实雕 烧面
30厚1:3水泥砂浆
Mu7.5砖砌体
100厚C10混凝土
100厚碎石层
素土夯实
壁嵌灯
300厚种植土

400X100X330芝麻灰花岗石 光面
30厚1:3水泥砂浆
100厚C10混凝土
100厚碎石层
素土夯实

φ5螺栓
10厚钢板
φ50钢管与钢板焊接
80x50红木
350x320x20黑色烧面花岗岩贴面
350x350x20黑色烧面花岗岩贴面

休息椅立面图（局部） 1:10

芝麻灰花岗石实雕 烧面
1200X400芝麻灰花岗石 烧面
1200X800芝麻灰花岗石 烧面
400X100X330芝麻灰花岗石 光面

1-1剖面图

>河北广场全套施工图

设计说明

使用群体: 大众
图纸深度: 施工图
设计风格: 现代风格
绿地类型: 公共活动广场

图纸张数: 22张
景观设施: 亭、廊、花架、树、舫、平台栈道,园林座凳,儿童游乐场所,景观照明,自行车棚,垃圾箱,停车场,公用电话,大门,树池花坛,雕塑,水景、喷泉等。

内容简介

本套图纸包括:含总平面放线图、竖向图、索引图、灯具布置及线路平面图、中心广场LED平面布置图、灯具基础施工图、音箱布置平面图、水泵回路、接地极平面图、配电系统图、背景音乐配电系统、洒水栓平面布置及管线图、广场排水平面、排水沟施工图、广场舞台结构详图、休息亭基础施工图、绿化种植平面图、中心广场铺装图、树池、台阶、坡道、木板地面基层做法、坐凳、小品基础、涌路基层做法、化粪池等。

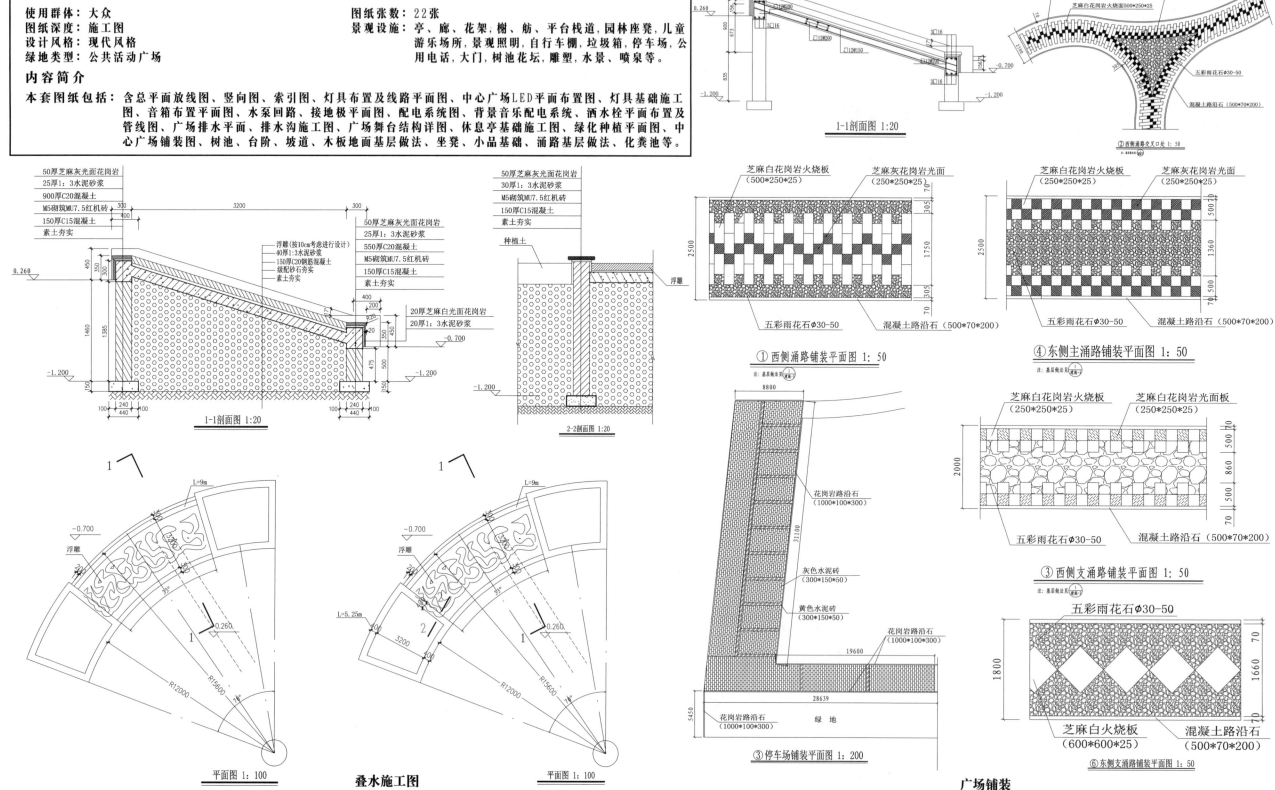

1-1剖面图 1:20

②西侧涌路交叉口处 1:50

1-1剖面图 1:20

2-2剖面图 1:20

①西侧涌路铺装平面图 1:50

④东侧主涌路铺装平面图 1:50

③西侧支涌路铺装平面图 1:50

③停车场铺装平面图 1:200

⑥东侧支涌路铺装平面图 1:50

平面图 1:100

叠水施工图

平面图 1:100

广场铺装

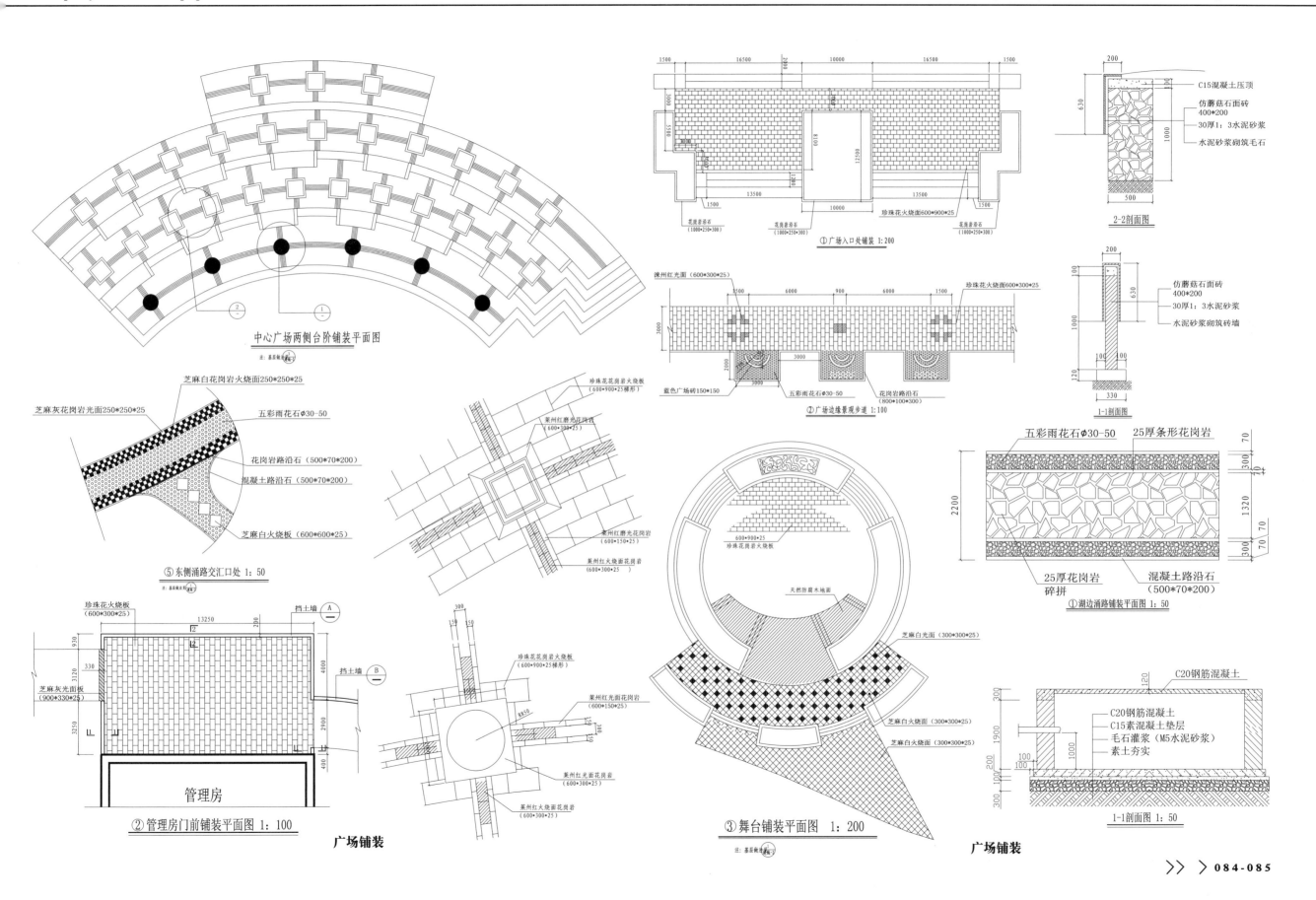

中心广场两侧台阶铺装平面图

⑤东侧涌路交汇口处 1：50

芝麻白花岗岩火烧面250*250*25
芝麻灰花岗岩光面250*250*25
五彩雨花石φ30-50
花岗岩路沿石（500*70*200）
混凝土路沿石（500*70*200）
芝麻白火烧板（600*600*25）

②管理房门前铺装平面图 1：100
挡土墙 A
挡土墙 B
珍珠花火烧板（600*300*25）
芝麻灰光面板（900*330*25）
管理房

广场铺装

①广场入口处铺装 1：200
花岗岩沿石（1000*250*300）
珍珠花火烧面600*900*25

②广场边缘景观步道 1：100
滦州红光面（600*300*25）
珍珠花火烧面600*300*25
蓝色广场砖150*150
五彩雨花石φ30-50
花岗岩路沿石（800*100*300）

珍珠花花岗岩火烧板（600*900*25梯形）
莱州红光面花岗岩（600*300*25）
莱州红磨光花岗岩（600*150*25）
莱州红火烧面花岗岩（600*300*25）

③舞台铺装平面图 1：200
天然防腐木地面
珍珠花岗岩火烧板
600*900*25
芝麻白光面（300*300*25）
芝麻白火烧面（300*300*25）
芝麻白火烧面（300*300*25）

珍珠花岗岩火烧板（600*900*25梯形）
莱州红光面花岗岩（600*150*25）
莱州红光面花岗岩（600*300*25）
莱州红火烧面花岗岩（600*300*25）

广场铺装

2-2剖面图
C15混凝土压顶
仿蘑菇石面砖400*200
30厚1：3水泥砂浆
水泥砂浆砌筑毛石

1-1剖面图
仿蘑菇石面砖400*200
30厚1：3水泥砂浆
水泥砂浆砌筑砖墙

①湖边涌路铺装平面图 1：50
五彩雨花石φ30-50
25厚条形花岗岩
25厚花岗岩碎拼
混凝土路沿石（500*70*200）

1-1剖面图 1：50
C20钢筋混凝土
C20钢筋混凝土
C15素混凝土垫层
毛石灌浆（M5水泥砂浆）
素土夯实

>河南行政中心广场全套施工图

设计说明

使用群体: 大众
图纸深度: 施工图
设计风格: 现代风格
绿地类型: 公共活动广场

图纸张数: 30张
景观设施: 亭、廊、花架、榭、舫、平台栈道,园林座凳,景观
照明,垃圾箱,公用电话,铺装设计,围墙,大门,树
池花坛,雕塑,水景,喷泉,花钵花盆等。

内容简介

本套图纸包括: 总平面图、中心区铺地平面大样图、绿化种植设计说明、中心水池施工大样图、中心舞台施工大样图、
绿化配置图、植物配置控放图、给排水说明、自动喷灌平面图、照明平面图、道路施工图等。

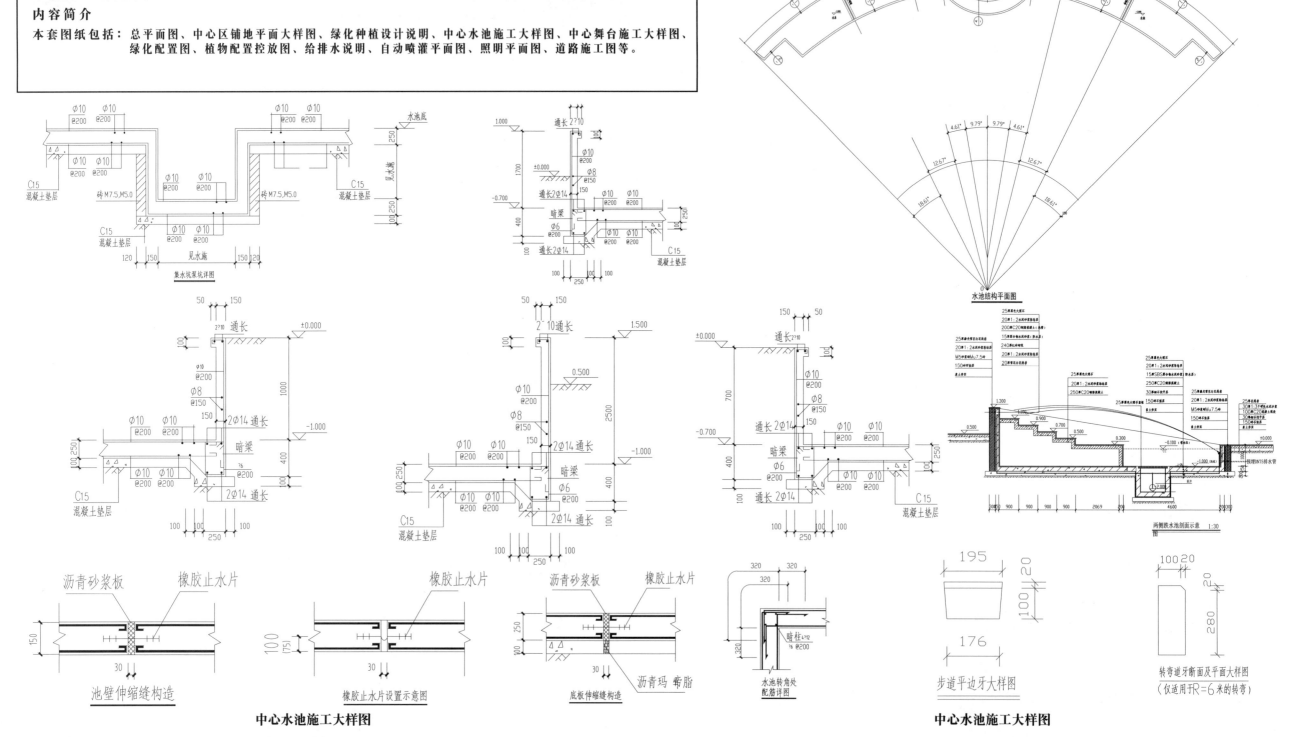

集水坑泵坑详图

池壁伸缩缝构造

橡胶止水片设置示意图

底板伸缩缝构造

水池转角处
配筋详图

步道平边牙大样图

转弯道牙断面及平面大样图
(仅适用于R=6米的转弯)

中心水池施工大样图

中心水池施工大样图

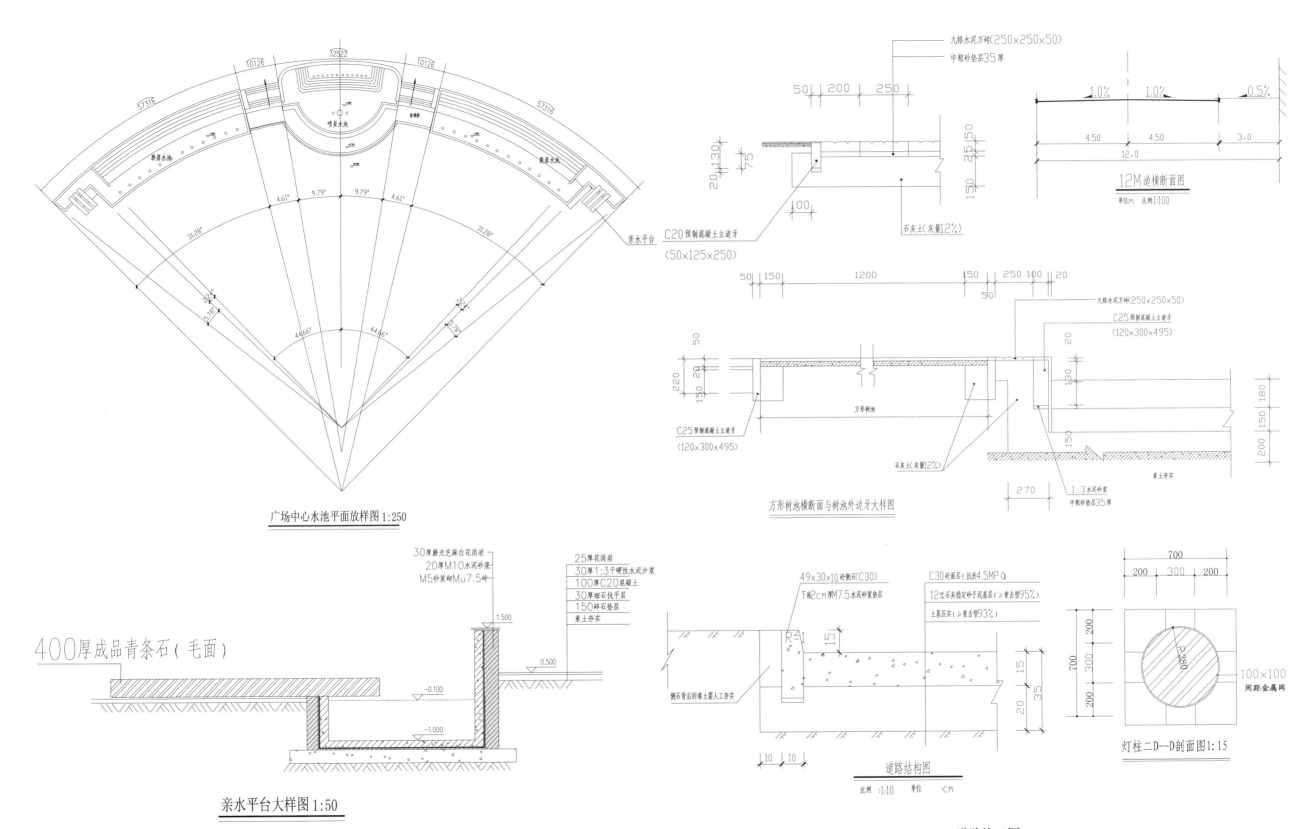

广场中心水池平面放样图 1:250

九格水泥方砖(250×250×50)
中粗砂垫层35厚

12M道横断面图
单位m 比例1:100

C20预制混凝土立道牙
(50×125×250)

石灰土(灰量12%)

C25预制混凝土立道牙
(120×300×495)

九格水泥方砖(250×250×50)
C25预制混凝土立道牙
(120×300×495)

方形树池

石灰土(灰量12%)

1:3水泥砂浆
中粗砂垫层35厚
素土夯实

方形树池横断面与树池外边牙大样图

30厚磨光芝麻白花岗岩
20厚M10水泥砂浆
M5砂浆砌Mu7.5砖

25厚花岗岩
30厚1:3干硬性水泥砂浆
100厚C20混凝土
30厚细石找平层
150碎石垫层
素土夯实

400厚成品青条石(毛面)

亲水平台大样图 1:50

中心水池施工大样图

49×30×10砼侧石(C30)
下底2cm厚M7.5水泥砂浆垫层

C30砼面层(抗折4.5MPa)
12%石灰稳定砂子花基层(≥重击型95%)
土基压实(≥重击型93%)

侧石背后回填土需人工夯实

道路结构图
比例 :1:10 单位 :cm

灯柱二D—D剖面图 1:15

100×100
间距金属网

道路施工图

># 河会所广场全套施工图纸

设计说明

使用群体: 大众
图纸深度: 施工图
设计风格: 现代风格
绿地类型: 公共活动广场

图纸张数: 23张
景观设施: 亭、廊、花架、榭、舫、平台栈道,园林座凳,景观照明,自行车棚,垃圾箱,停车场,铺装设计,景墙、围墙,大门,树池花坛,水景、喷泉,花钵花盆等。

内容简介

本套图纸包括:总平面定位及分区图总平面公用设施布置图 总平面灯具布置示意图 总平面竖向及场地排水图 B区平面植物配置图A区平面图B区平面图 A区竖向设计图 A区跌水池网格定位图 涉水石及环境详图 A区铺装详图一 A区铺装详图二 A区踏步区地详图 涉水石及环境详图 B区铺装详图 A区跌水详图 A区跌水池栈桥详图 跌水石详图(一) 跌水石详图(一) 小品详图(一) 小品详图(二)

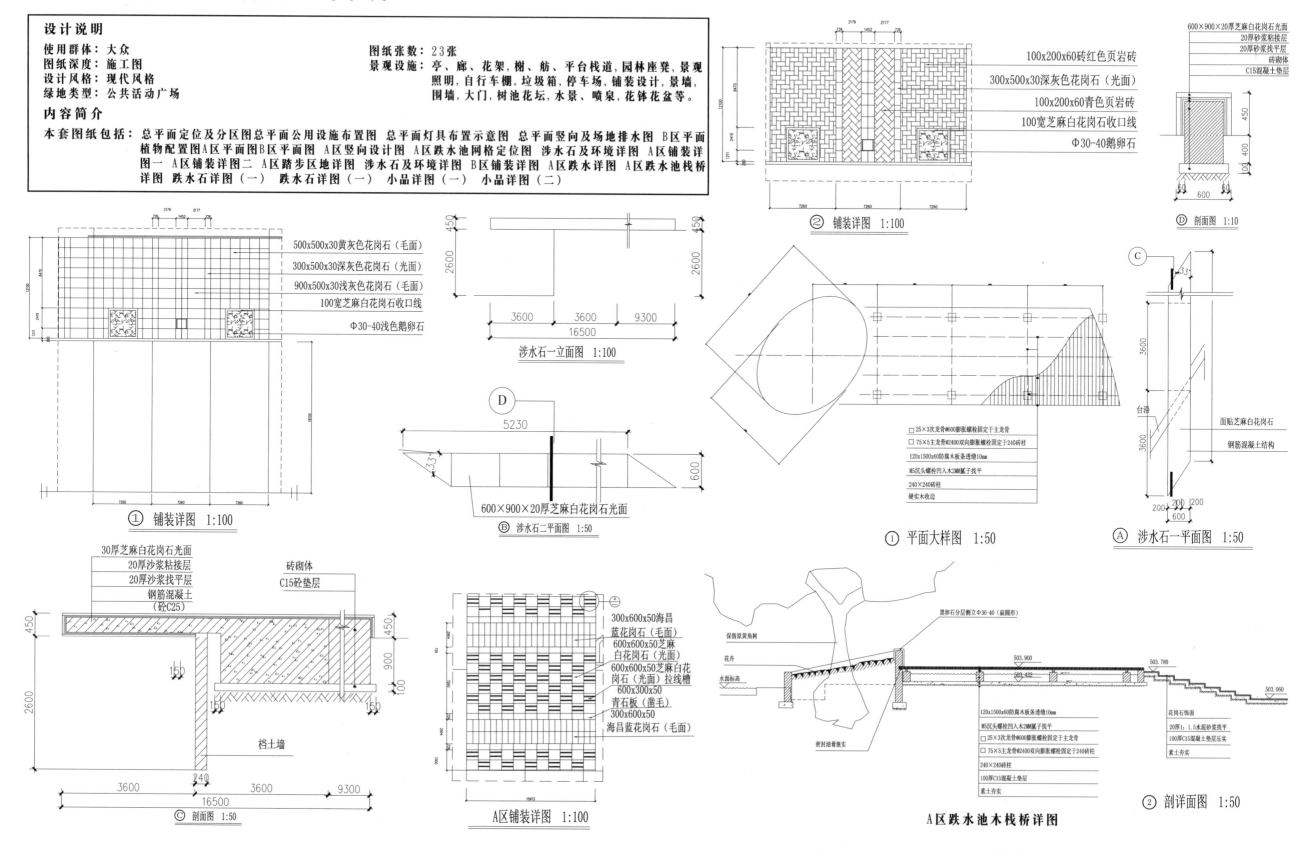

① 铺装详图 1:100

② 铺装详图 1:100

Ⓓ 剖面图 1:10

涉水石一立面图 1:100

Ⓑ 涉水石二平面图 1:50

① 平面大样图 1:50

Ⓐ 涉水石一平面图 1:50

Ⓒ 剖面图 1:50

A区铺装详图 1:100

② 剖详面图 1:50

A区跌水池木栈桥详图

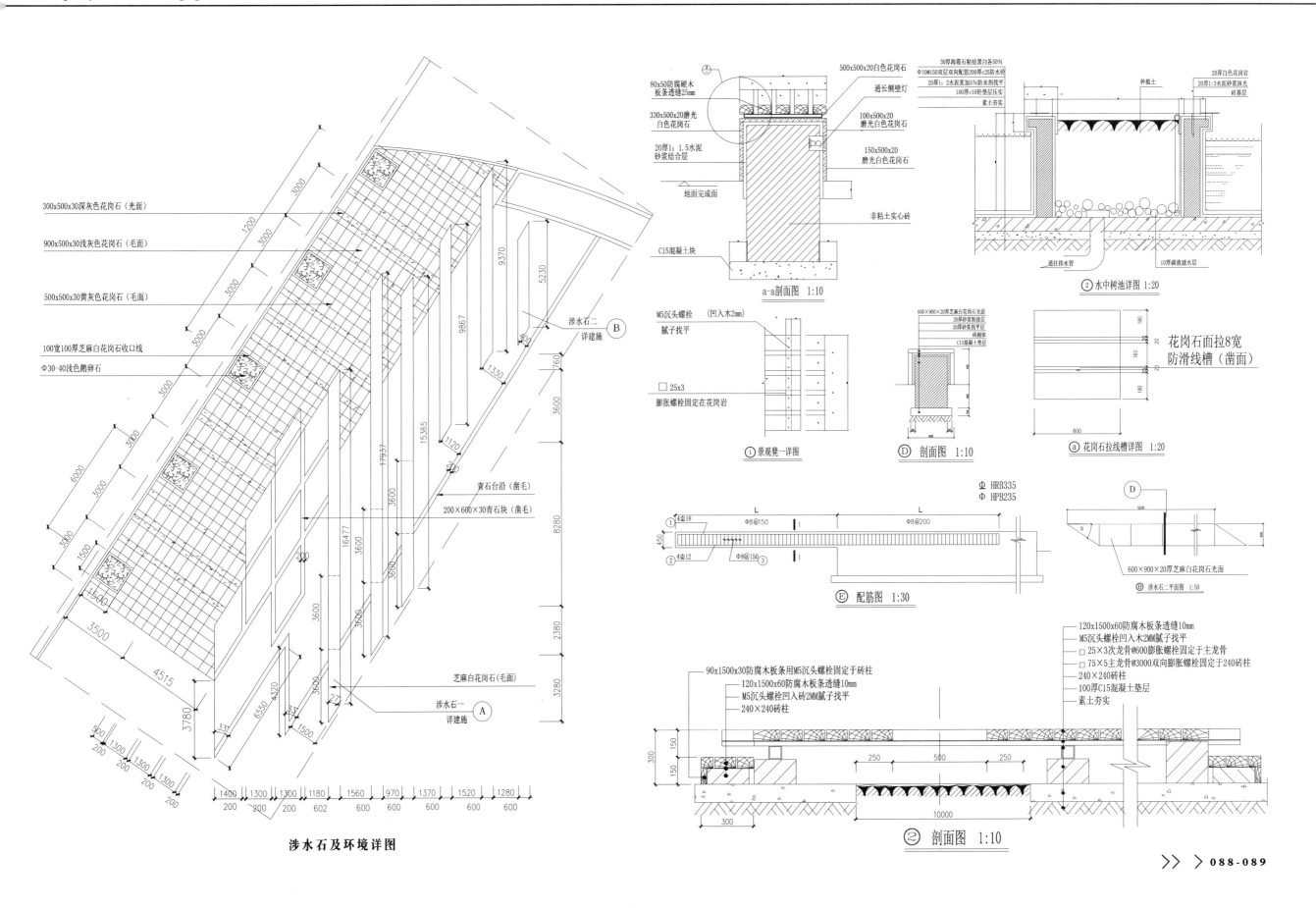

300x500x30深灰色花岗石（光面）

900x500x30浅灰色花岗石（毛面）

500x500x30黄灰色花岗石（毛面）

100宽100厚芝麻白花岗石收口线

Φ30-40浅色鹅卵石

涉水石二
详建施 B

青石台沿（凿毛）

200×600×30青石块（凿毛）

涉水石一
详建施 A

芝麻白花岗石（毛面）

涉水石及环境详图

80x50防腐硬木
板条透缝25mm

330x500x20磨光
白色花岗石

20厚1：1.5水泥
砂浆结合层

地面完成面

C15混凝土块

500x500x20白色花岗石

通长侧壁灯

100x500x20
磨光白色花岗石

150x500x20
磨光白色花岗石

非粘土实心砖

① a-a剖面图 1:10

30厚海霞石粘结黑白各50%
Φ10@150双层双向配筋200厚c25防水砼
20厚1：2水泥浆加5%防水剂找平
100厚c10砼垫层压实
素土夯实

种植土

20厚白色花岗岩
20厚1：3水泥砂浆抹光
砖基层

通往排水管

10厚碳渣滤水层

② 水中树池详图 1:20

M5沉头螺栓　（凹入木2mm）
腻子找平

□ 25x3

膨胀螺栓固定在花岗岩

① 景观凳一详图

600×900×20厚芝麻白花岗石光面
20厚砂浆粘接层
20厚砂浆找平层
砖砌体
C15混凝土垫层

D 剖面图 1:10

花岗石面拉8宽
防滑线槽（凿面）

ⓐ 花岗石拉线槽详图 1:20

Ⓛ HRB335
Φ HPB235

① 4Φ18　Φ8@150
② 4Φ12　Φ8@150

Φ8@200

E 配筋图 1:30

600×900×20厚芝麻白花岗石光面

Ⓑ 涉水石二平面图 1:50

120x1500x60防腐木板条透缝10mm
M5沉头螺栓凹入木2MM腻子找平
□ 25×3次龙骨@600膨胀螺栓固定于主龙骨
□ 75×5主龙骨@3000双向膨胀螺栓固定于240砖柱
240×240砖柱
100厚C15混凝土垫层
素土夯实

90x1500x30防腐木板条用M5沉头螺栓固定于砖柱
120x1500x60防腐木板条透缝10mm
M5沉头螺栓凹入砖2MM腻子找平
240×240砖柱

② 剖面图 1:10

>江苏城市广场全套施工图

设计说明

使用群体: 大众
图纸深度: 施工图
设计风格: 现代风格
绿地类型: 公共活动广场

图纸张数: 24张
景观设施: 亭、廊、花架、榭、舫、平台栈道,园林座凳,儿童游乐场所,景观照明,垃圾箱,管理用房,公用电话,铺装设计,景墙,围墙,大门,运动健身场所等。

内容简介

本套图纸包括: 设计与施工说明、平面图、铺装图、放线图、给排水图、照明设计图、供电设计图、植物设计图、小品与设施(矮墙、树池、花池、路、花架、棚架、木桥)等。

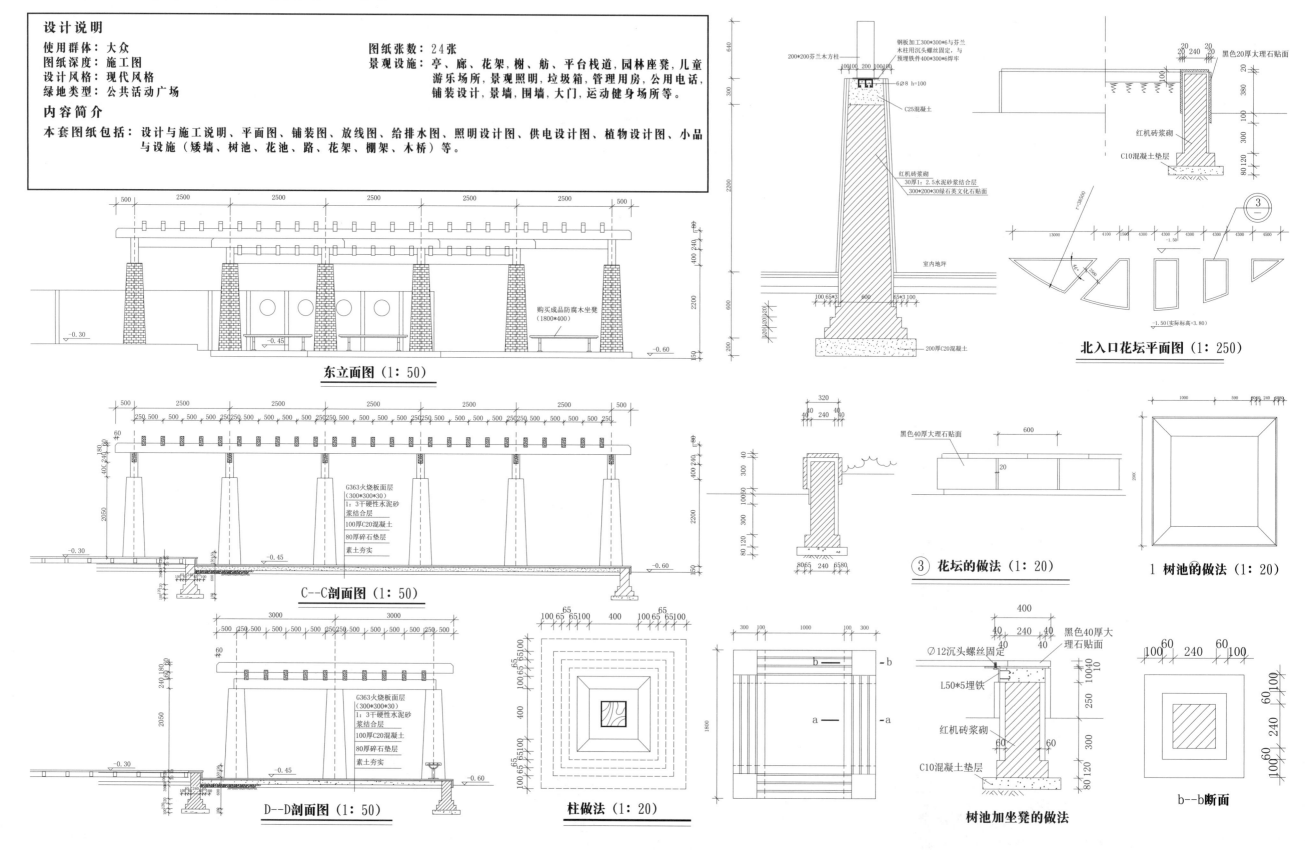

东立面图 (1:50)

C--C剖面图 (1:50)

D--D剖面图 (1:50)

柱做法 (1:20)

北入口花坛平面图 (1:250)

③ 花坛的做法 (1:20)

1 树池的做法 (1:20)

树池加坐凳的做法

b--b断面

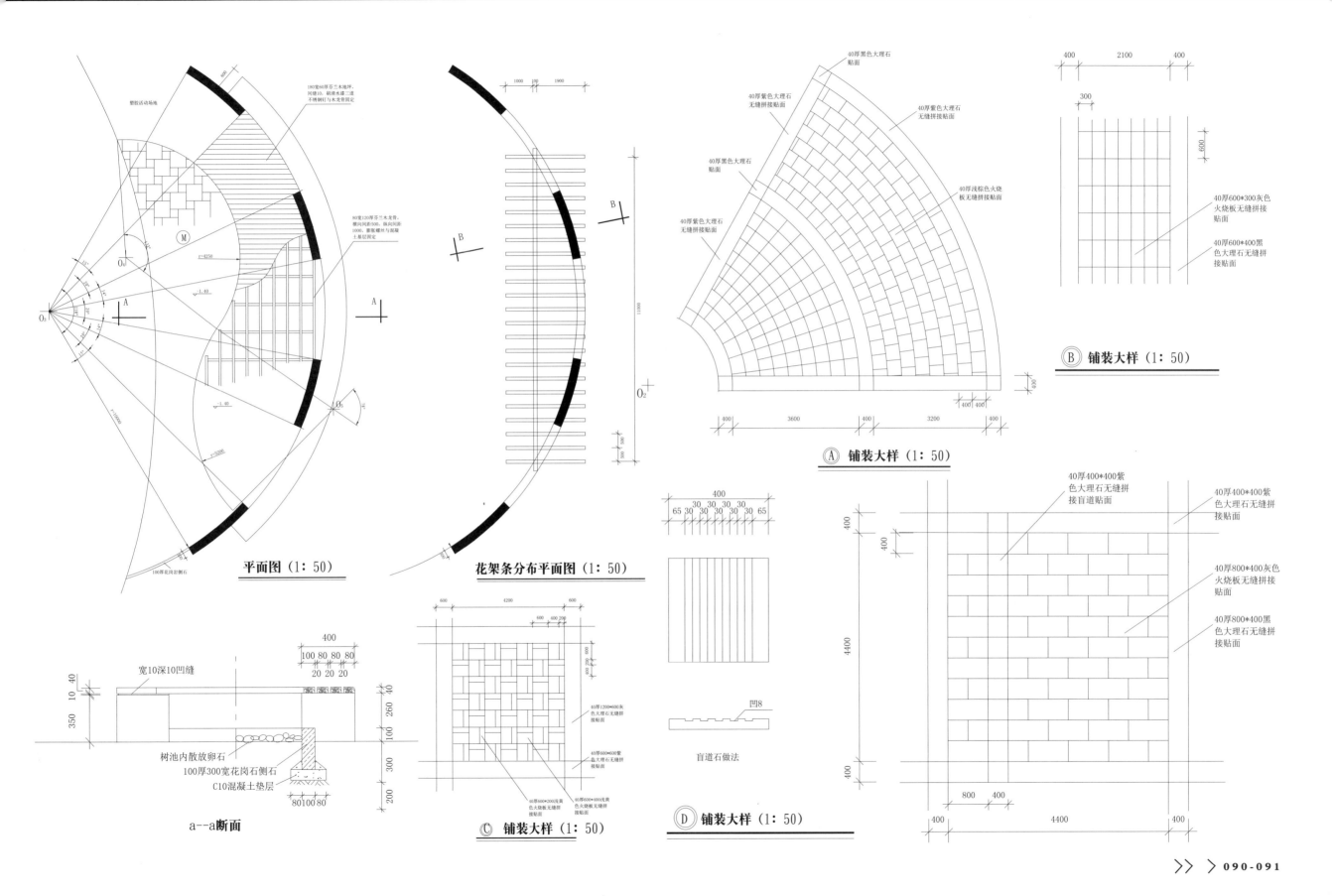

塑胶活动场地

180宽60厚芬兰木地坪，间缝10，刷清水漆二道 不锈钢钉与木龙骨固定

80宽120厚芬兰木龙骨，横向间距500，纵向间距1000，膨胀螺丝与混凝土基层固定

40厚黑色大理石贴面

40厚紫色大理石无缝拼接贴面

40厚黑色大理石贴面

40厚紫色大理石无缝拼接贴面

40厚浅棕色火烧板无缝拼接贴面

40厚紫色大理石无缝拼接贴面

40厚600*300灰色火烧板无缝拼接贴面

40厚600*400黑色大理石无缝拼接贴面

Ⓑ 铺装大样（1：50）

Ⓐ 铺装大样（1：50）

平面图（1：50）

花架条分布平面图（1：50）

宽10深10凹缝

树池内散放卵石
100厚300宽花岗石侧石
C10混凝土垫层

a--a断面

100厚花岗岩侧石

40厚1200*600灰色大理石无缝拼接贴面

40厚600*600紫色大理石无缝拼接贴面

60厚600*200浅黄色火烧板无缝拼接贴面

60厚600*400浅黄色火烧板无缝拼接贴面

Ⓒ 铺装大样（1：50）

凹8

盲道石做法

Ⓓ 铺装大样（1：50）

40厚400*400紫色大理石无缝拼接盲道贴面

40厚400*400紫色大理石无缝拼接贴面

40厚800*400灰色火烧板无缝拼接贴面

40厚800*400黑色大理石无缝拼接贴面

>青海西宁城市中心广场景观及建筑设计施工图

设计说明

使用群体： 大众
图纸深度： 竣工图
设计风格： 现代风格
绿地类型： 公共活动广场

图纸张数： 32张
景观设施： 亭、廊、花架、榭、舫、平台栈道，园林座凳，景观照明，自行车棚，垃圾箱，管理用房，停车场，公用电话，公用厕所，铺装设计，景墙，围墙等。

内容简介

本套图纸包括：景观（总平面、广场及道路铺装、灯具小品布置、绿化布置、轴线水景、流水壁、旱地喷泉、广场铺地平面及详图、林荫道及残疾人坡道）和建筑（建筑设计说明、商城底层、中厅钢结构、雨篷、楼梯详图三角楼梯）两部分共计32张CAD图纸。

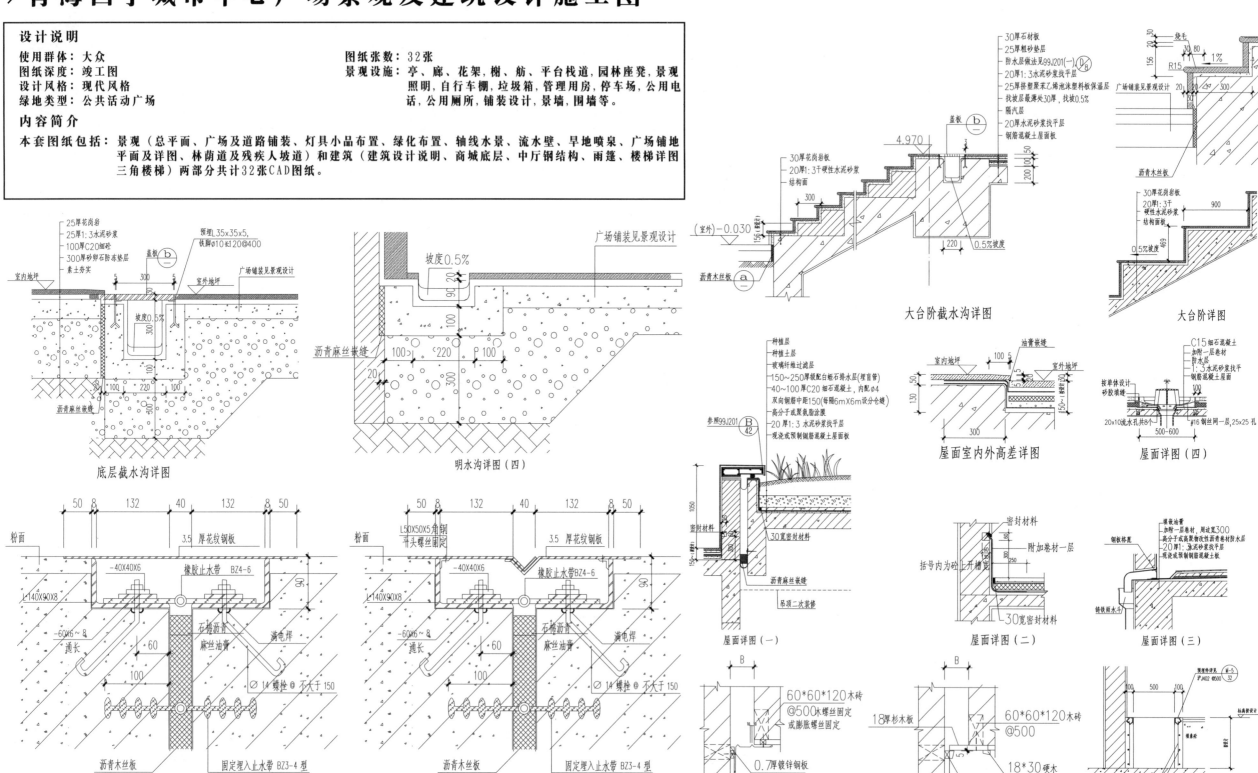

底层截水沟详图

明水沟详图（四）

大台阶截水沟详图

大台阶详图

屋面详图（一）

屋面室内外高差详图

屋面详图（四）

止水带详图

止水带详图

屋面详图（二）

屋面详图（三）

外墙变形缝

内墙变形缝

电缆沟详图

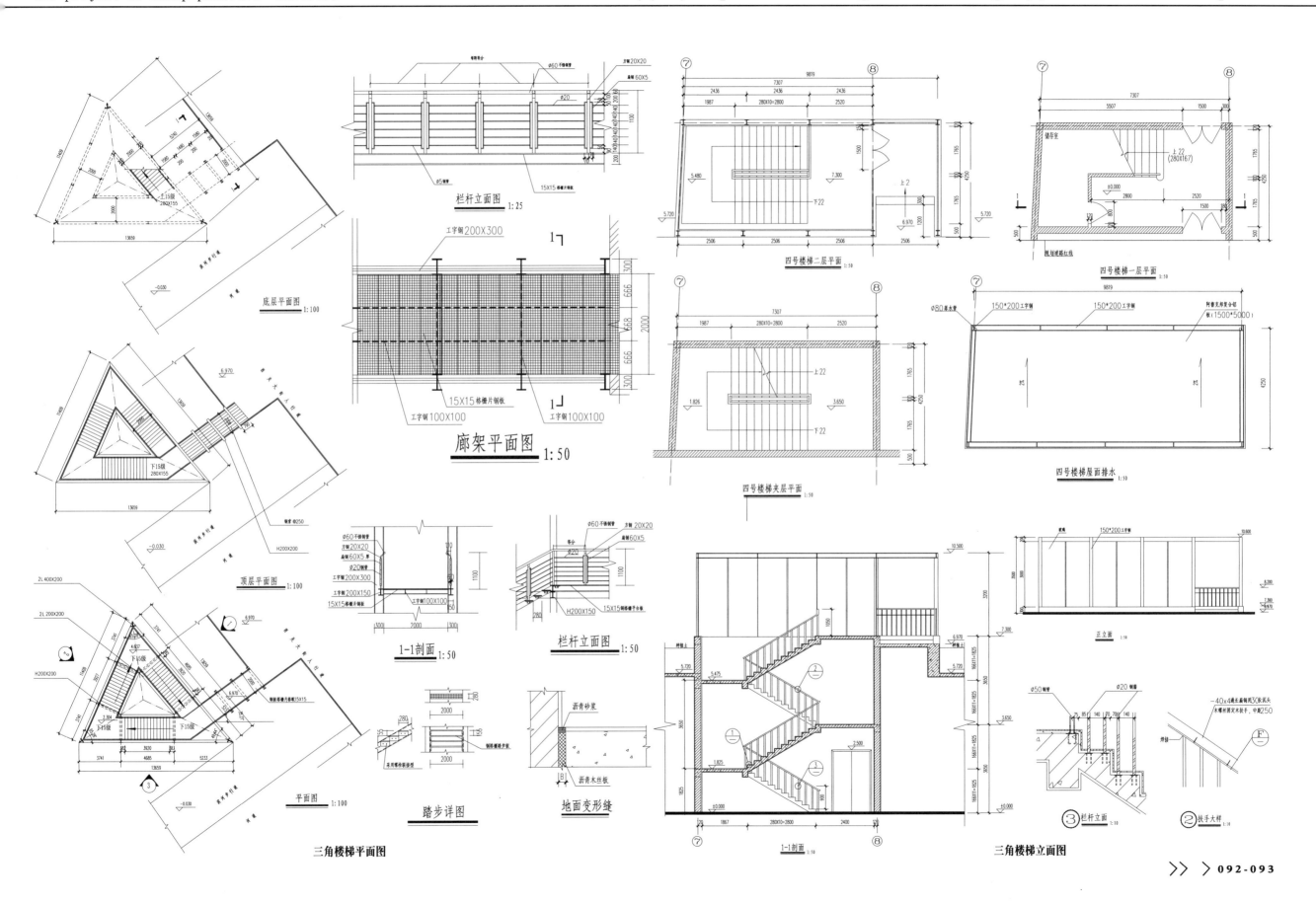

底层平面图 1:100

栏杆立面图 1:25

廊架平面图 1:50

四号楼梯二层平面 1:50

四号楼梯一层平面 1:50

顶层平面图 1:100

四号楼梯夹层平面 1:50

四号楼梯屋面排水 1:50

1-1剖面 1:50

栏杆立面图 1:50

踏步详图

地面变形缝

平面图 1:100

三角楼梯平面图

1-1剖面 1:50

三角楼梯立面图

正立面 1:50

③ 栏杆立面 1:10

② 扶手大样 1:10

>重庆市政广场施工图

设计说明

使用群体: 大众
图纸深度: 竣工图
设计风格: 现代风格
绿地类型: 公共活动广场

图纸张数: 6张
景观设施: 亭、廊、花架、棚、舫、平台栈道,园林座凳,景观照明,自行车棚,垃圾箱,管理用房,停车场,公用电话,公用厕所,铺装设计,景墙、围墙等。

内容简介

本套图纸包括: 平面图、竖向设计图、植物设计图、给排水设计图、放线图、无障碍通道设计详图、栏杆详图、树池详图、花坛详图、铺装详图、景墙详图等。

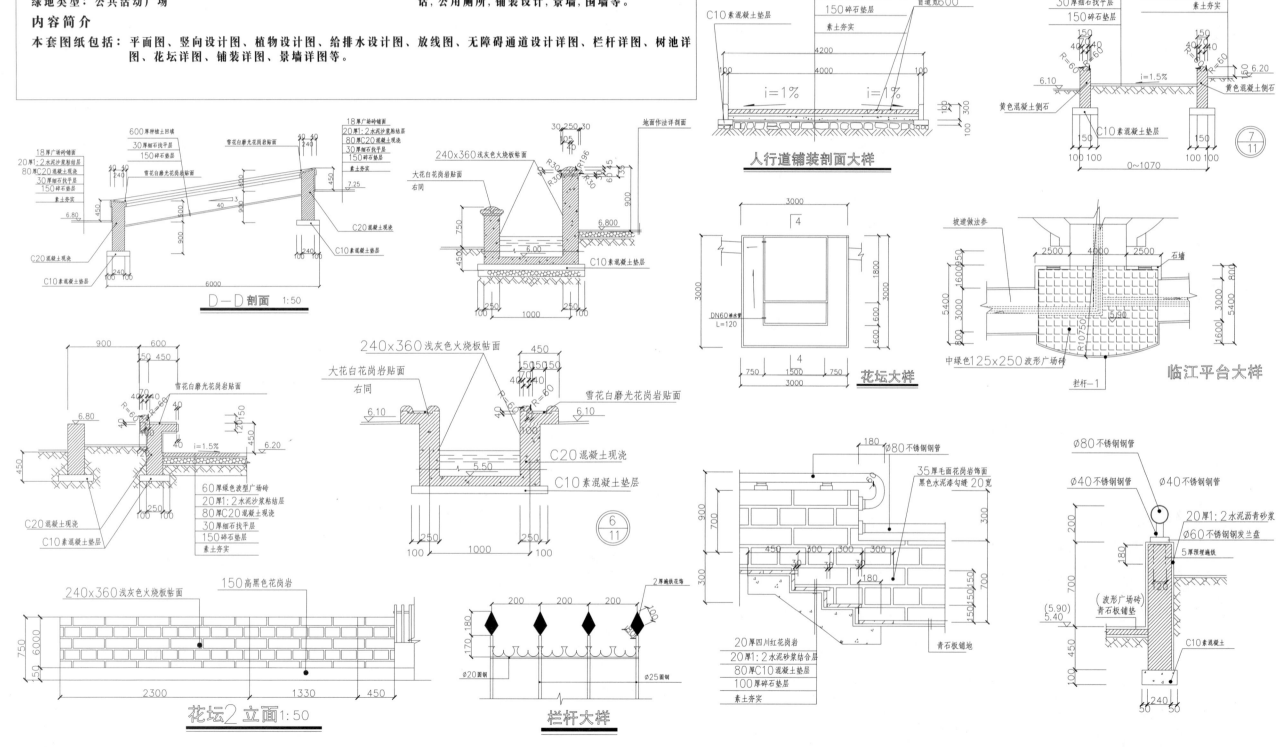

D-D剖面 1:50

花坛2立面 1:50

栏杆大样

人行道铺装剖面大样

花坛大样

临江平台大样

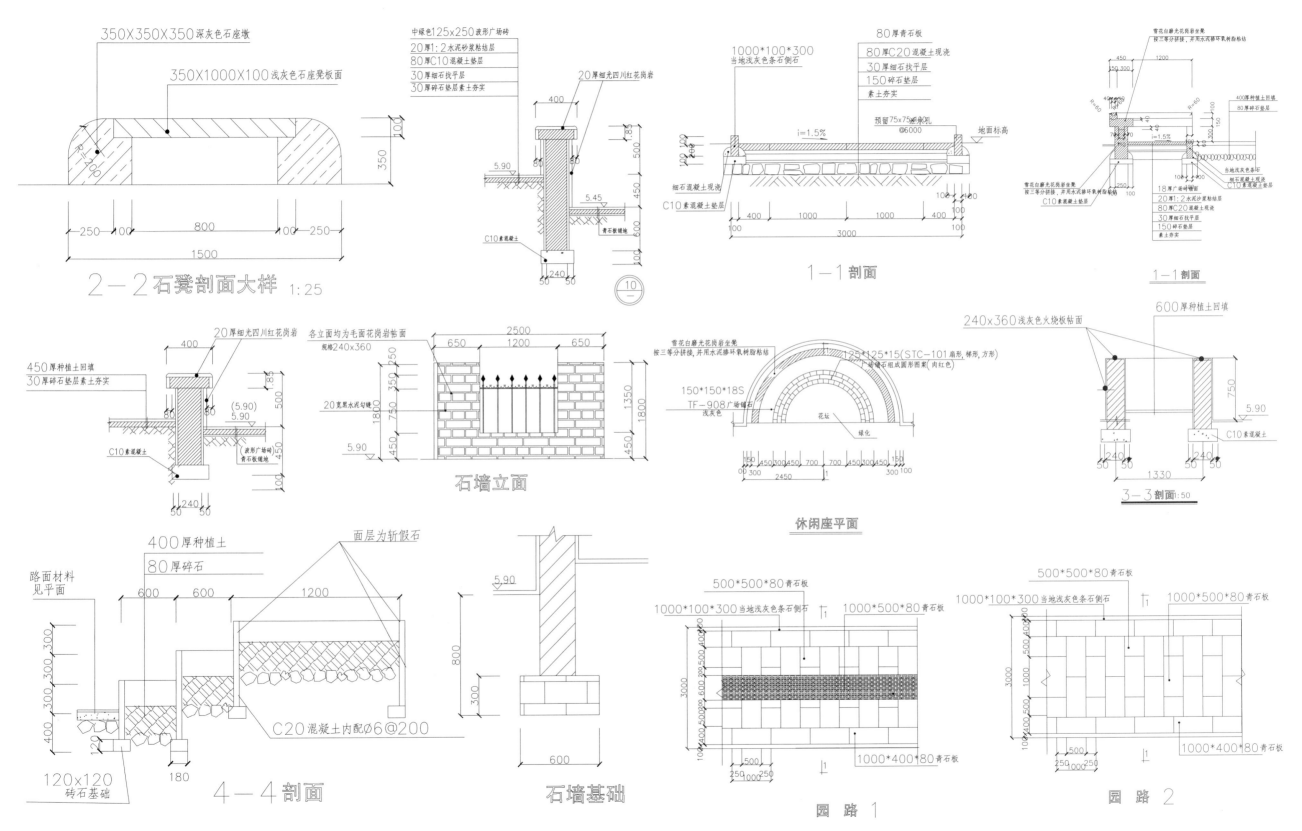

350X350X350深灰色石座墩
350X1000X100浅灰色石座凳板面
2-2石凳剖面大样 1:25

中绿色125x250波形广场砖
20厚1:2水泥砂浆粘结层
80厚C10混凝土垫层
30厚细石找平层
30厚碎石垫层素土夯实
20厚细光四川红花岗岩
青石散铺地
C10素混凝土

80厚青石板
1000*100*300当地浅灰色条石侧石
80厚C20混凝土现浇
30厚细石找平层
150碎石垫层
素土夯实
预留75*75泄水孔@6000
地面标高
i=1.5%
细石混凝土现浇
C10素混凝土垫层
1-1剖面

雪花白磨光花岗岩坐凳
按三等分拼接，并用水泥掺环氧树脂粘结
400厚种植土回填
80厚碎石垫层
i=1.5%
当地浅灰色条石
细石混凝土现浇
150碎石垫层
雪花白磨光花岗岩坐凳
按三等分拼接，并用水泥掺环氧树脂粘结
C10素混凝土垫层
20厚1:2水泥砂浆粘结层
80厚C20混凝土现浇
30厚细石找平层
150碎石垫层
素土夯实
1-1剖面

20厚细光四川红花岗岩
各立面均为毛面花岗岩贴面
规格240x360
450厚种植土回填
30厚碎石垫层素土夯实
20宽黑水泥勾缝
C10素混凝土
波形广场砖
青石板铺地
石墙立面

雪花白磨光花岗岩坐凳
按三等分拼接，并用水泥掺环氧树脂粘结
150*150*18S
TF-908广场铺石
浅灰色
125*125*15(STC-101扇形,梯形,方形)
广场砖组成圆形图案(肉红色)
花坛
绿化
休闲座平面

240x360浅灰色火烧板贴面
600厚种植土回填
C10素混凝土
3-3剖面1:50

400厚种植土
80厚碎石
面层为斩假石
路面材料见平面
C20混凝土内配ø6@200
120x120砖石基础
4-4剖面

石墙基础

500*500*80青石板
1000*100*300当地浅灰色条石侧石
1000*500*80青石板
1000*400*80青石板
园路1

500*500*80青石板
1000*100*300当地浅灰色条石侧石
1000*500*80青石板
1000*400*80青石板
园路2

>铜川广场景观工程竣工图

设计说明

使用群体: 大众
图纸深度: 竣工图
设计风格: 现代风格
绿地类型: 公共活动广场

图纸张数: 33张
景观设施: 亭、廊、花架、榭、舫、平台栈道,园林座凳,景观
照明,自行车棚,垃圾箱,管理用房,停车场,公用电
话,公用厕所,铺装设计,景墙,围墙等。

内容简介

本套图纸包括: 总平面图、总竖向图、总铺装图、总给排水图、总强弱电图、张拉膜伞位置图、花岗岩松条木座凳位置
图、细部剖面位置图、排水沟排水井 排水沟盖板详图 给水系统图 电力电缆管道标准断面图 雨水管沟
标准断面图 草地绿地道沿详图 广场分界线及收边道路详图 西乡黑灯孔板详图等。

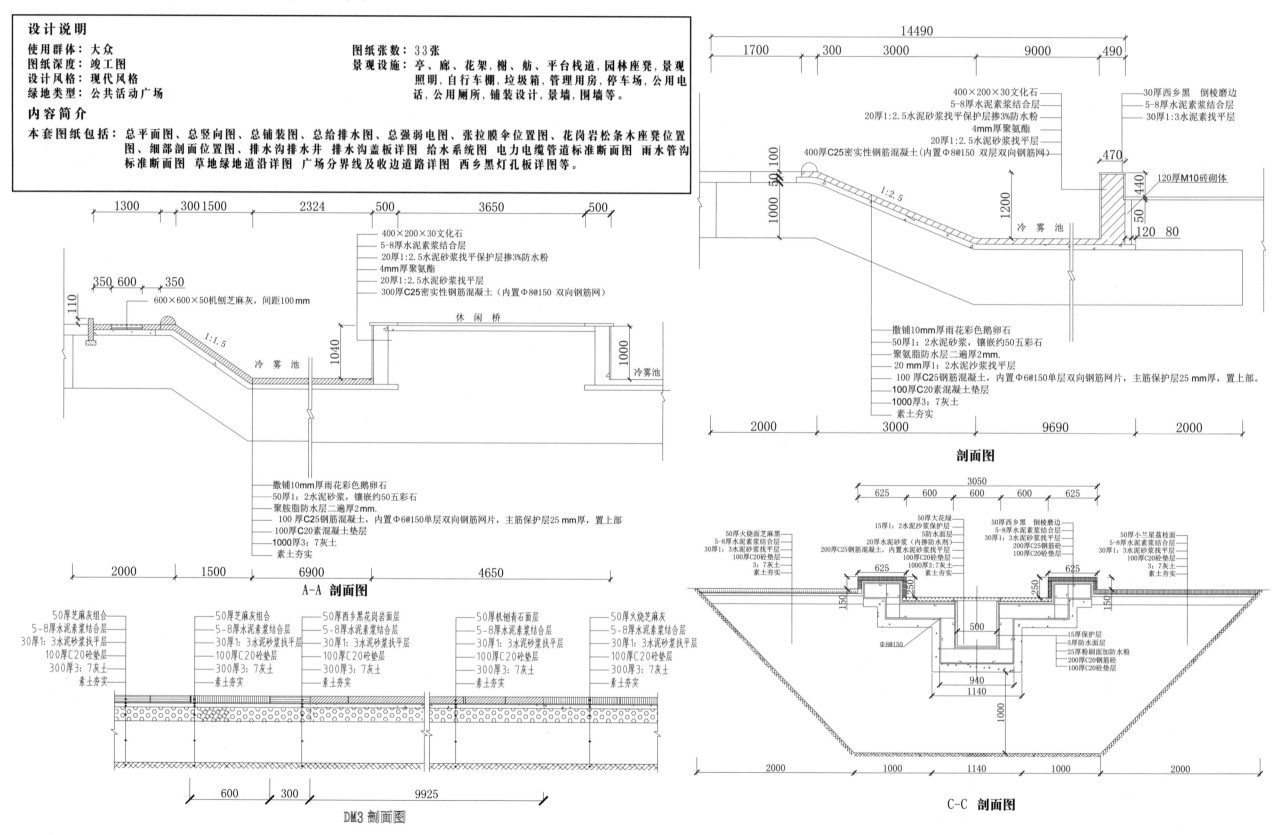

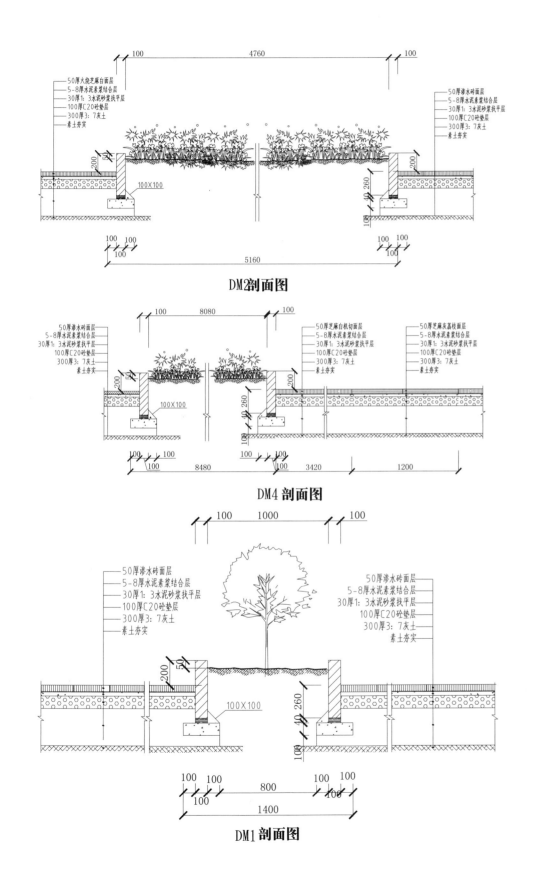

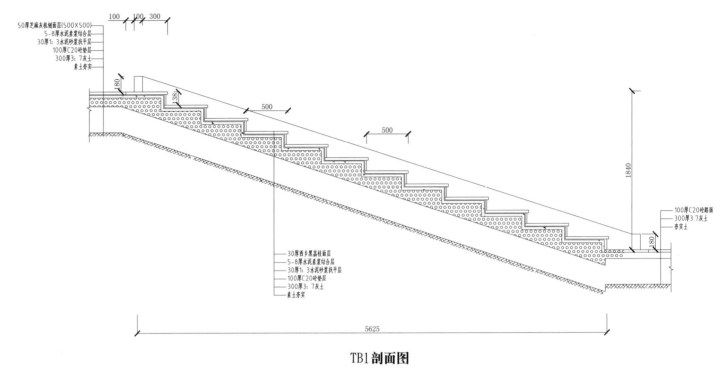

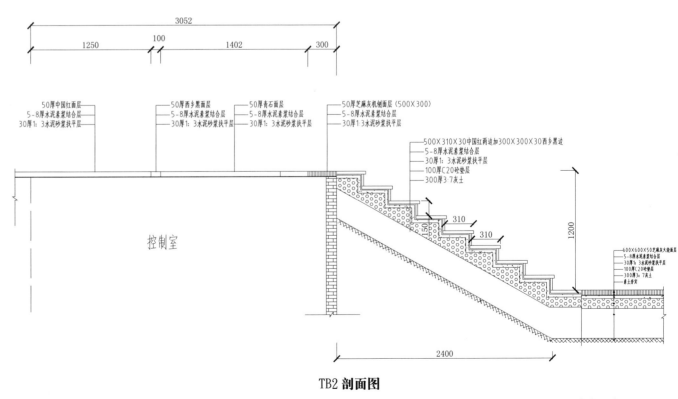

>西宁市中心广场施工图全套

设计说明

使用群体：大众
图纸深度：施工图
设计风格：现代风格
绿地类型：公共活动广场

图纸张数：36张
景观设施：亭、廊、花架、树、舫、平台栈道，园林座凳，景观照明，自行车棚，垃圾箱，管理用房，停车场，公用电话，公用厕所，铺装设计，景墙，树池花坛等。

内容简介

本套图纸包括：图纸目录 建筑设计总说明（一） 建筑设计总说明（二） 商城底层平面 商城屋顶平面 商城立面 剖面图（一） 剖面图（二） 中厅钢结构平，立面 立，剖面大样 总平面图 广场及道路铺砖平面图 灯具小品布置平面图 绿化布置平面图 轴线水景 流水壁 旱地喷泉 广场轴线大道铺地平面及详图 广场轴线大道铺地平面及详图 广场铺地平面及详图（二） 广场铺地平面及详图（三） 广场铺地平面及详图（四）等。

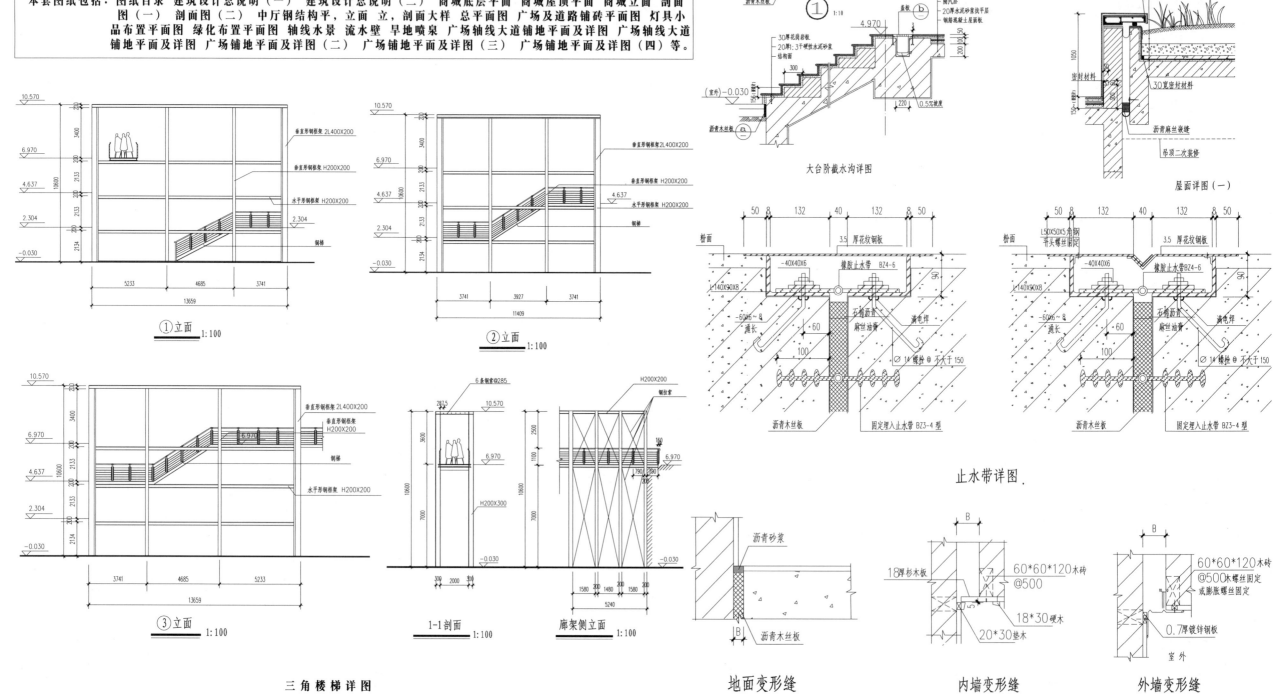

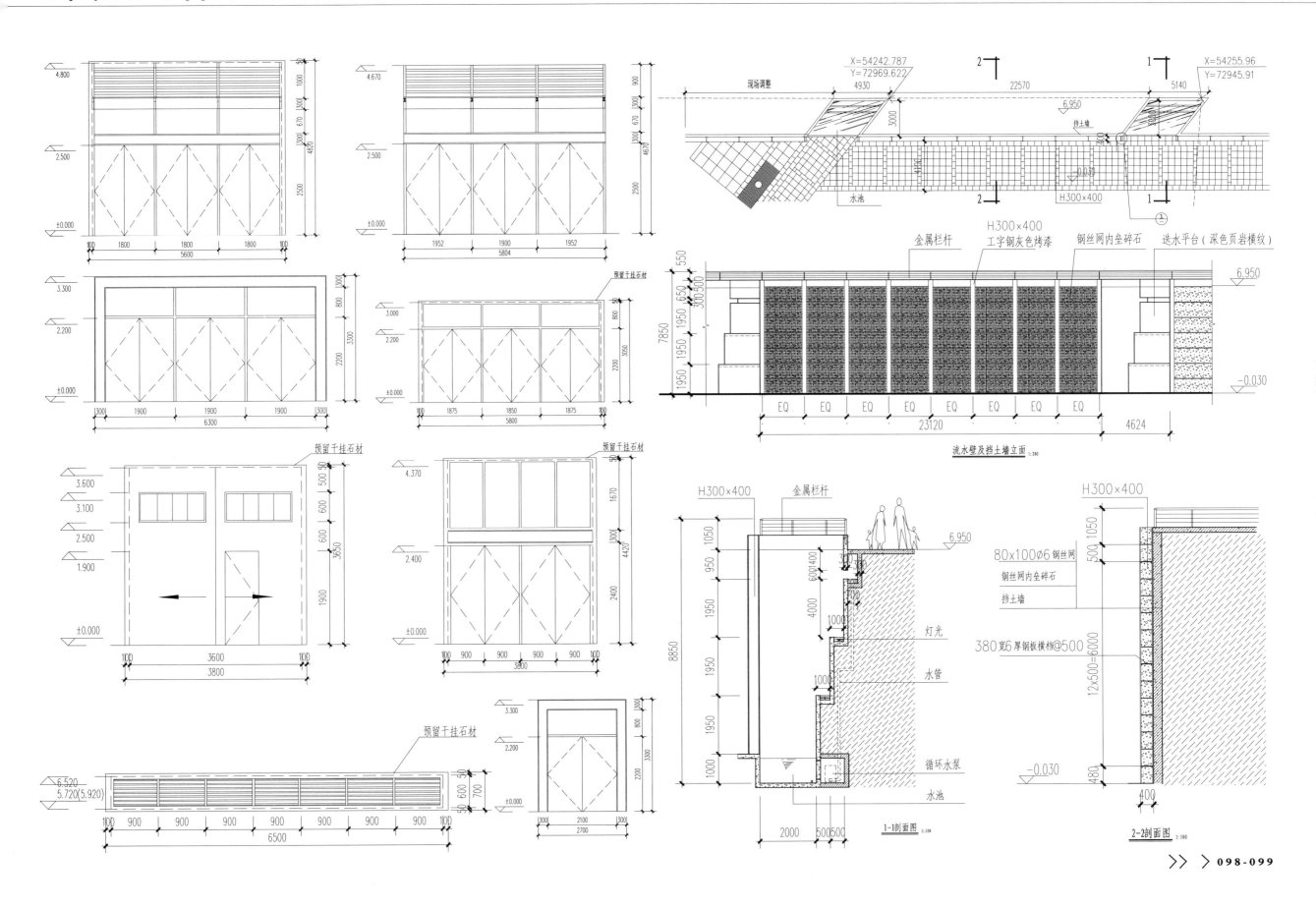

现场调整

X=54242.787
Y=72969.622

X=54255.96
Y=72945.91

挡土墙

水池

H300×400

金属栏杆　工字钢灰色烤漆　钢丝网内垒碎石　迭水平台（深色页岩横纹）

流水壁及挡土墙立面 1:200

H300×400　金属栏杆

80x100∅6钢丝网

钢丝网内垒碎石

挡土墙

380宽6厚钢板横档@500

灯光

水管

循环水泵

水池

1-1剖面图 1:100

H300×400

2-2剖面图 1:100

预留干挂石材

预留干挂石材

预留干挂石材

预留干挂石材

>小广场成套施工图

设计说明

使用群体: 大众
图纸深度: 施工图
设计风格: 现代风格
绿地类型: 公共活动广场

图纸张数: 7张
景观设施: 亭、廊、花架、树、舫、平台栈道,园林座凳,景观
照明,自行车棚,垃圾箱,管理用房,停车场,公用电
话,公用厕所,铺装设计,景墙,树池花坛等。

内容简介

本套图纸包括: 特色跌水平面图、剖面图、节点详图、剖面图、特色跌水配筋图、剖面图、主席台平面图、主席台立面图
树阵树池详图、主入口平面图、铺装节点详图、花纹铺装节点详图、植草砖大样图等。

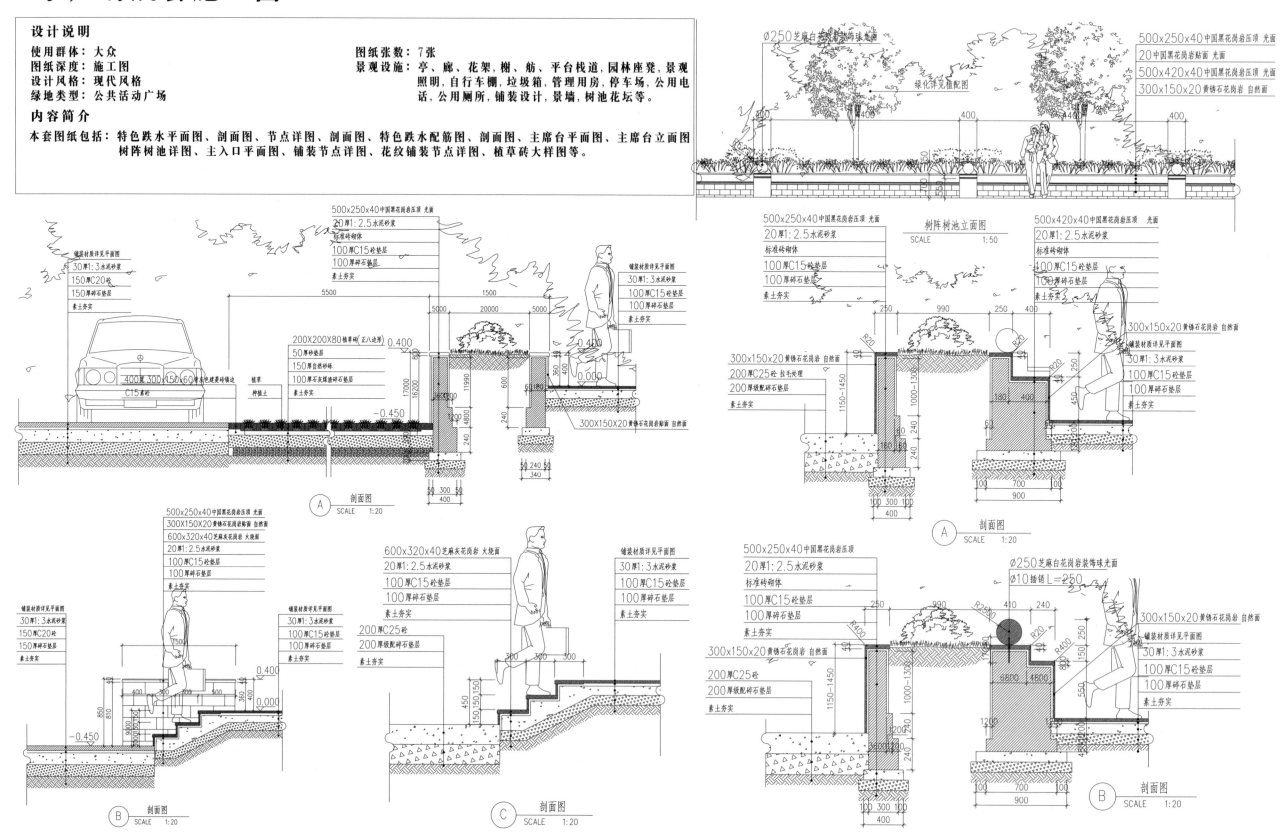

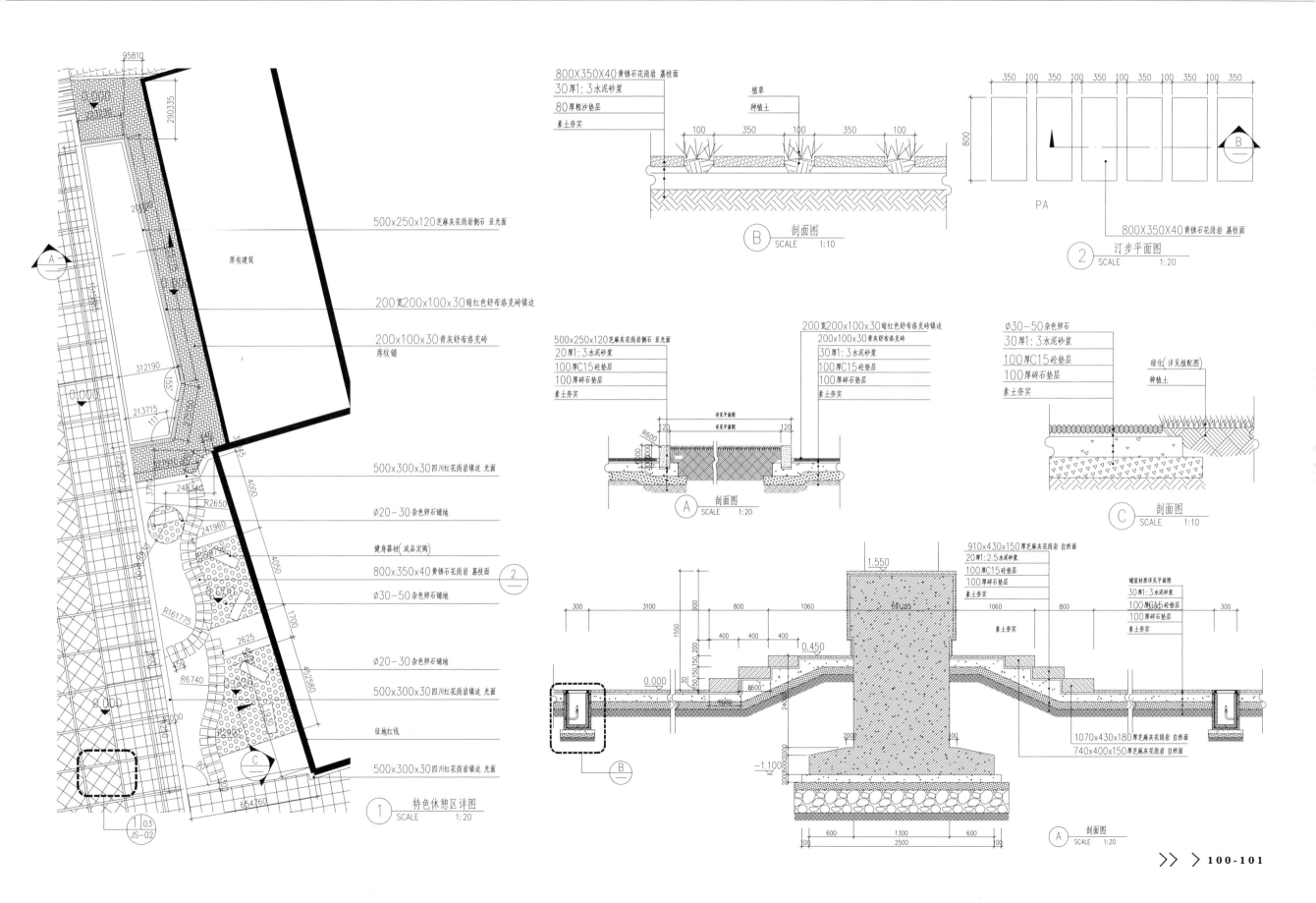

95810

290335

原有建筑

500x250x120芝麻灰花岗岩侧石 亚光面

200宽200x100x30暗红色舒布洛克砖镇边

200x100x30青灰舒布洛克砖
席纹铺

312190

213715

500x300x30四川红花岗岩镇边 光面

248340

Ø20-30杂色卵石铺地

241960

健身器材(成品定购)

800x350x40黄锈石花岗岩 荔枝面

Ø30-50杂色卵石铺地

Ø20-30杂色卵石铺地

500x300x30四川红花岗岩镇边 光面

征地红线

500x300x30四川红花岗岩镇边 光面

① 特色休憩区详图 SCALE 1:20

800X350X40黄锈石花岗岩 荔枝面
30厚1:3水泥砂浆
80厚粗沙垫层
素土夯实

植草
种植土

B 剖面图 SCALE 1:10

350 100 350 100 350 100 350 100 350
800
PA

800X350X40黄锈石花岗岩 荔枝面

② 汀步平面图 SCALE 1:20

500x250x120芝麻灰花岗岩侧石 亚光面
20厚1:3水泥砂浆
100厚C15砼垫层
100厚碎石垫层
素土夯实

200宽200x100x30暗红色舒布洛克砖镇边
200x100x30青灰舒布洛克砖
30厚1:3水泥砂浆
100厚C15砼垫层
100厚碎石垫层
素土夯实

Ø30-50杂色卵石
30厚1:3水泥砂浆
100厚C15砼垫层
100厚碎石垫层
素土夯实

绿化(详见植配图)
种植土

A 剖面图 SCALE 1:20

C 剖面图 SCALE 1:10

910x430x150厚芝麻灰花岗岩 自然面
20厚1:2.5水泥砂浆
100厚C15砼垫层
100厚碎石垫层
素土夯实

铺装材质详见平面图
30厚1:3水泥砂浆
100厚C15砼垫层
100厚碎石垫层
素土夯实

1070x430x180厚芝麻灰花岗岩 自然面
740x400x150厚芝麻灰花岗岩 自然面

A 剖面图 SCALE 1:20

>浙江广场景观设计方案施工图

设计说明

使用群体：大众
图纸深度：施工图
设计风格：现代风格
绿地类型：公共活动广场

图纸张数：23张
景观设施：园林座凳，儿童游乐场所，景观照明，自行车棚，垃圾箱，管理用房，停车场，公用电话，公用厕所，铺装设计，景墙，围墙，大门，树池花坛，雕塑等。

内容简介

本套图纸包括：总平面图、网格定位图、木桥结构平面图、中心广场网格定位图、中心水池网格定位图、都市溜场网格定位图、入口广场网格定位图、枯山水网格定位图、详图、剖面图等。

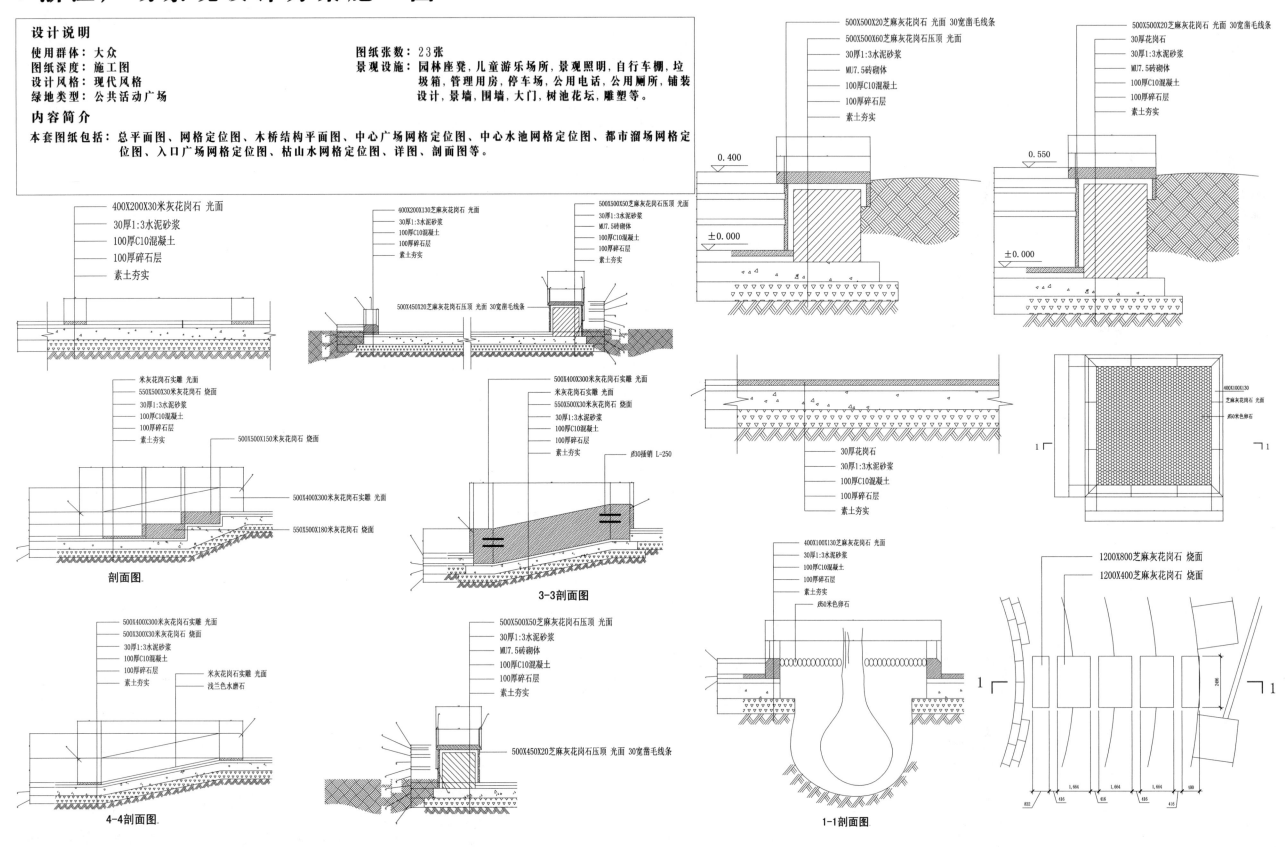

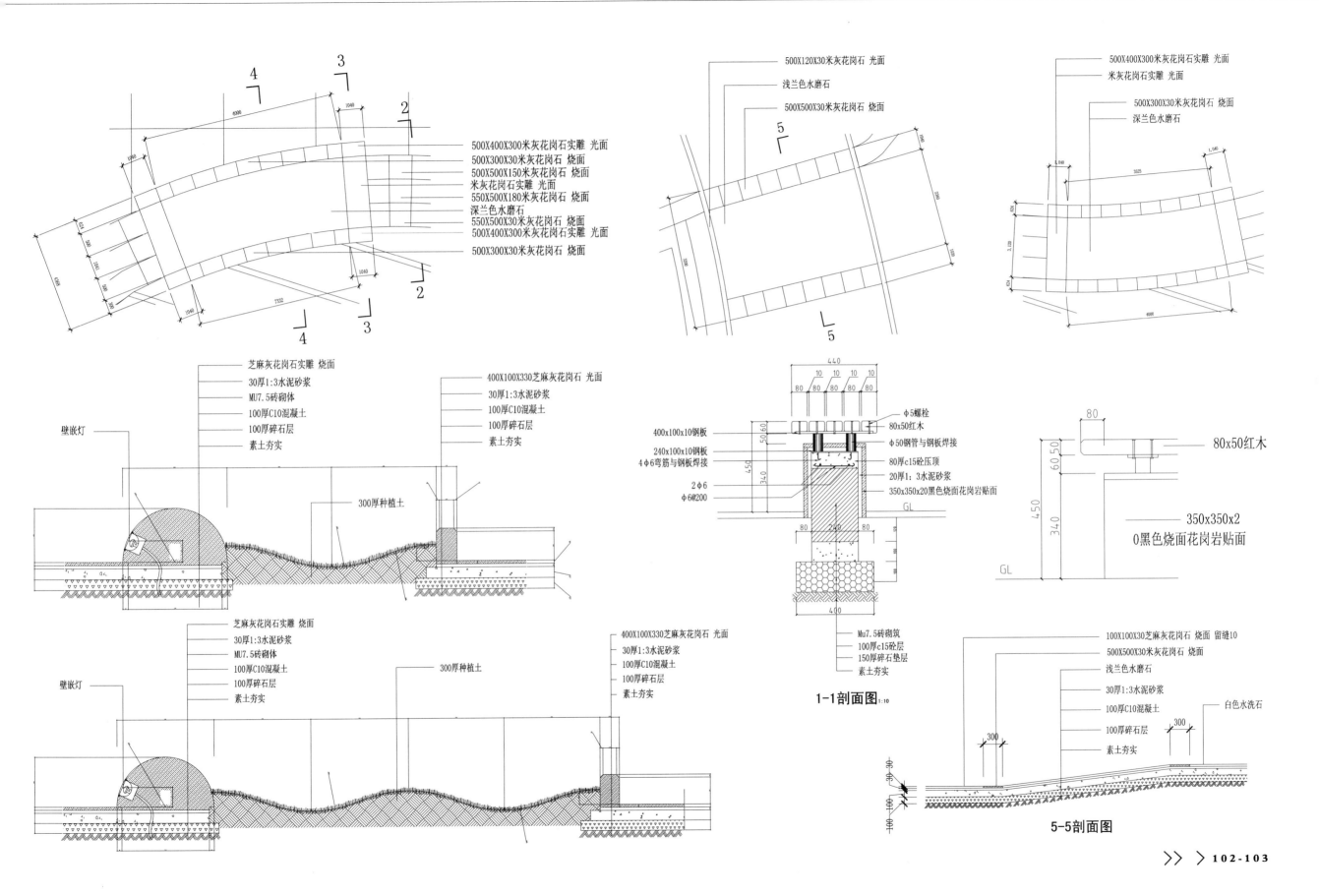

500X120X30米灰花岗石 光面
浅兰色水磨石
500X500X30米灰花岗石 烧面

500X400X300米灰花岗石实雕 光面
米灰花岗石实雕 光面
500X300X30米灰花岗石 烧面
深兰色水磨石

500X400X300米灰花岗石实雕 光面
500X300X30米灰花岗石 烧面
500X500X150米灰花岗石 烧面
米灰花岗石实雕 光面
550X500X180米灰花岗石 烧面
深兰色水磨石
550X500X30米灰花岗石 烧面
500X400X300米灰花岗石实雕 光面
500X300X30米灰花岗石 烧面

芝麻灰花岗石实雕 烧面
30厚1:3水泥砂浆
MU7.5砖砌体
100厚C10混凝土
100厚碎石层
素土夯实

壁嵌灯

400X100X330芝麻灰花岗石 光面
30厚1:3水泥砂浆
100厚C10混凝土
100厚碎石层
素土夯实

300厚种植土

芝麻灰花岗石实雕 烧面
30厚1:3水泥砂浆
MU7.5砖砌体
100厚C10混凝土
100厚碎石层
素土夯实

壁嵌灯

400X100X330芝麻灰花岗石 光面
30厚1:3水泥砂浆
100厚C10混凝土
100厚碎石层
素土夯实

300厚种植土

400x100x10钢板
240x100x10钢板
4φ6弯筋与钢板焊接
2φ6
φ6@200

φ5螺栓
80x50红木
φ50钢管与钢板焊接
80厚c15砼压顶
20厚1:3水泥砂浆
350x350x20黑色烧面花岗岩贴面
GL

Mu7.5砖砌筑
100厚c15砼层
150厚碎石垫层
素土夯实

1-1剖面图 1:10

80x50红木

350x350x2
0黑色烧面花岗岩贴面

100X100X30芝麻灰花岗石 烧面 留缝10
500X500X30米灰花岗石 烧面
浅兰色水磨石
30厚1:3水泥砂浆
100厚C10混凝土
100厚碎石层
素土夯实
白色水洗石

5-5剖面图

>浙江萧山商业广场景观施工详图

设计说明

| 使用群体: 大众 | 图纸张数: 60张 |

| 图纸深度: 施工图 |
| 设计风格: 现代风格 |
| 绿地类型: 公共活动广场 |

景观设施: 亭、廊、花架,棚、舫、平台栈道,园林座凳,景观
照明,自行车棚,垃圾箱,管理用房,停车场,公用电
话,公用厕所,铺装设计,花钵花盆等。

内容简介

本套图纸包括: 水池景墙平、立面水池景墙剖面及详图 封面 小品索引图 金牛广场水池立面及剖面 水池设计总说明 金
牛广场水池平面图 假山瀑布平、立面 假山瀑布结构图 假山瀑布基础图 假山瀑布基础图 九龙戏珠水景
剖、立面 九龙戏珠水景剖、立面 总平面定位图 入口特色铺装一 入口特色铺装四 入口特色铺装
七 入口特色铺装六 入口特色铺装八 入口特色铺装五 入口特色铺装三 浅水池A块两旁铺装图等。

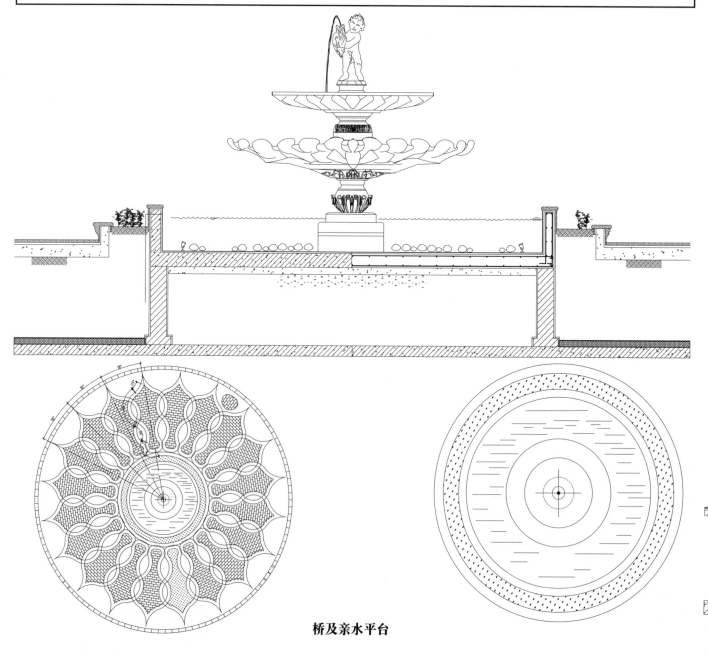

桥及亲水平台

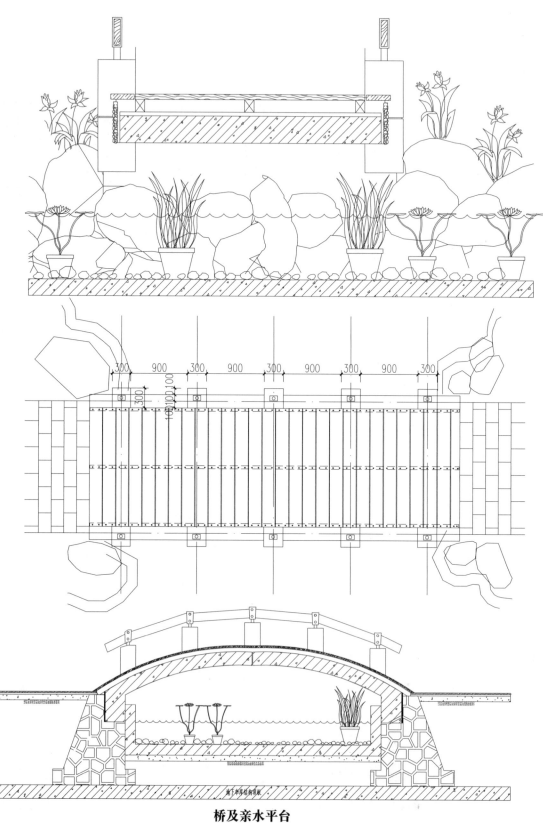

桥及亲水平台

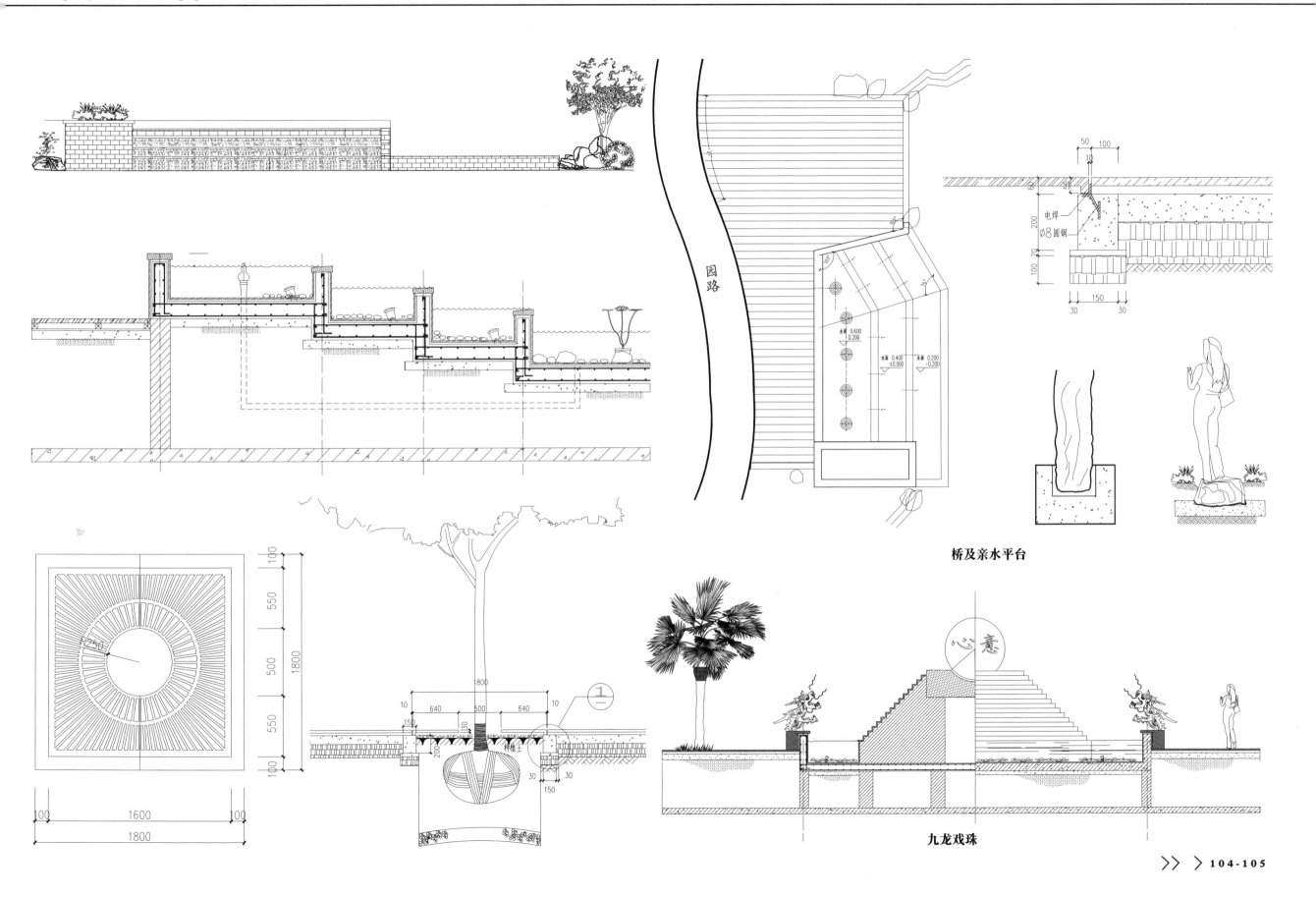

园路

电焊
Ø8圆钢

水面 0.600
0.200

水面 0.400
±0.000

水面 0.200
-0.200

桥及亲水平台

九龙戏珠

心意

># 广东广场景观规划方案

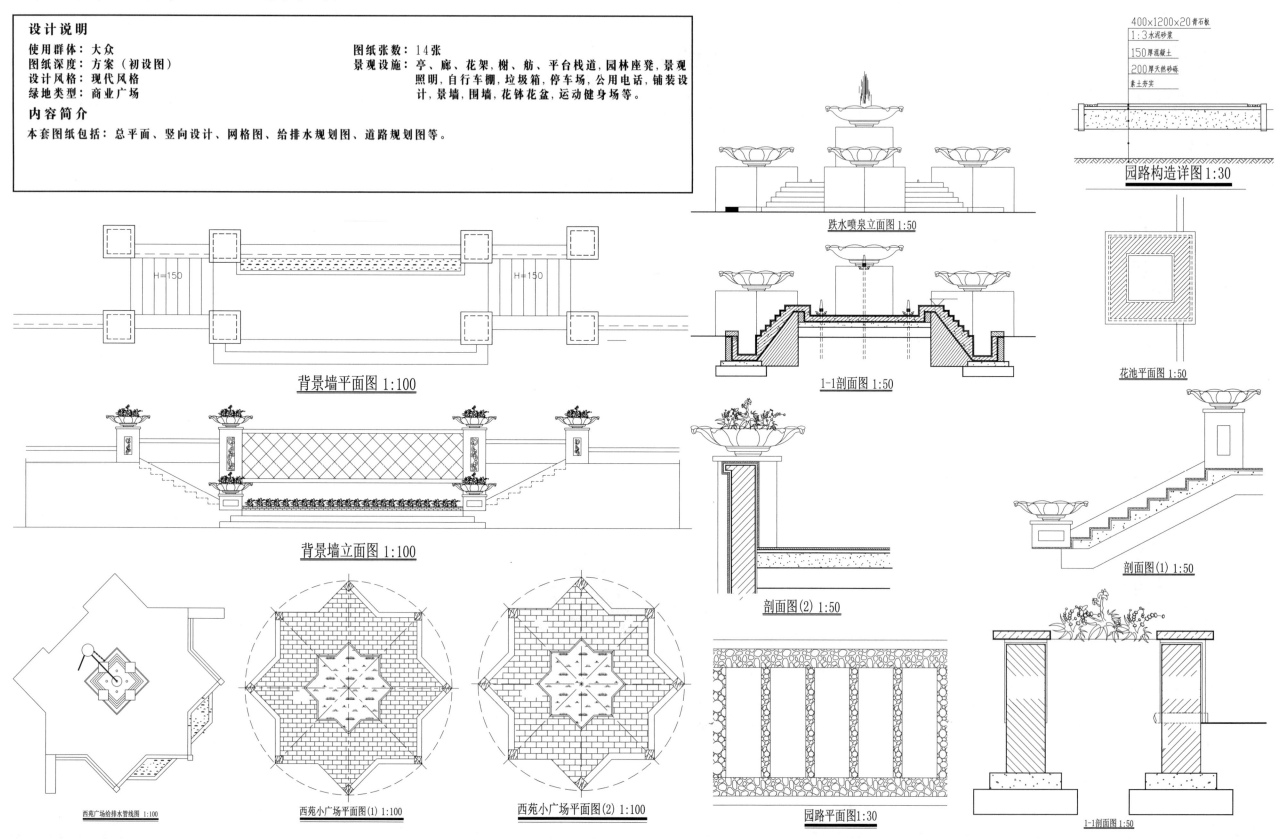

设计说明

使用群体：大众	图纸张数：14张
图纸深度：方案（初设图）	景观设施：亭、廊、花架、榭、舫、平台栈道,园林座凳,景观
设计风格：现代风格	照明,自行车棚,垃圾箱,停车场,公用电话,铺装设
绿地类型：商业广场	计,景墙,围墙,花钵花盆,运动健身场等。

内容简介

本套图纸包括：总平面、竖向设计、网格图、给排水规划图、道路规划图等。

400×1200×20青石板
1:3 水泥砂浆
150厚混凝土
200厚天然砂砾
素土夯实

园路构造详图 1:30

背景墙平面图 1:100

跌水喷泉立面图 1:50

1-1剖面图 1:50

花池平面图 1:50

背景墙立面图 1:100

剖面图(2) 1:50

剖面图(1) 1:50

西苑广场给排水管线图 1:100

西苑小广场平面图(1) 1:100

西苑小广场平面图(2) 1:100

园路平面图 1:30

1-1剖面图 1:50

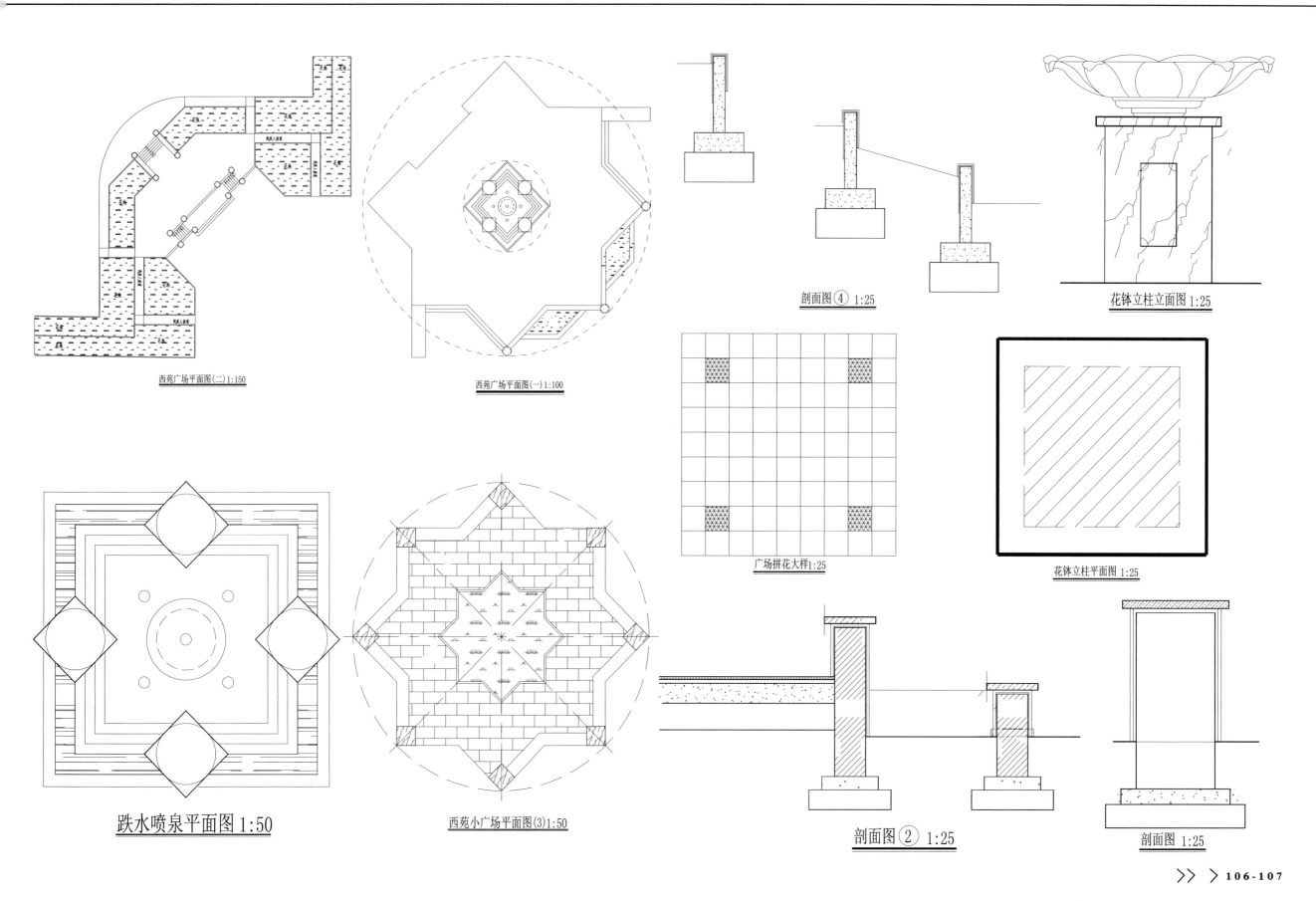

西苑广场平面图(二)1:150

西苑广场平面图(一)1:100

剖面图④ 1:25

花钵立柱立面图 1:25

广场拼花大样1:25

花钵立柱平面图 1:25

跌水喷泉平面图 1:50

西苑小广场平面图(3)1:50

剖面图② 1:25

剖面图 1:25

>广州购物中心景观工程施工图全套1

设计说明

使用群体：大众
图纸深度：施工图
设计风格：现代风格
绿地类型：商业广场

图纸张数：99张
景观设施：亭、廊、花架、榭、舫、平台栈道，园林座凳，景观照明，自行车棚，垃圾箱，停车场，公用电话，铺装设计，景墙，围墙，花钵花盆，运动健身场等。

内容简介

本套图纸包括：铺装施工图、小品施工图、景观节点施工图、节点细部设计、剖面等。共有99张CAD图纸

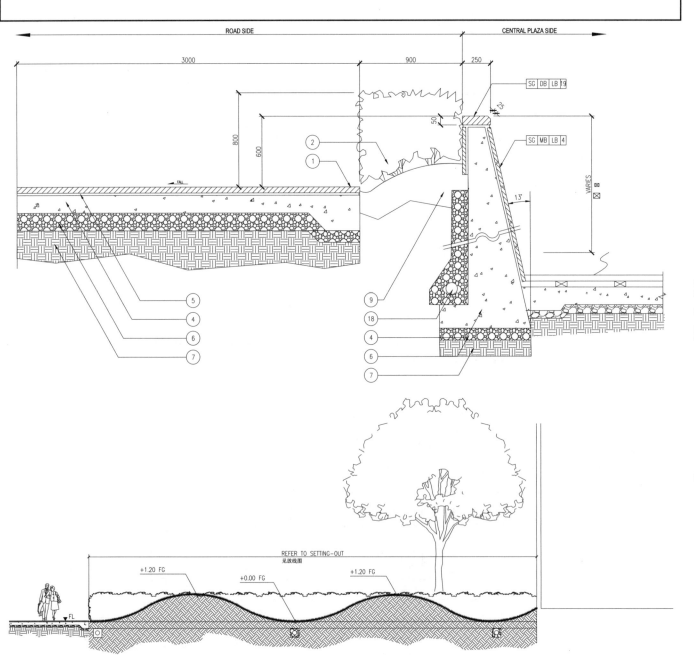

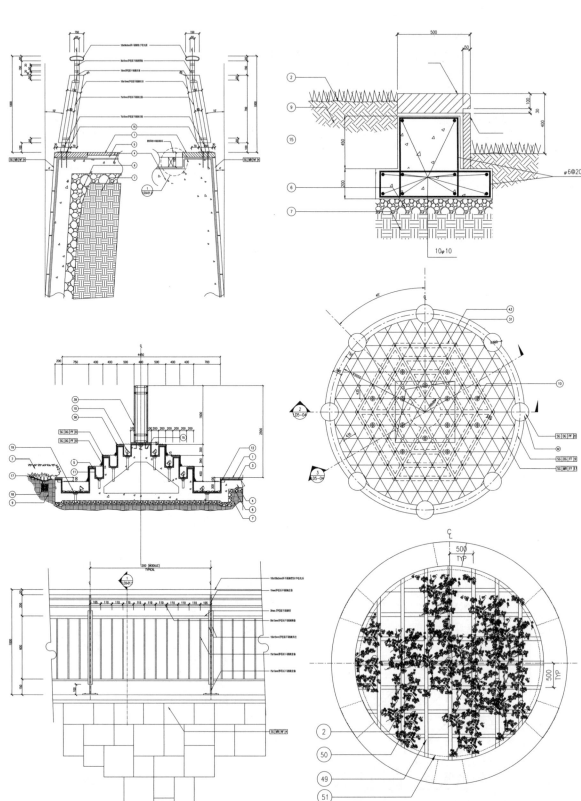

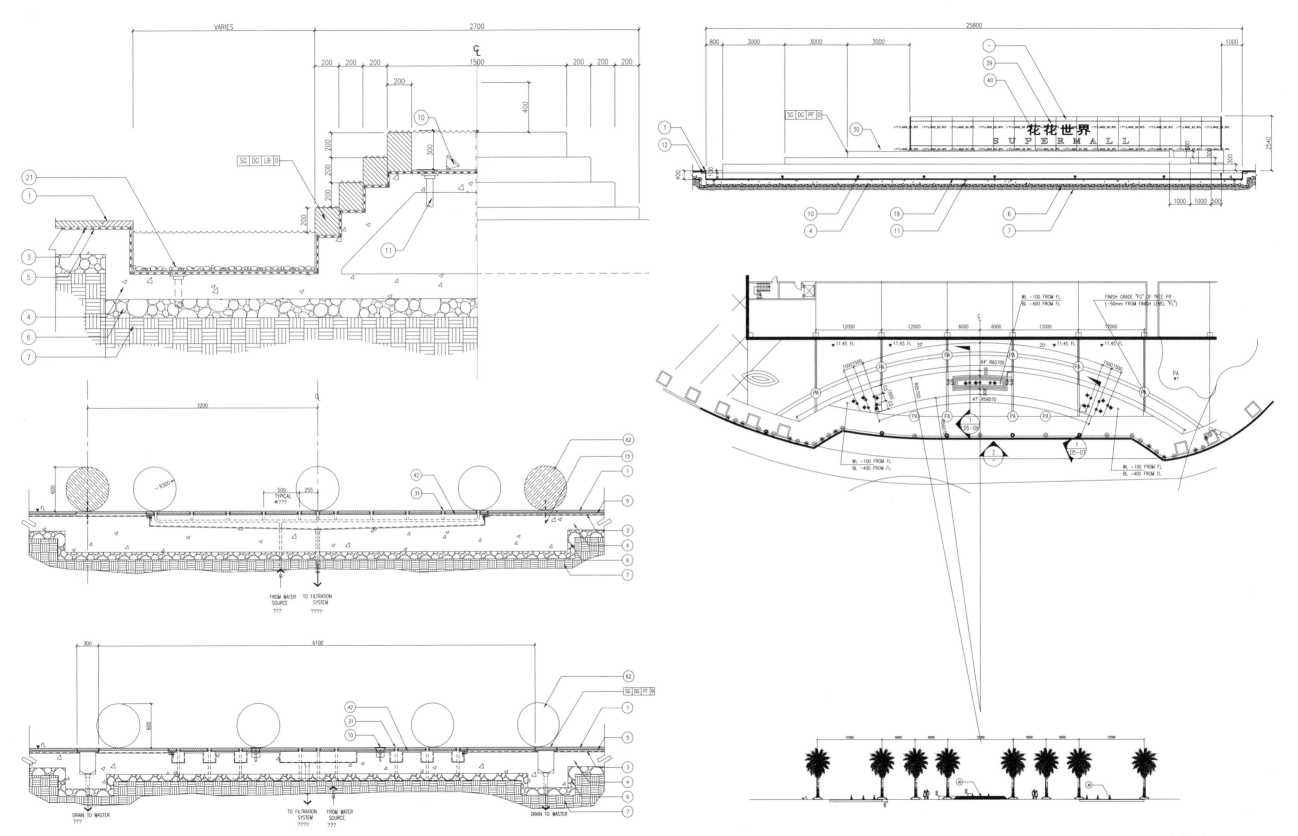

>广州购物中心景观工程施工图全套2

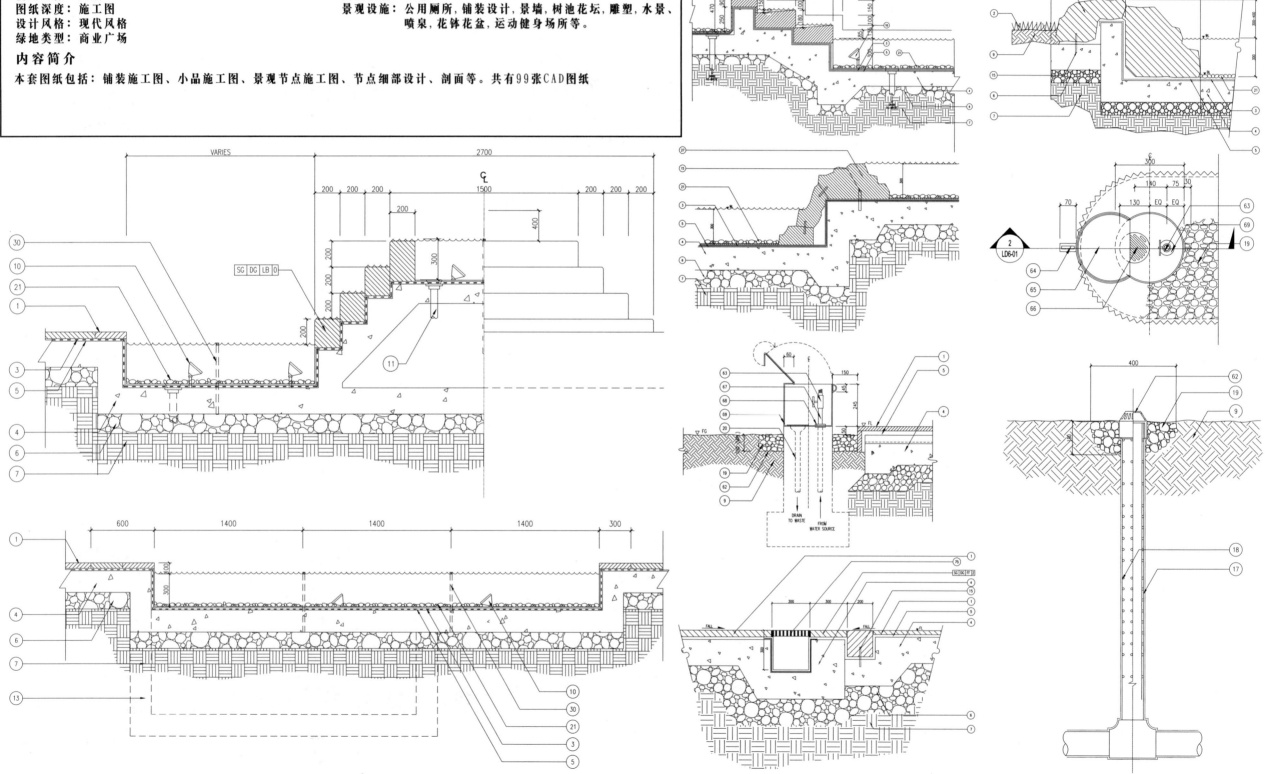

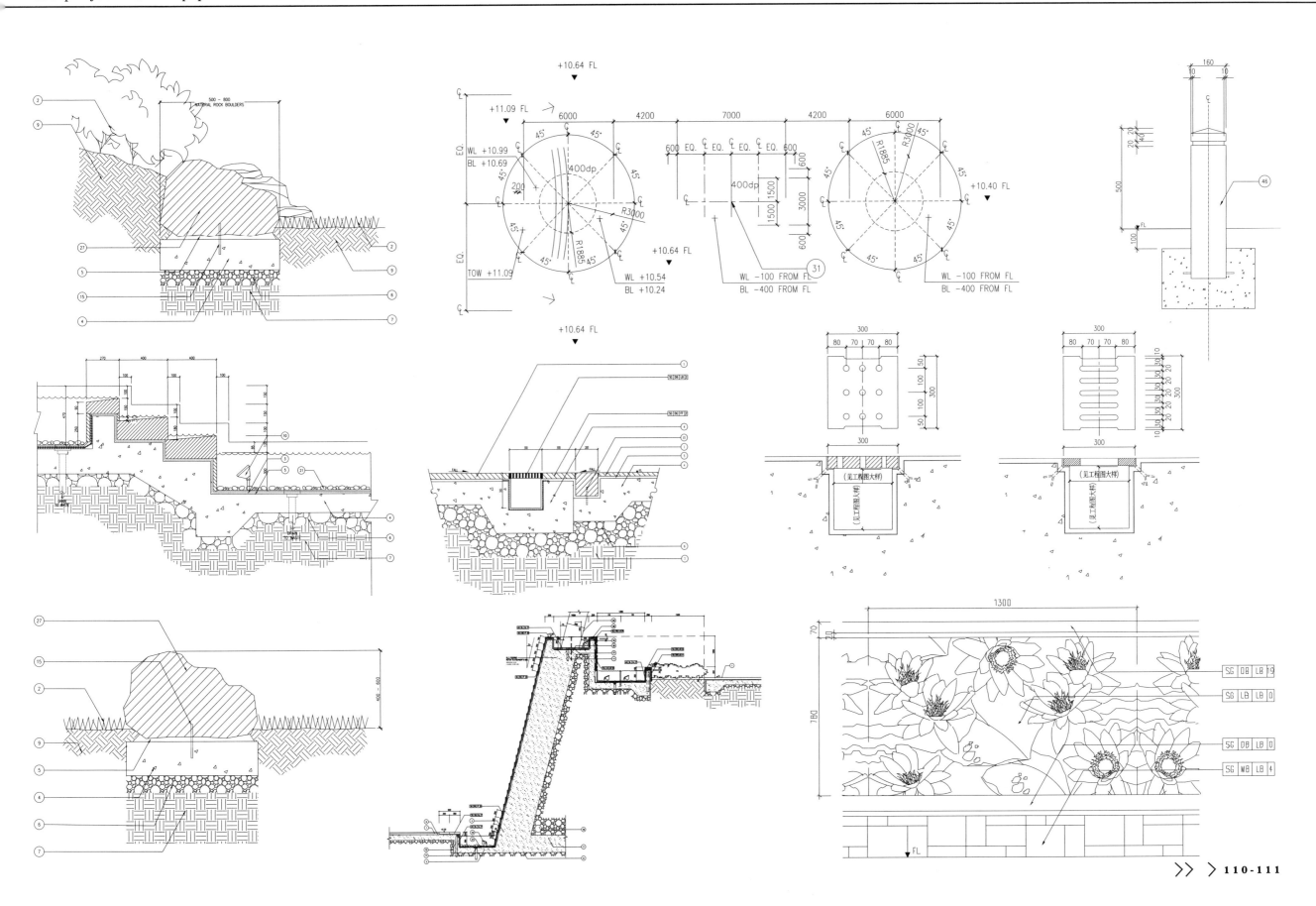

>湖南大酒店和培训中心前广场施工图全套

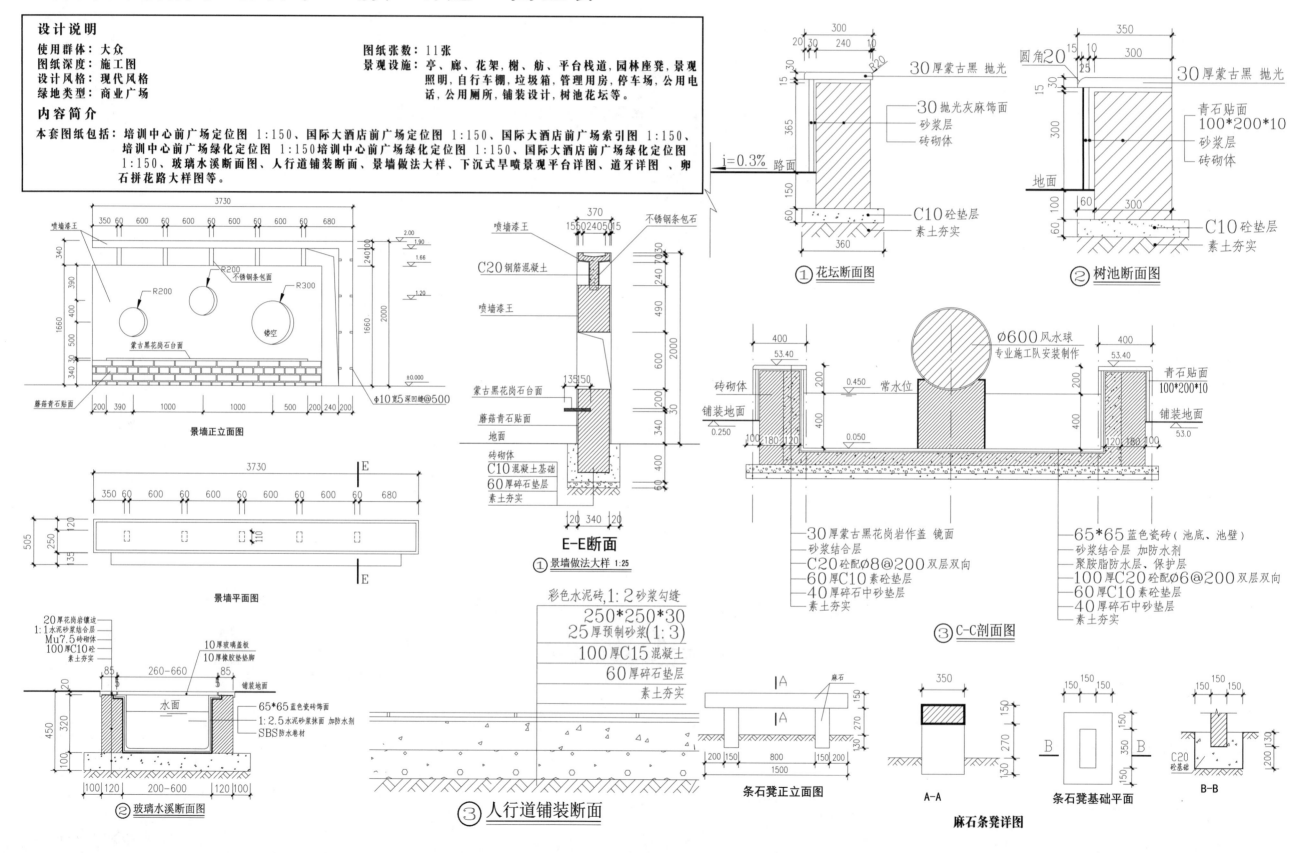

设计说明

使用群体：大众
图纸深度：施工图
设计风格：现代风格
绿地类型：商业广场

图纸张数：11张
景观设施：亭、廊、花架、棚、舫、平台栈道，园林座凳，景观照明，自行车棚，垃圾箱，管理用房，停车场，公用电话，公用厕所，铺装设计，树池花坛等。

内容简介

本套图纸包括：培训中心前广场定位图 1:150、国际大酒店前广场定位图 1:150、国际大酒店前广场索引图 1:150、培训中心前广场绿化定位图 1:150培训中心前广场绿化定位图 1:150、国际大酒店前广场绿化定位图 1:150、玻璃水溪断面图、人行道铺装断面、景墙做法大样、下沉式旱喷景观平台详图、道牙详图、卵石拼花路大样图等。

景墙正立面图

景墙平面图

② 玻璃水溪断面图

E-E断面

① 景墙做法大样 1:25

③ 人行道铺装断面

① 花坛断面图

② 树池断面图

③ C-C剖面图

条石凳正立面图

A-A

条石凳基础平面

B-B

麻石条凳详图

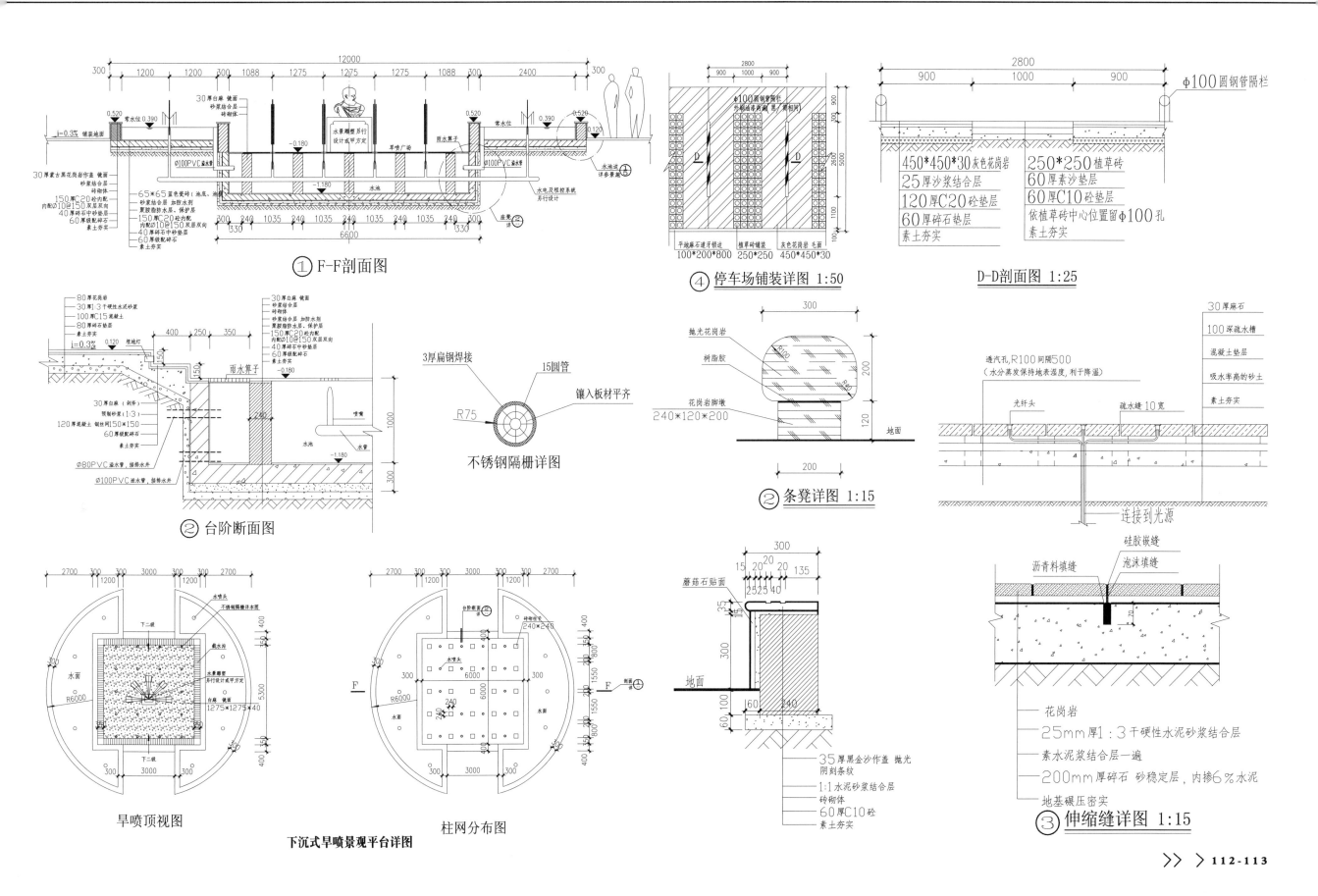

① F-F剖面图

④ 停车场铺装详图 1:50

D-D剖面图 1:25

② 台阶断面图

不锈钢隔栅详图

② 条凳详图 1:15

旱喷顶视图

柱网分布图

③ 伸缩缝详图 1:15

下沉式旱喷景观平台详图

># 曼哈顿商业广场景观施工图

设计说明

使用群体： 大众
图纸深度： 施工图
设计风格： 现代风格
绿地类型： 商业广场

图纸张数： 40张
景观设施： 停车场，公用电话，公用厕所，铺装设计，景墙，围墙大门，树池花坛，雕塑，水景、喷泉，花钵花盆等。

内容简介

本套图纸包括：总平面、构筑物及小品分布图、竖向、定位、种植、给排水、电气、铺装及景观详图，其中包含一个屋顶花园共计图纸40张。

毛面青石板 1200×300×60
毛面青石板 800×300×60
中间种草

园路二铺装平面

英可瑞镶嵌石饰面
40厚C25细石混凝土
100厚C20混凝土
50厚碎石找平层
300厚塘渣，压实
素土夯实

英可瑞镶嵌石铺装做法

100厚C20预制块
30厚中砂
200厚C25砼
50厚碎石找平层
300厚塘渣，压实0.9
素土夯实

汽车停车场泊位铺装做法

粒径30-40黑色卵石铺装，紧缝
150x300x30宁海长宁红荔枝面石板 1:2水泥砂浆勾10凹缝
300x300x30毛面青石板
100x100x500青石平侧

150 500 150
100 1000 100

园路一铺装平面

700x600x30锈石火烧板 1:2水泥砂浆勾10凹缝
500x600x30锈石火烧板 1:2水泥砂浆勾10凹缝
绿地
靠绿地侧用青石高侧 100x150x600
500x600x30毛面青石板 1:2水泥砂浆勾10凹缝

∅180沿河栏杆柱头
沿河做栏杆，另见详图
河流
1830
2430
100

园路三铺装平面

说明：所有园路.广场铺装基层中的混凝土要根据市政要求做胀缩缝，具体做法参见浙J18-95, P11

青石压边,100宽x100厚
1:2水泥砂浆保护角
地面铺装
100 100
平侧通用做法

青石压边,100宽x150厚x500长
边倒R50圆角
地面铺装
1:2水泥砂浆保护角
绿地
青石高侧通用做法

英可瑞镶嵌石饰面

英可瑞镶嵌石铺装平面

中间填种植土后嵌草
100厚成品预制块（绿色）

汽车停车场泊位铺装平面大样

∅180防腐木柱头
∅30船用缆绳
∅180防腐木柱头
∅30船用缆绳
200 400 1000 400 300
1830
∅100 180防腐木柱头支脚 预留孔洞，环氧树脂胶合

沿河栏杆详图及做法

面材
30厚1:2水泥砂浆结合层
100厚C20混凝土
50厚碎石找平层
300厚塘渣垫层，压实
素土夯实
绿地 绿地

园路一铺装做法

面材
30厚1:2水泥砂浆结合层
100厚C20混凝土
50厚碎石找平层
300厚塘渣垫层，压实
素土夯实

园路二铺装做法

面材
30厚1:2水泥砂浆结合层
100厚C20混凝土
50厚碎石找平层
300厚塘渣垫层，压实
素土夯实
沿河做栏杆，另见详图
绿地
河坎

园路三铺装做法

铺装大样详图

青石压边,100宽x150厚x500长
边倒R50圆角
100 100
地面铺装
1:2水泥砂浆保护角
绿地

高侧石通用做法

青石压边,100宽x100厚x500长
100 100
地面铺装
1:2水泥砂浆保护角
绿地

平侧通用做法

铺装大样详图

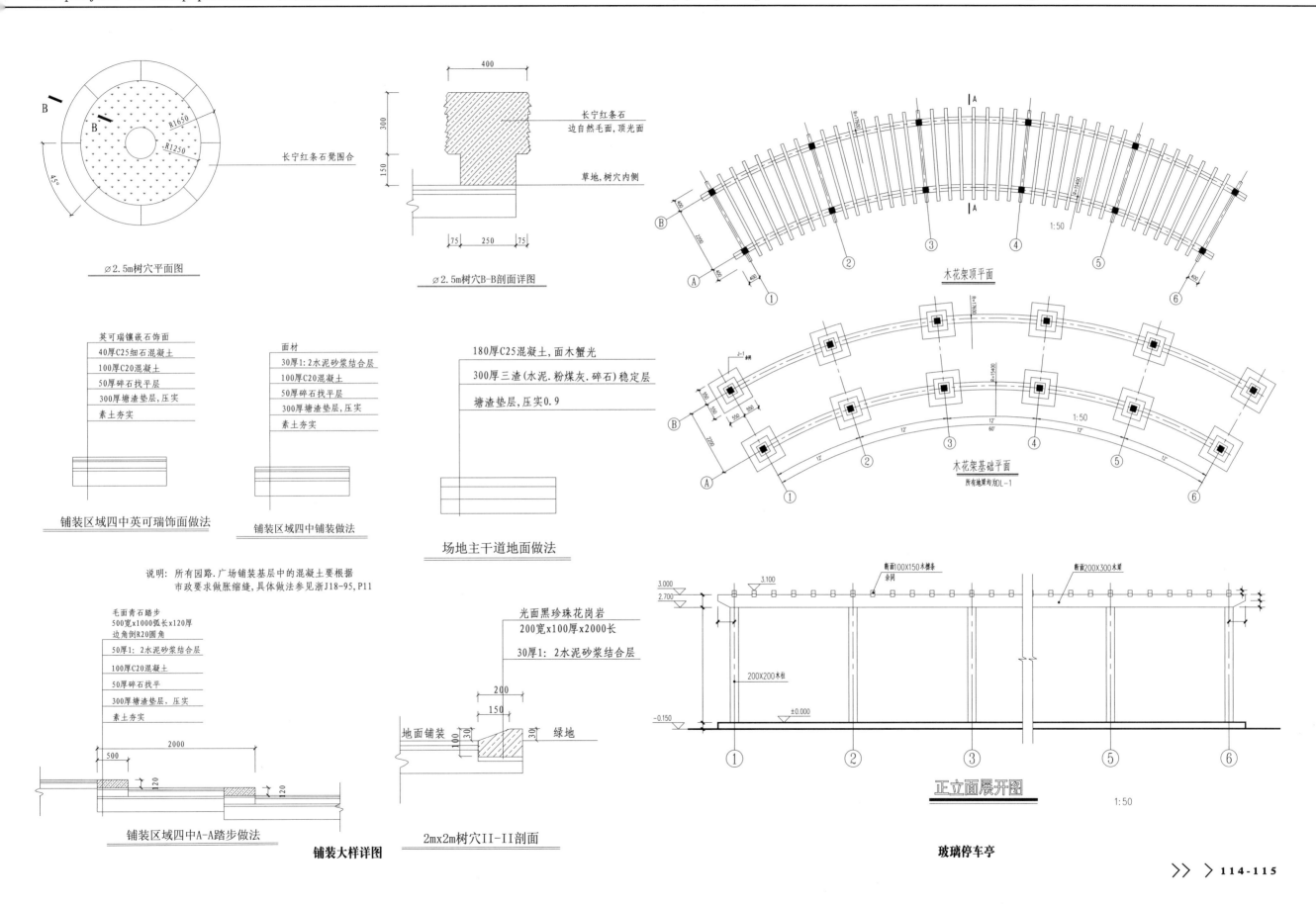

本项目解压密码: 21278058

># 浙江国贸广场施工图全套

设计说明

使用群体：大众	图纸张数：38张
图纸深度：施工图	景观设施：亭、廊、花架、榭、舫、平台栈道,园林座凳,景观
设计风格：现代风格	照明,自行车棚,垃圾箱,管理用房,停车场,公用电
绿地类型：商业广场	话,公用厕所,铺装设计等。

内容简介

本套图纸包括：平面图、竖向图、尺寸图、铺装索引图、种植设计图、说明、花架详图、坐凳详图、景观亭详图、景墙详图、景观柱详图、铺装详图、道路详图、花坛详图等。

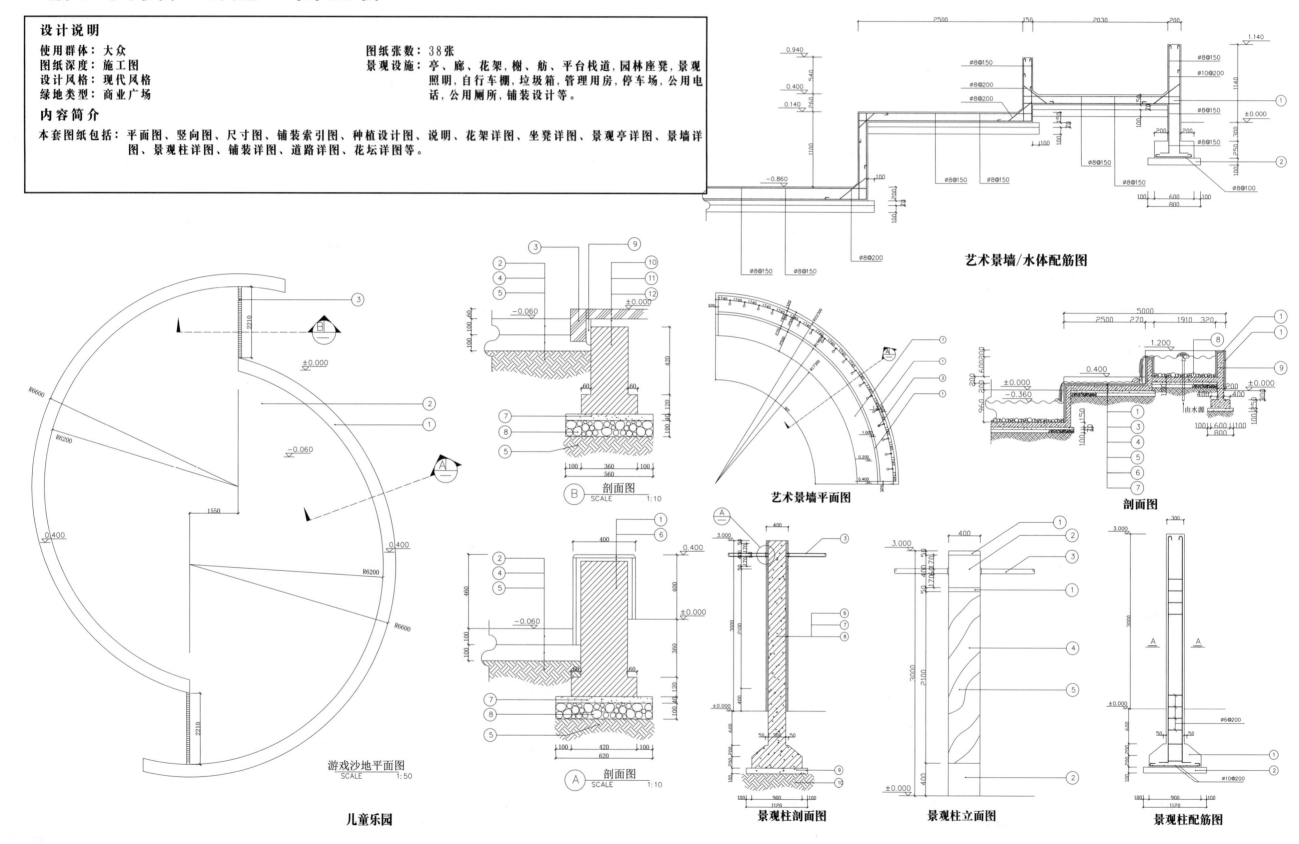

艺术景墙/水体配筋图

B 剖面图 SCALE 1:10

艺术景墙平面图

剖面图

游戏沙地平面图 SCALE 1:50

儿童乐园

A 剖面图 SCALE 1:10

景观柱剖面图

景观柱立面图

景观柱配筋图

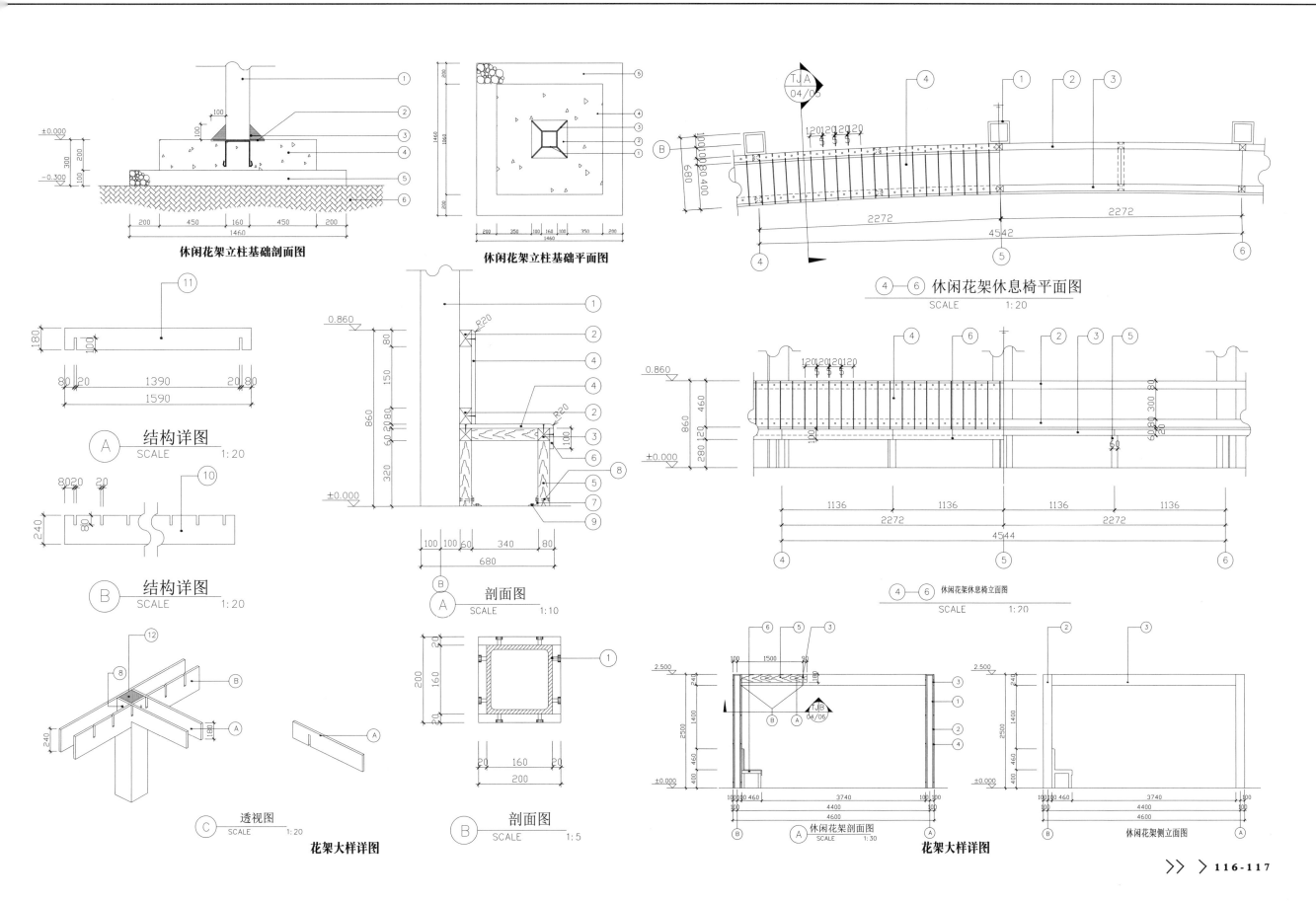

休闲花架立柱基础剖面图

休闲花架立柱基础平面图

4 — 6 休闲花架休息椅平面图
SCALE 1:20

A 结构详图
SCALE 1:20

B 结构详图
SCALE 1:20

C 透视图
SCALE 1:20

花架大样详图

B 剖面图
A SCALE 1:10

B 剖面图
SCALE 1:5

4 — 6 休闲花架休息椅立面图
SCALE 1:20

A 休闲花架剖面图
SCALE 1:30

花架大样详图

休闲花架侧立面图

> 湖南酒店前广场规划方案图

设计说明

使用群体：大众
图纸深度：方案图
设计风格：现代风格
绿地类型：商业广场

图纸张数：11张
景观设施：园林座凳，景观照明，垃圾箱，停车场，公用电话，铺装设计，景墙，大门，树池花坛，水景、喷泉、花钵花盆等。

内容简介

本套图纸包括：平面图、放线图、铺装索引图、定位图、绿化图、铺装详图、景墙施工详图、其他节点施工详图等。

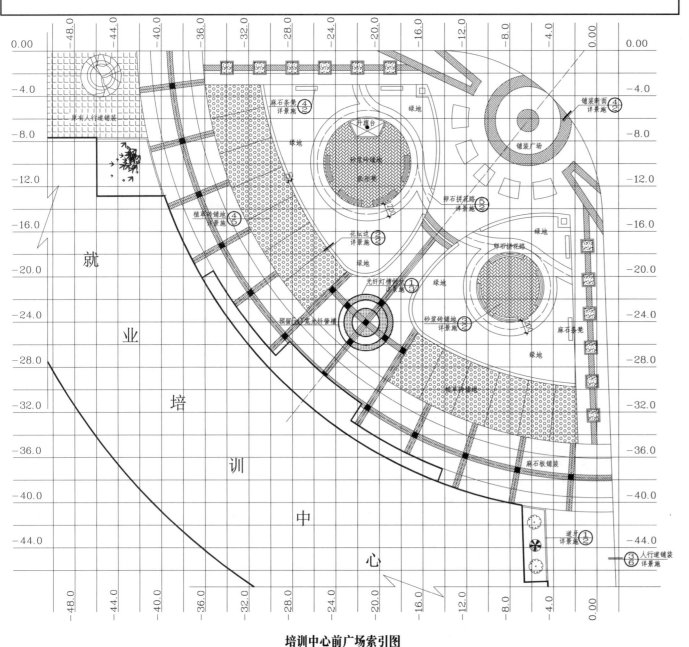

培训中心前广场索引图

国际大酒店前广场索引图

中国红花岗岩 镜面
300*600*80

白麻 镜面 边缘100宽齐剁面
1200*1200*80

黑金沙花岗岩 面抛光
300*600*80

芝麻灰麻石板 毛面
500*1000*80

中国红花岗岩 齐剁面
300*600*80

1:150

说明：

一、本图系相对坐标系，原点位于道路边线的交点，如图所示。标高采用相对标高，方格网间距为 2米*2米。

二、本图单位标高以米计，其他以毫米计。

三、本图须与其它图纸配合使用。

四、如有不详处请参照有关规范或与设计人员联系。

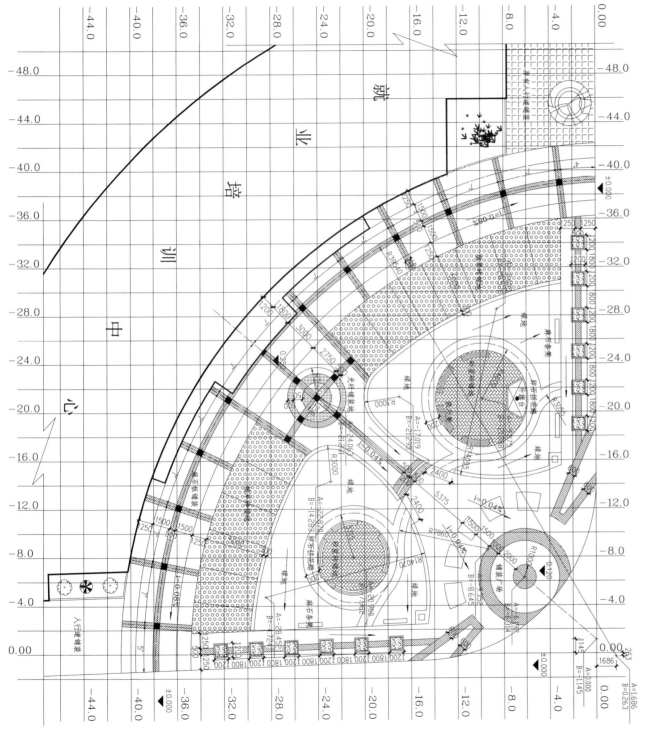

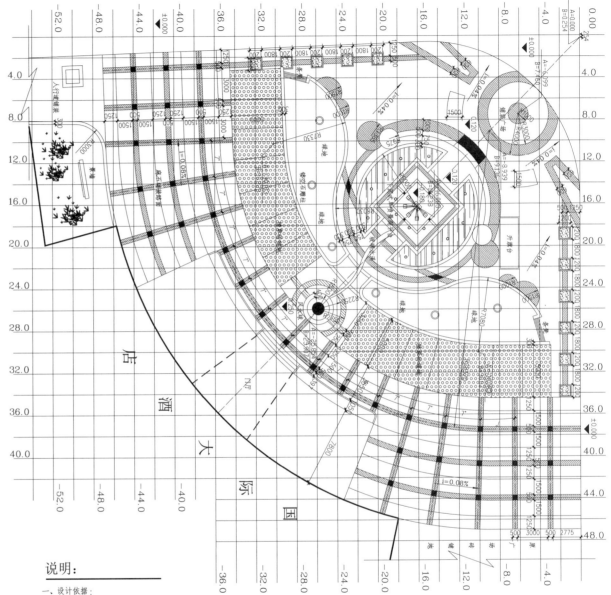

1:150

培训中心前广场定位图

1:150

国际大酒店前广场定位图

说明：

一、设计依据：
　1、国家有关规范及法规。
　2、甲方审定通过的总平面图。
　3、设计方相关专业提供的技术资料。
　4、满足消防、卫生、噪声规范要求的规定。
二、本图系相对坐标系，原点位于道路边线的交点，
　　如图所示。标高采用相对标高，方格网间距为
　　2*2米。
三、本图单位标高以米计，其他以毫米计。
四、本图须与其它图纸配合使用。
五、绿地起坡点与路面标高一致。
六、光纤铺装地面详细做法参考专业技术资料。
七、如有不详处请参照有关规范或与设计人员联系。

> 山东城市广场园林景观工程施工图

设计说明

使用群体: 大众
图纸深度: 施工图
设计风格: 现代风格
绿地类型: 综合广场

图纸张数: 30张
景观设施: 亭·廊·花架,平台·栈道·汀步,景墙·围墙,驳岸·挡土墙,树池·花坛·花钵,水景设计,铺装设计等。

内容简介

本套图纸包括: 面结构图、侧石详图、道路总平面图、道路纵断面设计图、栈道详图、草坪缓坡驳岸施工图、亭子施工图、水景游园标高图、水景游园尺寸平面图、水景游园驳岸平面布置图、绿篱围墙施工图、车行道花岗岩铺装施工图、车行道伸缩缝作法、道路铺装设计图、结构设计总说明、入口大门施工图、入口水景设计、广场入口特色水景施工图、景观树池施工图、广场总平面索引图、广场总体设施平面图、乔木平面布置图。

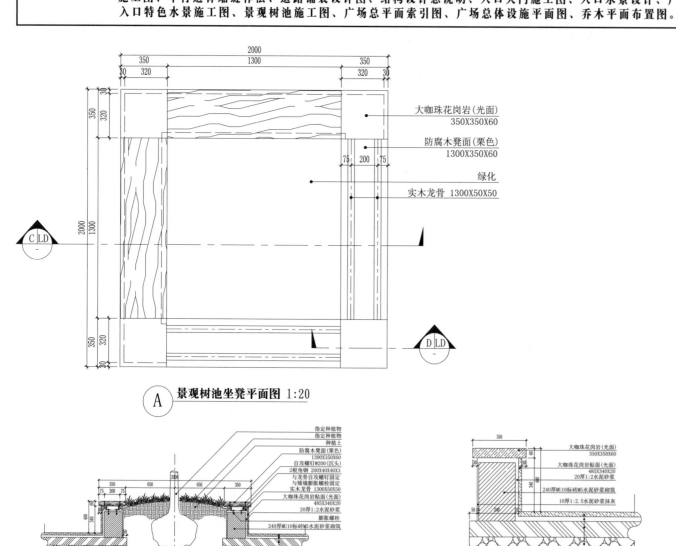

景观树池坐凳平面图 1:20

景观树池剖面图 1:20

景观树池剖面图 1:10

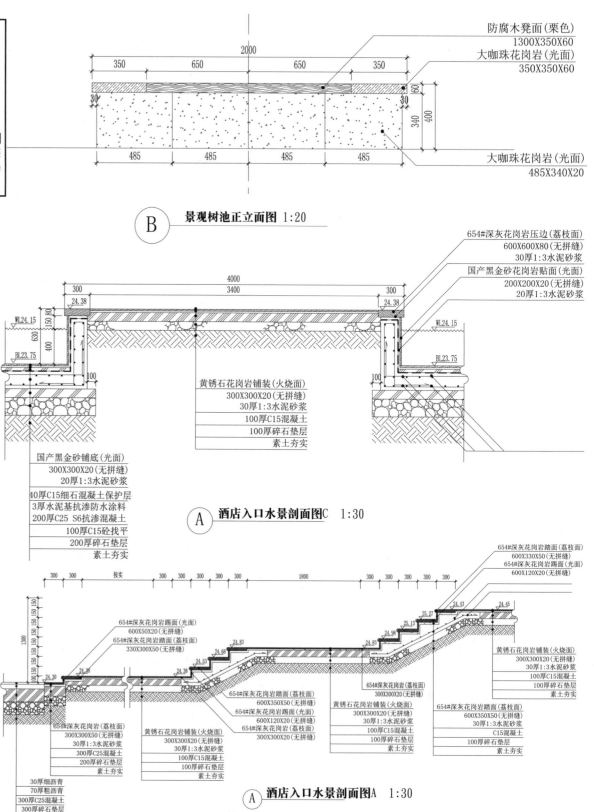

景观树池正立面图 1:20

酒店入口水景剖面图C 1:30

酒店入口水景剖面图A 1:30

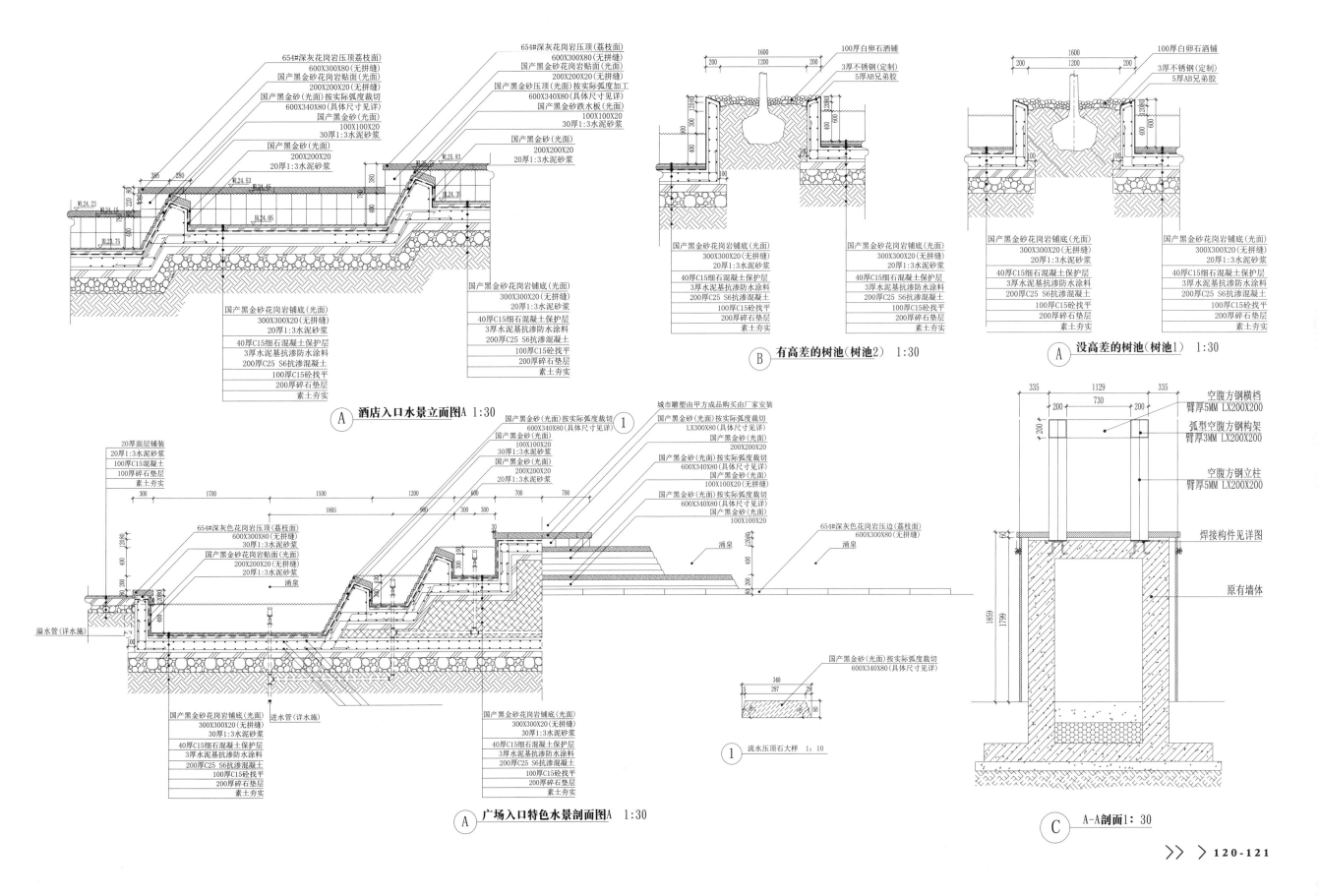

654#深灰花岗岩压顶荔枝面)
600X300X80(无拼缝)
国产黑金砂花岗岩贴面(光面)
200X200X20(无拼缝)
国产黑金砂压顶(光面)按实际弧度加工
600X340X80(具体尺寸见详)
国产黑金砂(光面)
100X100X20
30厚1:3水泥砂浆
国产黑金砂(光面)
200X200X20
20厚1:3水泥砂浆

国产黑金砂花岗岩铺底(光面)
300X300X20(无拼缝)
20厚1:3水泥砂浆
40厚C15细石混凝土保护层
3厚水泥基抗渗防水涂料
200厚C25 S6抗渗混凝土
100厚C15砼找平
200厚碎石垫层
素土夯实

A 酒店入口水景立面图A 1:30

100厚白卵石洒铺
3厚不锈钢(定制)
5厚AB兄弟胶

国产黑金砂花岗岩铺底(光面)
300X300X20(无拼缝)
20厚1:3水泥砂浆
40厚C15细石混凝土保护层
3厚水泥基抗渗防水涂料
200厚C25 S6抗渗混凝土
100厚C15砼找平
200厚碎石垫层
素土夯实

B 有高差的树池(树池2) 1:30

100厚白卵石洒铺
3厚不锈钢(定制)
5厚AB兄弟胶

国产黑金砂花岗岩铺底(光面)
300X300X20(无拼缝)
20厚1:3水泥砂浆
40厚C15细石混凝土保护层
3厚水泥基抗渗防水涂料
200厚C25 S6抗渗混凝土
100厚C15砼找平
200厚碎石垫层
素土夯实

A 没高差的树池(树池1) 1:30

空腹方钢横档
臂厚5MM LX200X200
弧型空腹方钢构架
臂厚3MM LX200X200
空腹方钢立柱
臂厚5MM LX200X200

焊接构件见详图

原有墙体

C A-A剖面1:30

654#深灰色花岗岩压顶(荔枝面)
600X300X80(无拼缝)
30厚1:3水泥砂浆
国产黑金砂花岗岩贴面(光面)
200X200X20(无拼缝)
20厚1:3水泥砂浆
涌泉

20厚面层铺装
20厚1:3水泥砂浆
100厚C15混凝土
100厚碎石垫层
素土夯实

溢水管(详水施)

国产黑金砂花岗岩铺底(光面)
300X300X20(无拼缝)
30厚1:3水泥砂浆
40厚C15细石混凝土保护层
3厚水泥基抗渗防水涂料
200厚C25 S6抗渗混凝土
100厚C15砼找平
200厚碎石垫层
素土夯实

进水管(详水施)

城市雕塑由甲方成品购买由厂家安装
国产黑金砂(光面)按实际弧度截切
LX300X80(具体尺寸见详)
国产黑金砂(光面)
国产黑金砂(光面)按实际弧度截切
600X340X80(具体尺寸见详)
国产黑金砂(光面)
100X100X20(无拼缝)
国产黑金砂(光面)按实际弧度截切
600X340X80(具体尺寸见详)
国产黑金砂(光面)
100X100X20

国产黑金砂(光面)按实际弧度截切
600X340X80(具体尺寸见详)
国产黑金砂(光面)
100X100X20
30厚1:3水泥砂浆
国产黑金砂(光面)
200X200X20
20厚1:3水泥砂浆
涌泉

654#深灰色花岗岩压边(荔枝面)
600X300X80(无拼缝)
涌泉

国产黑金砂花岗岩铺底(光面)
300X300X20(无拼缝)
30厚1:3水泥砂浆
40厚C15细石混凝土保护层
3厚水泥基抗渗防水涂料
200厚C25 S6抗渗混凝土
100厚C15砼找平
200厚碎石垫层
素土夯实

A 广场入口特色水景剖面图A 1:30

1 流水压顶石大样 1:10

>重庆城市休闲广场园林景观工程园建施工图

设计说明

使用群体：大众
图纸深度：施工图
设计风格：现代风格
绿地类型：综合广场

图纸张数：33张
景观设施：亭·廊·花架,平台·栈道·汀步,座凳·座椅,景墙·围墙,驳岸·挡土墙,栏杆,树池·花坛·花钵雕塑,水景设计,景观照明,自行车棚,停车场等。

内容简介

本套图纸包括：图纸目录、设计说明、总平面布置及材料布置图、总平面定位图、总平面给排水布置图、总平面电气布置图、总平面植物配置图、吐水浮雕墙详图、水景广场详图、火花盆详图、玻璃廊桥、入口广场平面图、思源石详图、残疾人坡道详图、火炬型生态树及迎宾花柱详图、绿篱定位及休闲座凳详图、树坑详图、风情竹楼详图、生态停车场平面图、四季花海平面图、休闲帐篷详图、休闲岛详图、饮水思源平面图等。

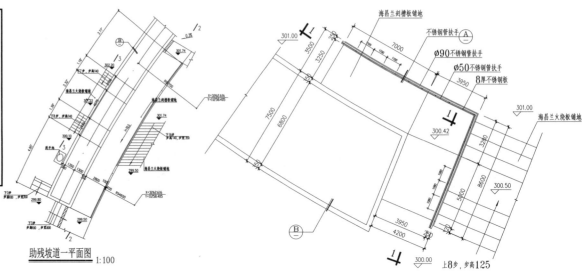

助残坡道一平面图 1:100

残疾人坡道1-1剖面图

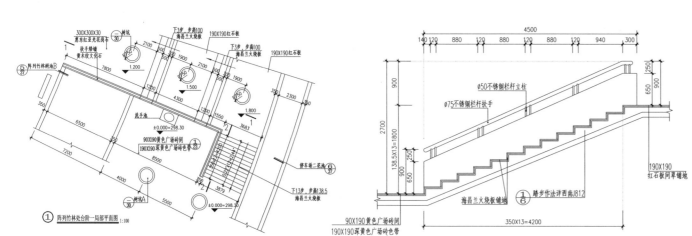

① 阵列竹林处台阶一局部平面图 1:100

残疾人坡道二1-1剖面图

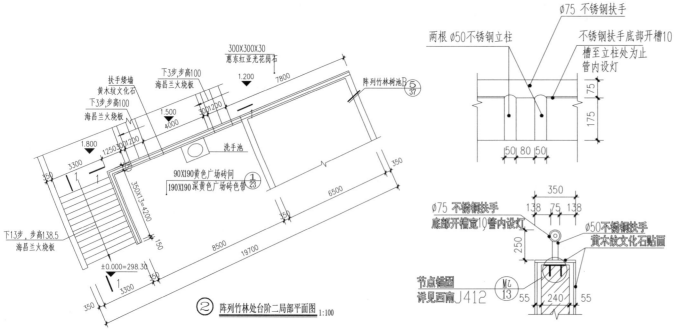

② 阵列竹林处台阶二局部平面图 1:100

阵列竹林处台阶局部详图

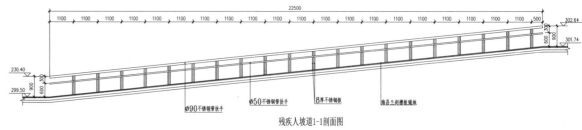

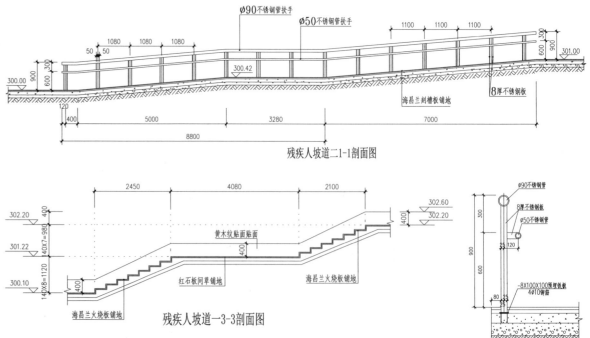

残疾人坡道一3-3剖面图

残疾人坡道

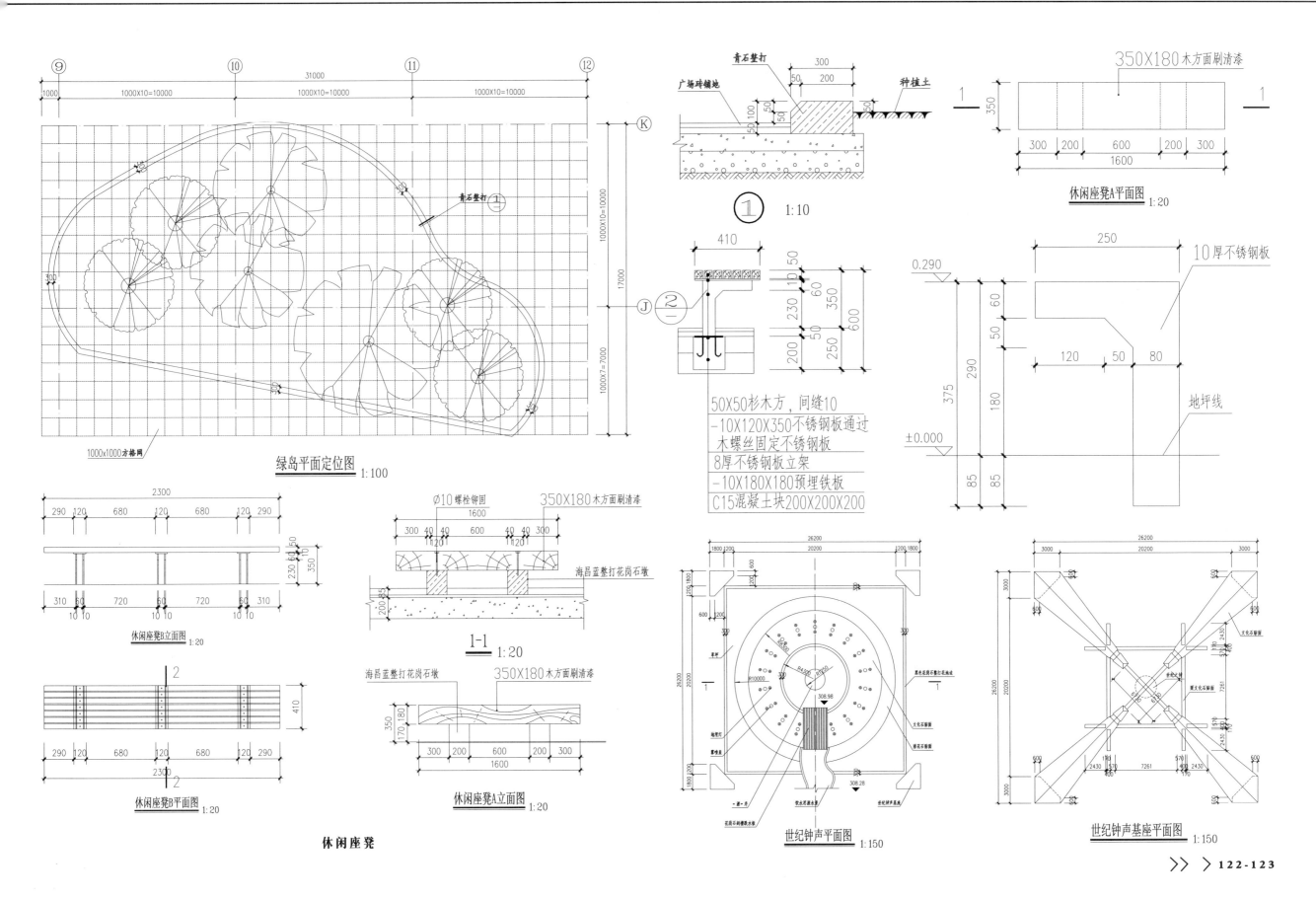

绿岛平面定位图 1:100

350X180木方面刷清漆

休闲座凳A平面图 1:20

青石整打

广场砖铺地

种植土

① 1:10

50X50杉木方，间缝10
-10X120X350不锈钢板通过
木螺丝固定不锈钢板
8厚不锈钢板立架
-10X180X180预埋铁板
C15混凝土块200X200X200

10厚不锈钢板

地坪线

休闲座凳B立面图 1:20

休闲座凳B平面图 1:20

休闲座凳

Ø10螺栓铆固

350X180木方面刷清漆

海昌蓝整打花岗石墩

1-1 1:20

海昌蓝整打花岗石墩

350X180木方面刷清漆

休闲座凳A立面图 1:20

世纪钟声平面图 1:150

世纪钟声基座平面图 1:150

>古建以及周边景观环境施工图

设计说明

使用群体: 大众
图纸深度: 施工图
设计风格: 现代风格
绿地类型: 综合广场

图纸张数: 13张
景观设施: 亭、廊、花架,园林座凳,景观照明,自行车棚,垃圾箱,管理用房,公用电话,公用厕所,铺装设计,景墙,围墙,大门,树池花坛,雕塑,水景、喷泉等。

内容简介

本套图纸包括: 内外广场,影视大楼的装饰内容风格、总平面布置及材料布置图、总平面给排水布置图、总平面电气布置图、总平面植物配置图、吐水浮雕墙详图、水景广场详图、火花盆详图、玻璃廊桥、入口广场平面图、思源石详图、残疾人坡道详图、火炬型生态树及迎宾花柱详图、绿篱定位及休闲座凳详图、树坑详图、风情竹楼详图、生态停车场平面图、四季花海平面图、休闲帐篷详图、休闲岛详图、饮水思源平面图等。

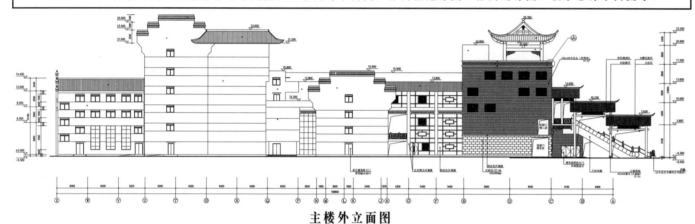

主楼外立面图

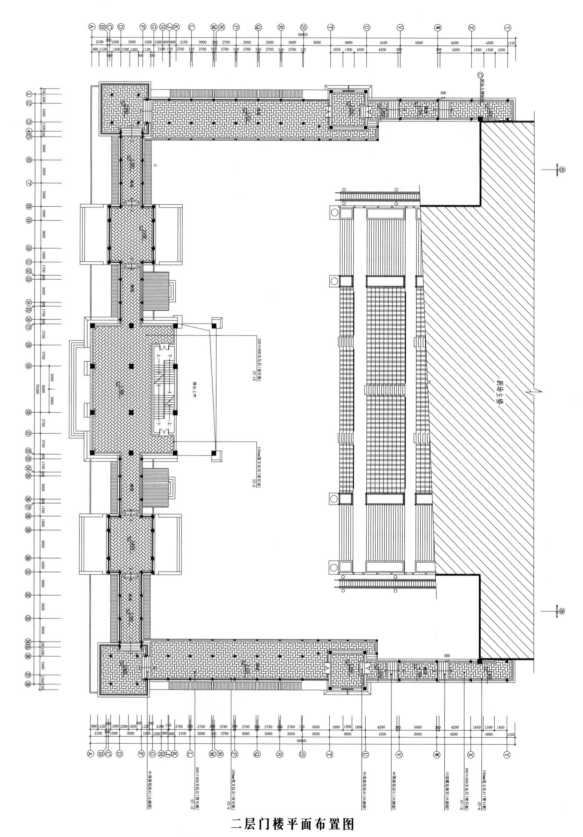

首层门楼卫生间详图

二层门楼平面布置图

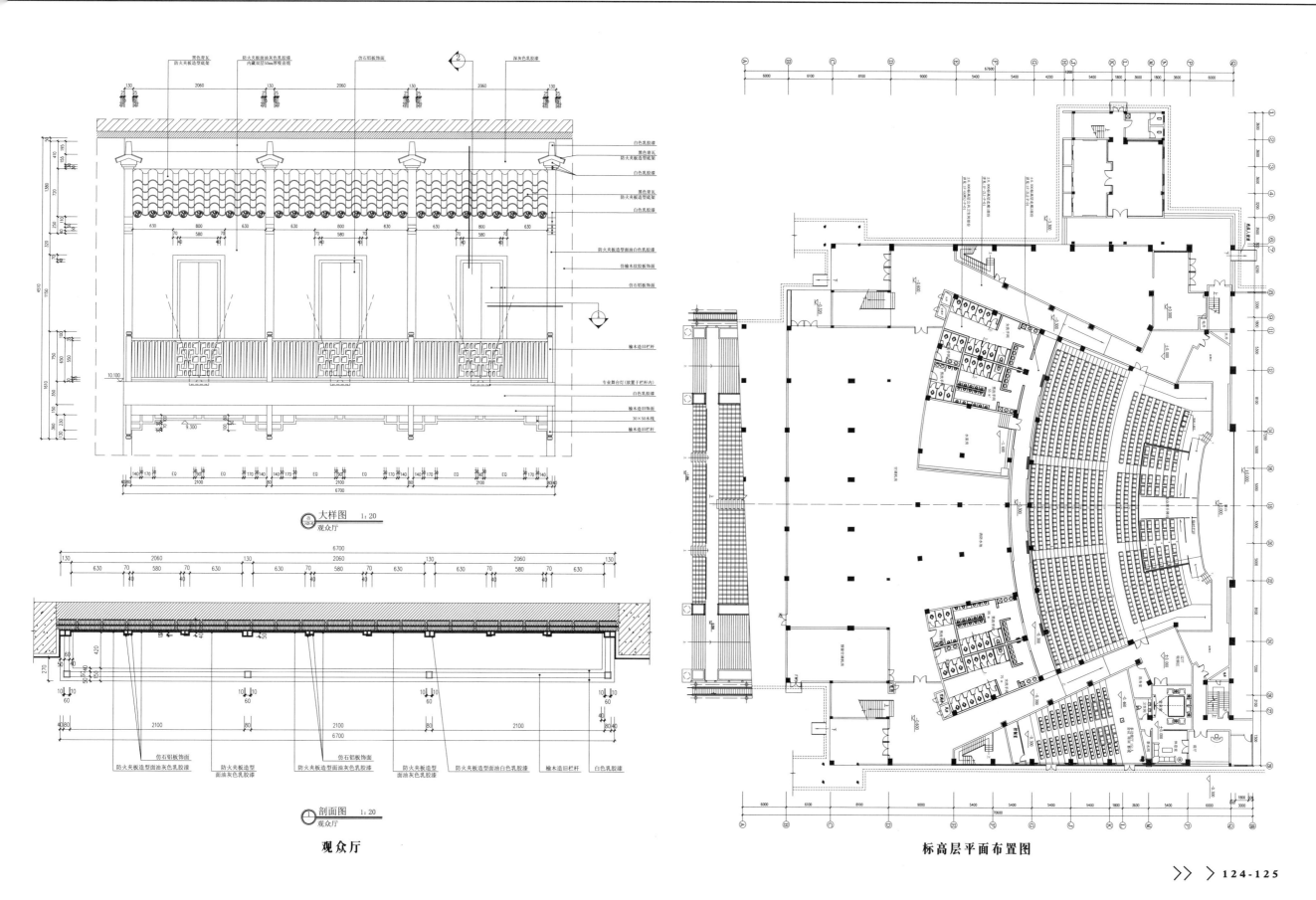

观众厅

标高层平面布置图

>广场环境施工图

设计说明

使用群体: 大众
图纸深度: 施工图
设计风格: 现代风格
绿地类型: 综合广场

图纸张数: 12张

景观设施: 园林座凳, 儿童游乐场所, 景观照明, 自行车棚, 垃圾箱, 管理用房, 停车场, 公用电话, 公用厕所, 铺装设计, 景墙, 围墙, 树池花坛, 运动健身场所等。

内容简介

本套图纸包括: 平面图、定位图、植物配置图、节点详图(桥、亭、树池、铺装、人行道等)。

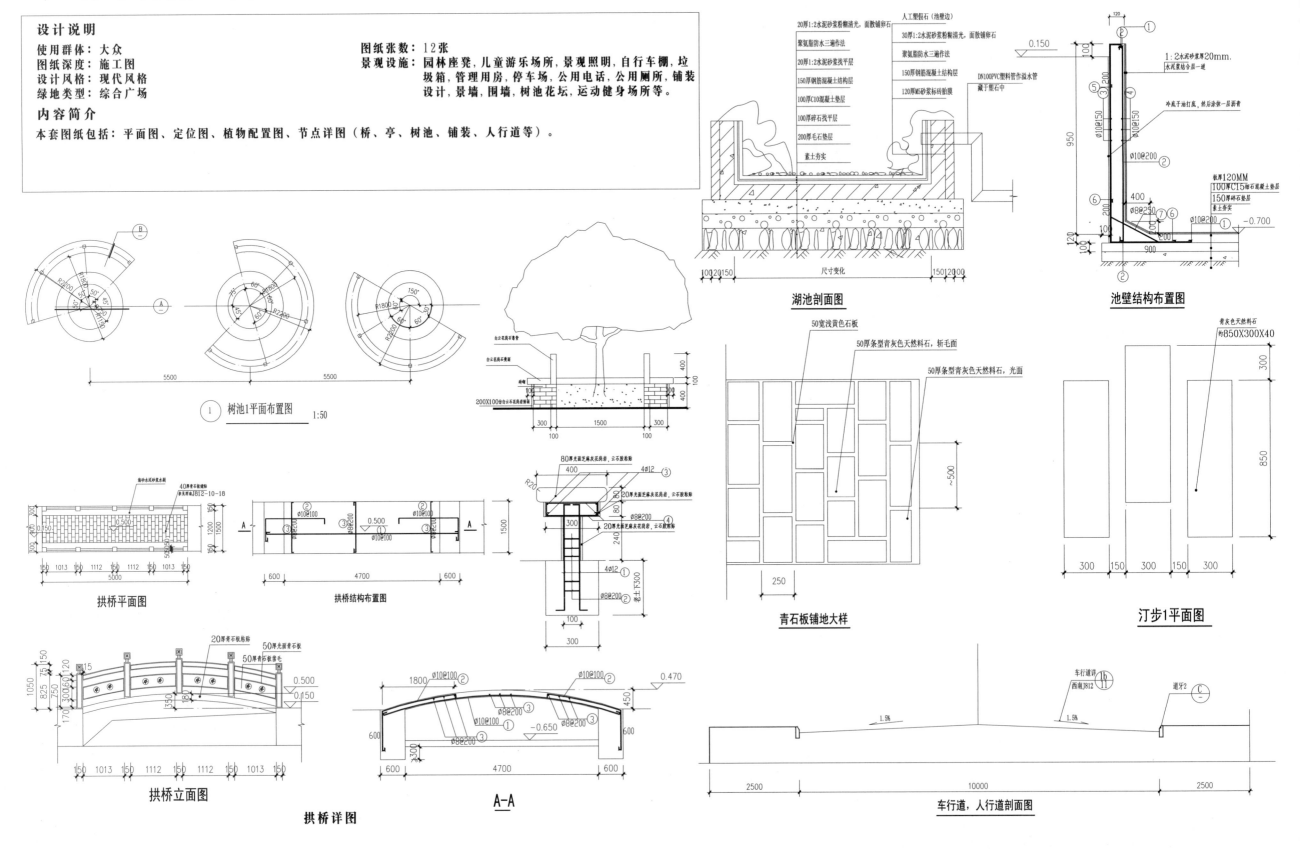

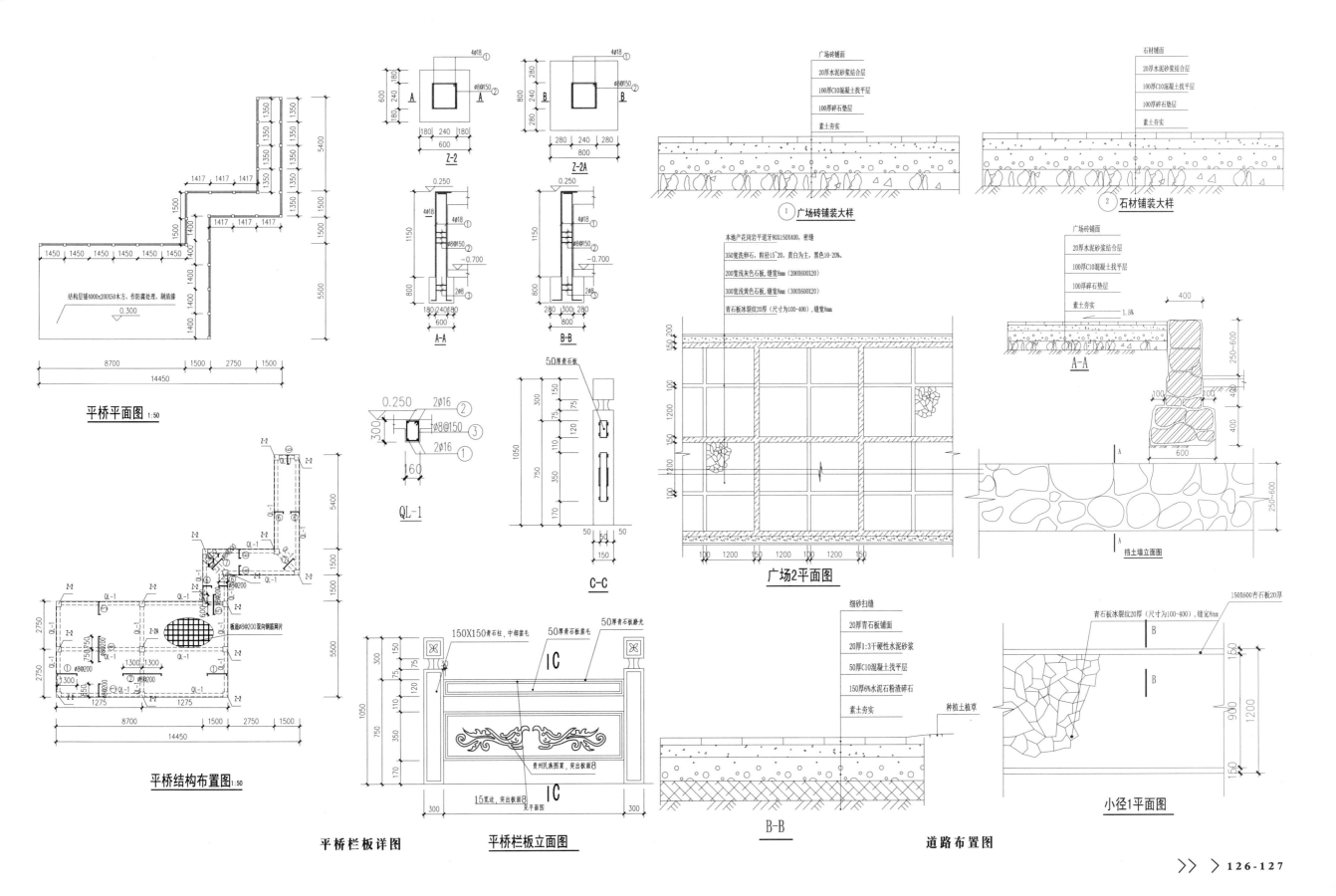

平桥平面图 1:50

平桥结构布置图 1:50

Z-2

Z-2A

A-A

B-B

QL-1

C-C

平桥栏板详图

平桥栏板立面图

① 广场砖铺装大样

② 石材铺装大样

广场2平面图

道路布置图

小径1平面图

>景德镇广场景观工程施工图

设计说明

使用群体：大众	图纸张数：12张
图纸深度：施工图	景观设施：平台栈道，园林座凳，儿童游乐场所，景观照明，自
设计风格：现代风格	行车棚，垃圾箱，管理用房，停车场，公用电话，公用
绿地类型：综合广场	厕所，铺装设计，景墙，围墙，大门，树池花坛等。

内容简介

本套图纸包括：水景入口详图、入口楼梯结构图、方形入口平面图、标准平剖面图、铺装平面图、园林桌凳详图、标准楼梯平面图、花架详图、人行道展示槽详图、标准栏杆详图、平台座椅平面图、平法梁大样图、喷泉广场定位及尺寸标注图、广场铺装及索引图。

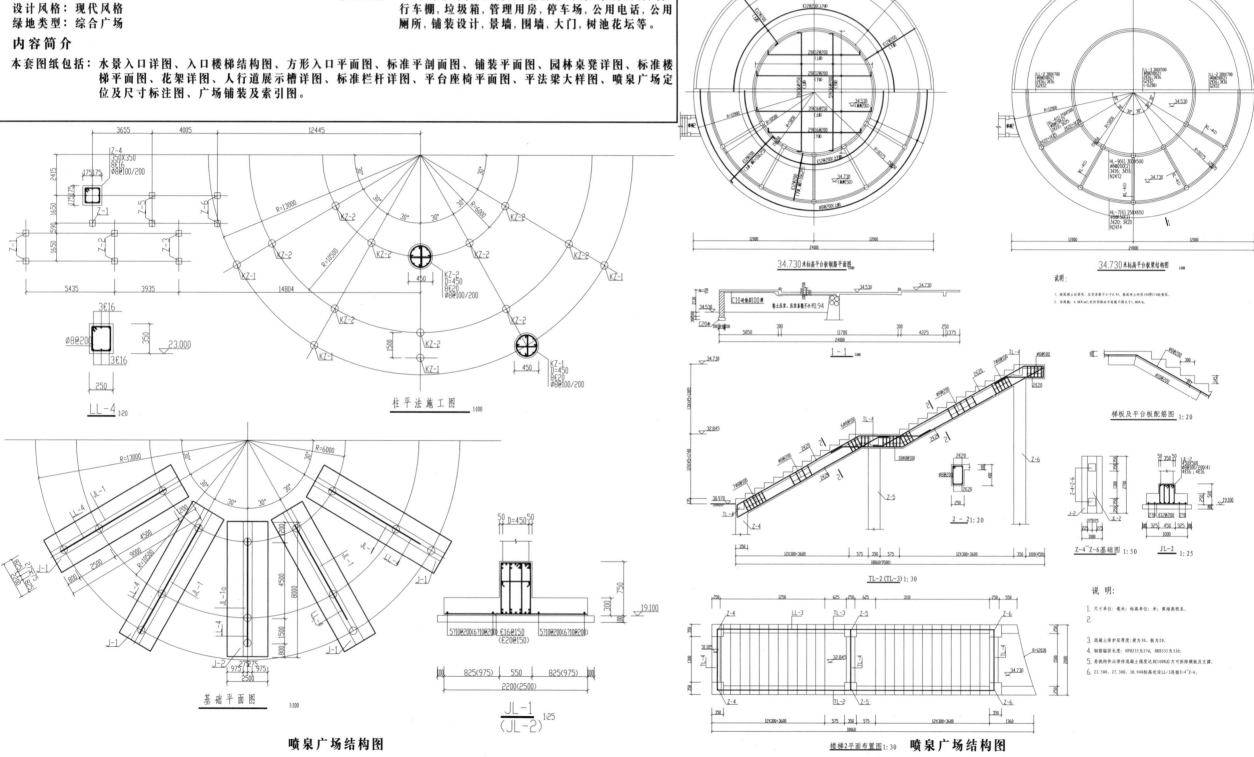

柱平法施工图 1:100

34.730米标高平台板钢筋平面图

34.730米标高平台板配筋结构图

梯板及平台板配筋图 1:20

基础平面图 1:100

JL-1 / (JL-2) 1:25

楼梯2平面布置图 1:30

喷泉广场结构图

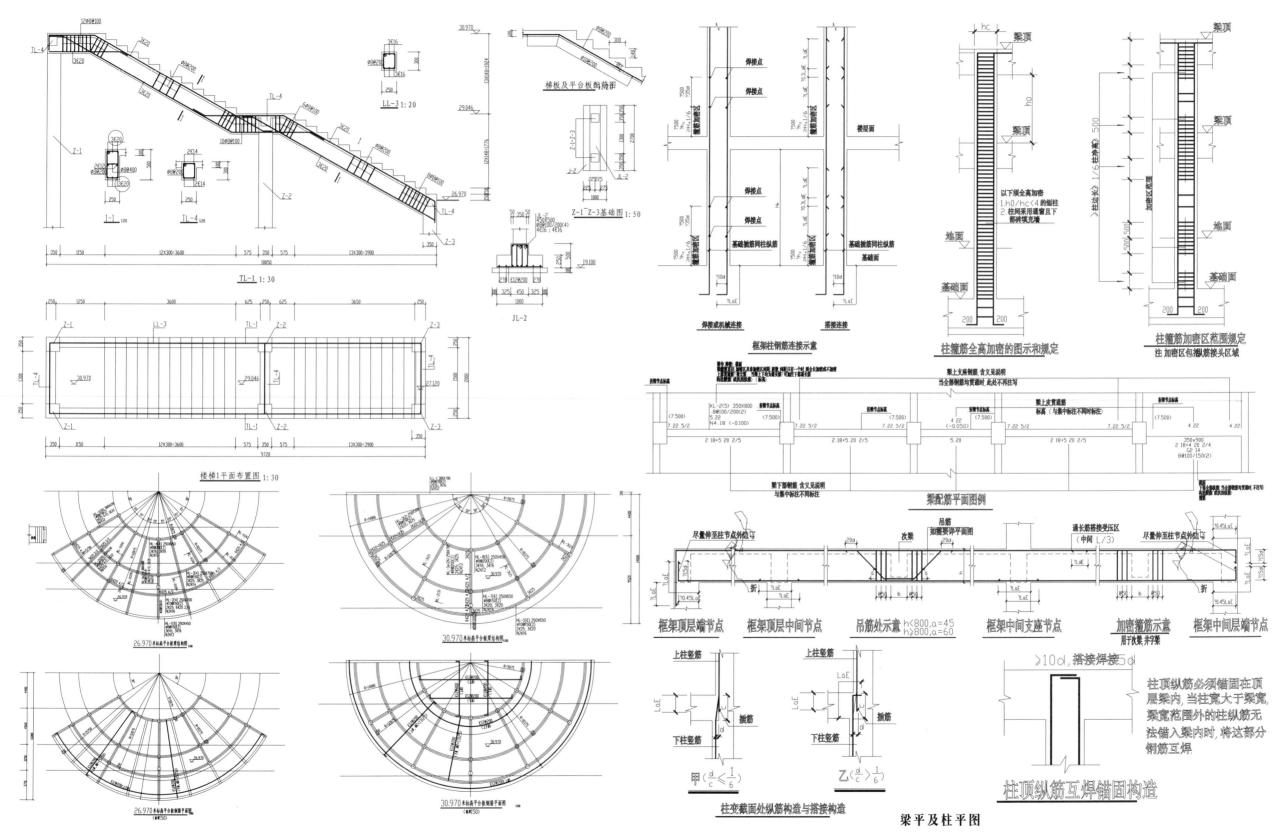

> 三亚店面室外景观工程竣工图

设计说明

使用群体: 大众
图纸深度: 竣工图
设计风格: 现代风格
绿地类型: 综合广场

图纸张数: 7张
景观设施: 亭、廊、花架、榭、舫、平台栈道,园林座凳,景观
照明,自行车棚,垃圾箱,管理用房,停车场,公用电
话,铺装设计,景墙,围墙,大门,花钵花盆等。

内容简介

本套图纸包括: 电气竣工图、景观详图、水景、给水管平面布置图、总图、绿化平面图等。7个CAD文件。

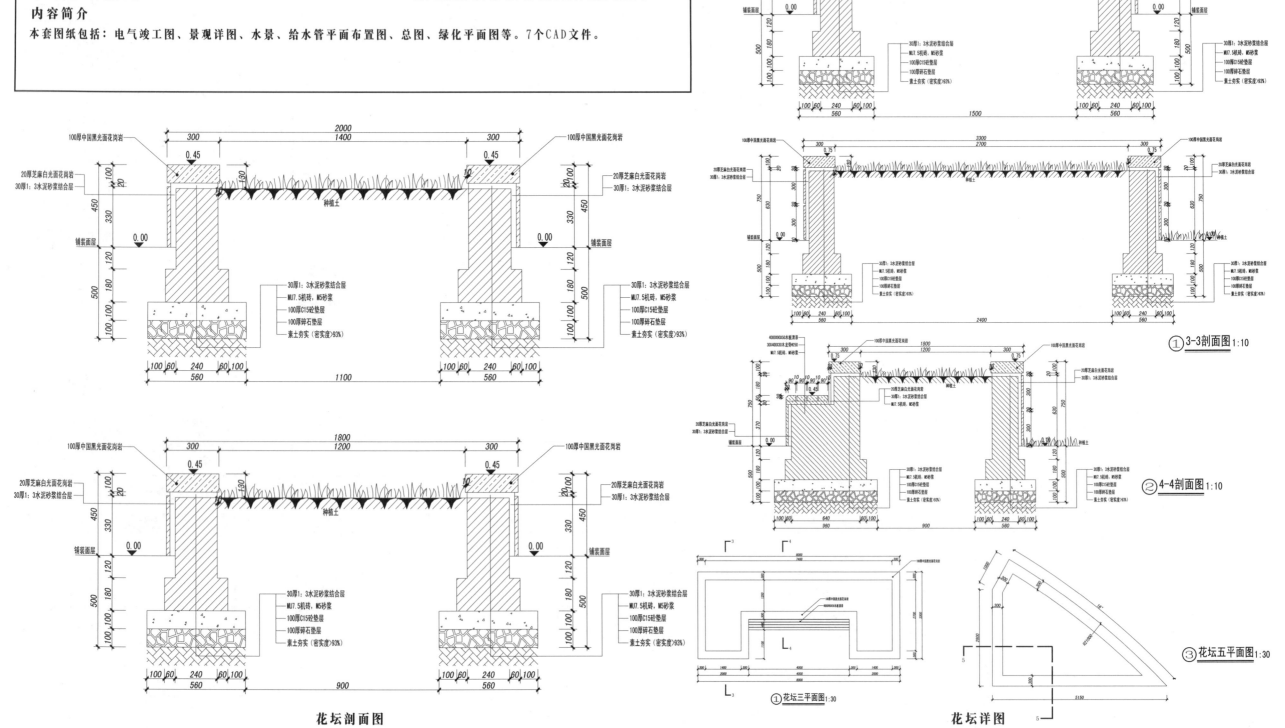

花坛剖面图

① 花坛三平面图1:30

① 3-3剖面图1:10

② 4-4剖面图1:10

③ 花坛五平面图1:30

花坛详图

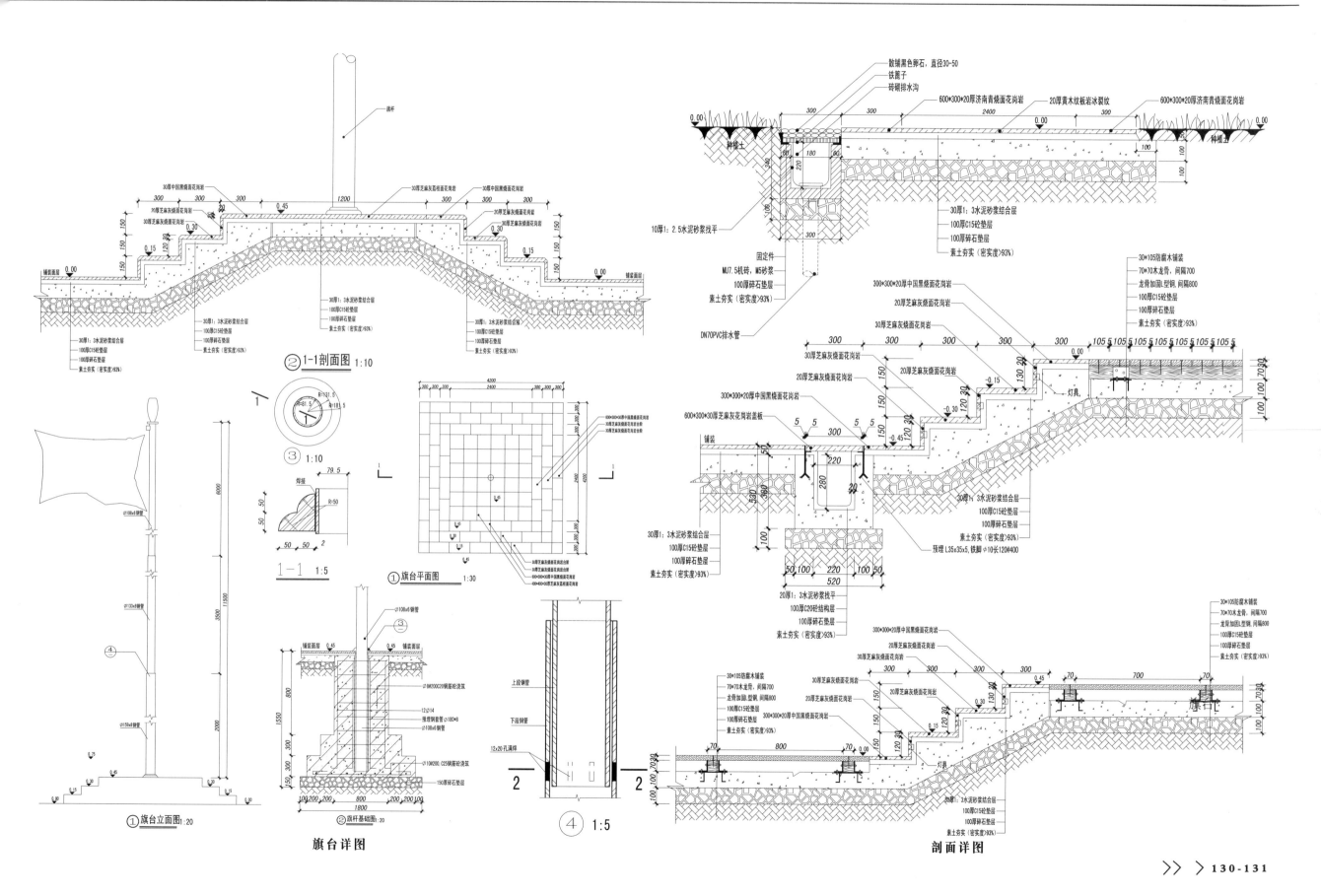

>商业广场景观施工图

设计说明

使用群体：大众
图纸深度：竣工图
设计风格：现代风格
绿地类型：综合广场

图纸张数：20张
景观设施：平台栈道,园林座凳,景观照明,自行车棚,垃圾箱,
管理用房,停车场,公用电话,公用厕所,铺装设计,
景墙,围墙,树池花坛,雕塑,水景、喷泉等。

内容简介

本套图纸包括：树池 景墙 沙坑 旱喷 种植池 特色台阶 乔灌木种植表 散水沟盖板及种植池大样图 散水沟盖板及种植
池大样图 景观电气照明平面布置图 电气系统图及设计说明 景观总平面图 铺装索引图 灯具及音响布置
图 竖向设计图 总平定位图 植物种植图 竖向设计图 总平定位图 植物种植图，20张CAD图纸。

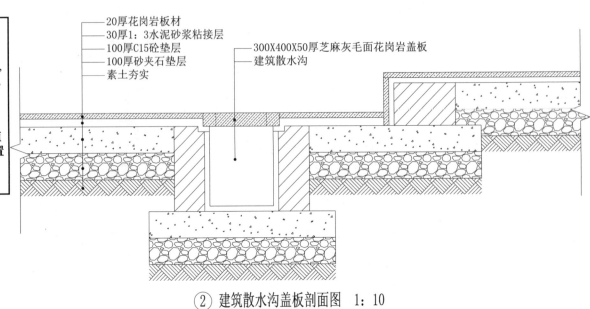

20厚花岗岩板材
30厚1：3水泥砂浆粘接层
100厚C15砼垫层
100厚砂夹石垫层
素土夯实

300X400X50厚芝麻灰毛面花岗岩盖板
建筑散水沟

② 建筑散水沟盖板剖面图 1：10

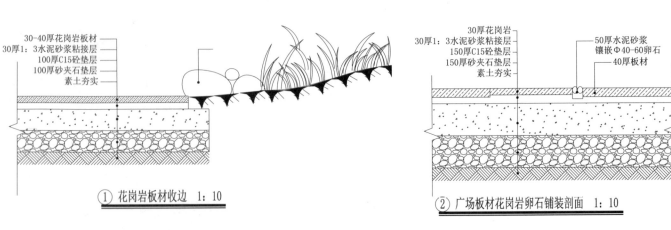

30-40厚花岗岩板材
30厚1：3水泥砂浆粘接层
100厚C15砼垫层
100厚砂夹石垫层
素土夯实

砖基础

① 花岗岩板材收边 1：10

30厚花岗岩
30厚1：3水泥砂浆粘接层
150厚C15砼垫层
150厚砂夹石垫层
素土夯实

50厚水泥砂浆
镶嵌Φ40-60卵石
40厚板材

② 广场板材花岗岩卵石铺装剖面 1：10

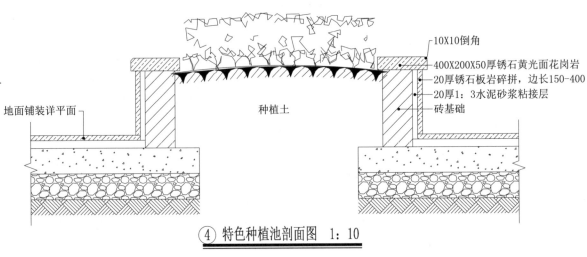

地面铺装详平面

10X10倒角
400X200X50厚锈石黄光面花岗岩
20厚锈石板岩碎拼,边长150-400
20厚1：3水泥砂浆粘接层
砖基础

种植土

④ 特色种植池剖面图 1：10

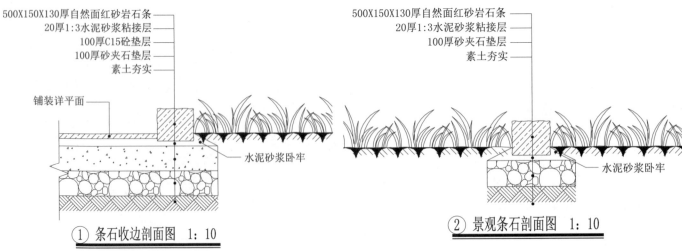

500X150X130厚自然面红砂岩石条
20厚1：3水泥砂浆粘接层
100厚C15砼垫层
100厚砂夹石垫层
素土夯实

铺装详平面

水泥砂浆卧牢

① 条石收边剖面图 1：10

500X150X130厚自然面红砂岩石条
20厚1：3水泥砂浆粘接层
100厚砂夹石垫层
素土夯实

水泥砂浆卧牢

② 景观条石剖面图 1：10

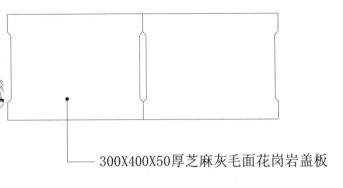

300X400X50厚芝麻灰毛面花岗岩盖板

① 建筑散水沟盖板平面图 1：10

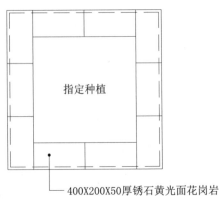

指定种植

400X200X50厚锈石黄光面花岗岩

③ 特色种植池平面图 1：20

铺装详图

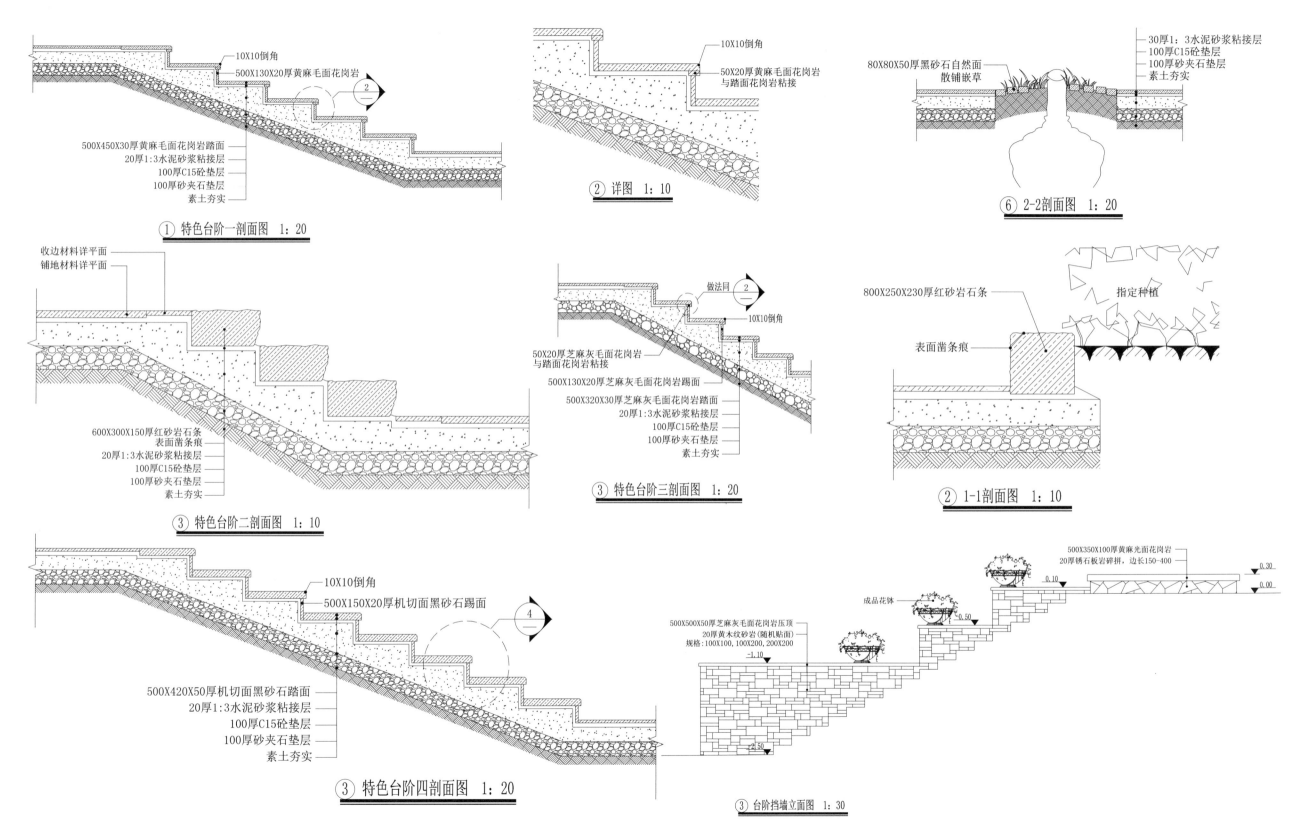

① 特色台阶一剖面图 1:20

10X10倒角
500X130X20厚黄麻毛面花岗岩

500X450X30厚黄麻毛面花岗岩踏面
20厚1:3水泥砂浆粘接层
100厚C15砼垫层
100厚砂夹石垫层
素土夯实

② 详图 1:10

10X10倒角
50X20厚黄麻毛面花岗岩
与踏面花岗岩粘接

30厚1:3水泥砂浆粘接层
100厚C15砼垫层
100厚砂夹石垫层
素土夯实

80X80X50厚黑砂石自然面
散铺嵌草

⑥ 2-2剖面图 1:20

③ 特色台阶二剖面图 1:10

收边材料详平面
铺地材料详平面

600X300X150厚红砂岩石条
表面凿条痕
20厚1:3水泥砂浆粘接层
100厚C15砼垫层
100厚砂夹石垫层
素土夯实

③ 特色台阶三剖面图 1:20

做法同 ②
10X10倒角
50X20厚芝麻灰毛面花岗岩
与踏面花岗岩粘接
500X130X20厚芝麻灰毛面花岗岩踢面
500X320X30厚芝麻灰毛面花岗岩踏面
20厚1:3水泥砂浆粘接层
100厚C15砼垫层
100厚砂夹石垫层
素土夯实

② 1-1剖面图 1:10

800X250X230厚红砂岩石条
表面凿条痕
指定种植

③ 特色台阶四剖面图 1:20

10X10倒角
500X150X20厚机切面黑砂石踢面

500X420X50厚机切面黑砂石踏面
20厚1:3水泥砂浆粘接层
100厚C15砼垫层
100厚砂夹石垫层
素土夯实

③ 台阶挡墙立面图 1:30

500X350X100厚黄麻光面花岗岩
20厚锈石板岩碎拼，边长150~400

成品花钵

500X500X50厚芝麻灰毛面花岗岩压顶
20厚黄木纹砂岩(随机贴面)
规格：100X100，100X200，200X200

0.30
0.10
0.00
-0.50
-1.10
-2.50

>市民公园广场绿化成套图纸

设计说明

使用群体: 大众
图纸深度: 竣工图
设计风格: 现代风格
绿地类型: 综合广场

图纸张数: 49张
景观设施: 平台栈道,园林座凳,景观照明,自行车棚,垃圾箱,
管理用房,停车场,公用电话,公用厕所,铺装设计,
景墙,围墙,树池花坛,雕塑,水景、喷泉等。

内容简介

本套图纸包括: 总平面铺装图 总平面竖向图 总平面索引图 背景音乐布置图 给排水 景观照明 绿化种植图 设计说明
网格图及标注图 标牌景石 观演木廊 花坛一二三四五 景观灯柱 景观亭 景墙花坛 剖面详图 旗台 特色
花坛座凳一二三四 条石座凳及花岗岩球 停车场及铺装 阅报栏等,49张CAD图纸。

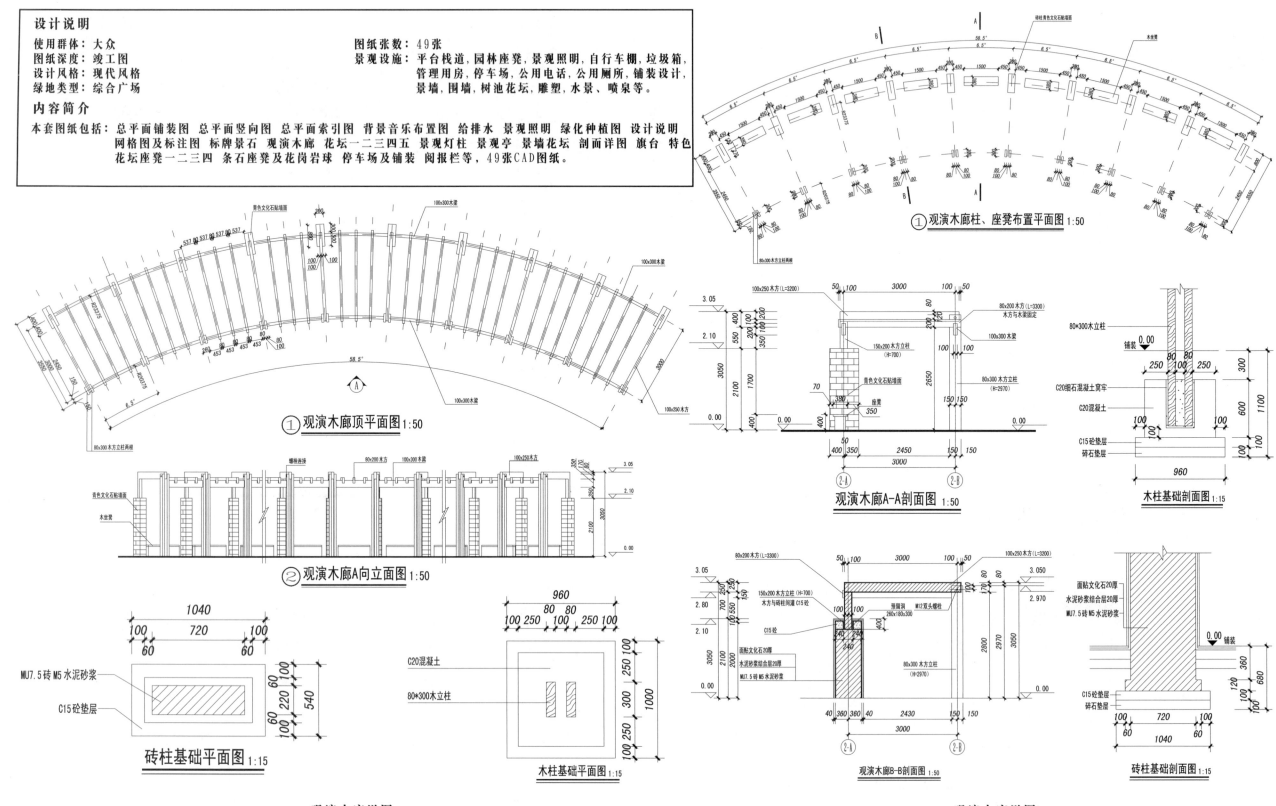

① 观演木廊柱、座凳布置平面图 1:50

① 观演木廊顶平面图 1:50

② 观演木廊A向立面图 1:50

观演木廊A-A剖面图 1:50

木柱基础剖面图 1:15

砖柱基础平面图 1:15

木柱基础平面图 1:15

观演木廊B-B剖面图 1:50

砖柱基础剖面图 1:15

观演木廊详图

观演木廊详图

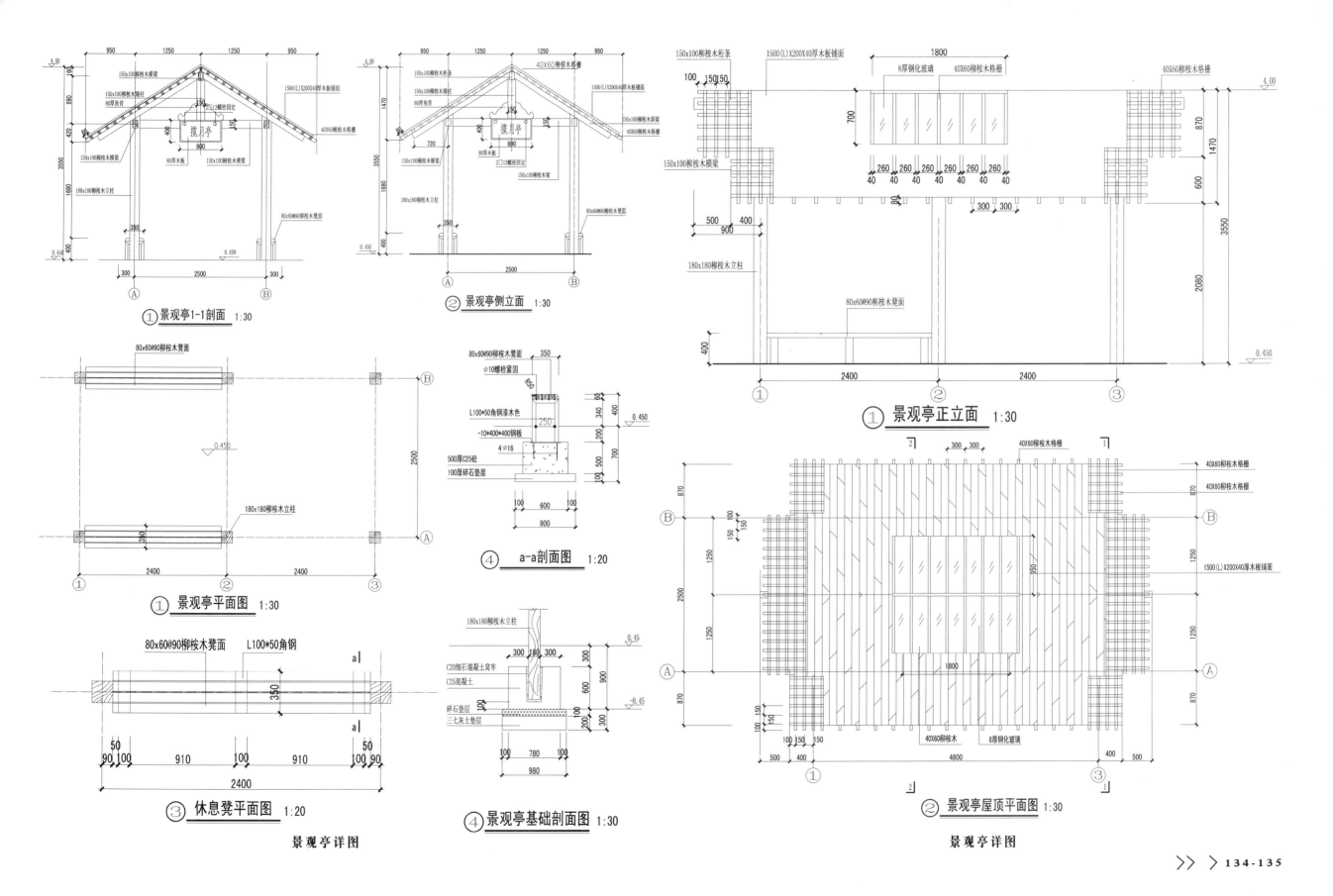

① 景观亭1-1剖面 1:30

② 景观亭侧立面 1:30

① 景观亭平面图 1:30

③ 休息凳平面图 1:20

④ a-a剖面图 1:20

④ 景观亭基础剖面图 1:30

景观亭详图

① 景观亭正立面 1:30

② 景观亭屋顶平面图 1:30

景观亭详图

＞云南省湖区广场施工图全套珍藏版

设计说明

使用群体： 大众
图纸深度： 竣工图
设计风格： 现代风格
绿地类型： 综合广场

图纸张数： 42张
景观设施： 平台栈道，园林座凳，景观照明，自行车棚，垃圾箱，管理用房，停车场，公用电话，公用厕所，铺装设计，景墙，围墙，树池花坛，雕塑，水景、喷泉等。

内容简介

本套图纸包括：建设用地面积共13.1760公顷（197.64亩，不包括城市道路在内）。建设场地南北向均为高差不大的农田，平均坡度约为1.5%左右。设计利用原有校场坝改造成的水体景观为中心，以彝族文化为灵魂，使之成为城市入口彝族文化景观区。
包含总平面、水电图纸、土建图纸等全套。

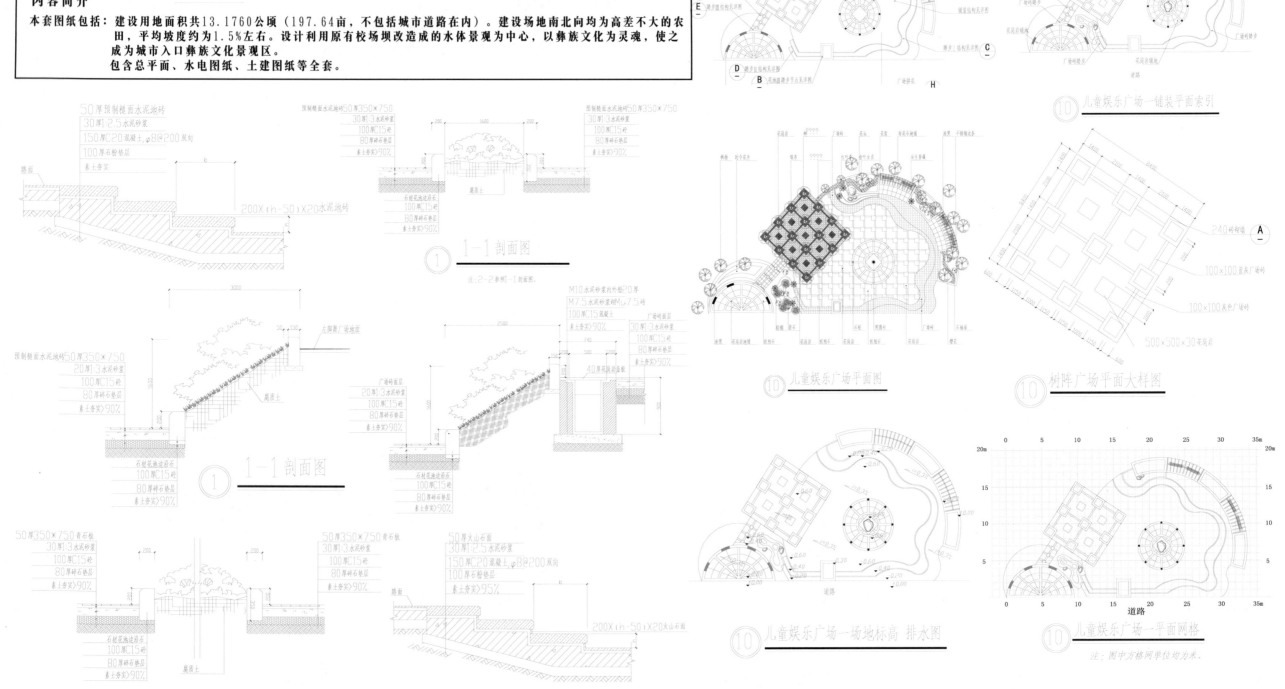

儿童娱乐广场详图

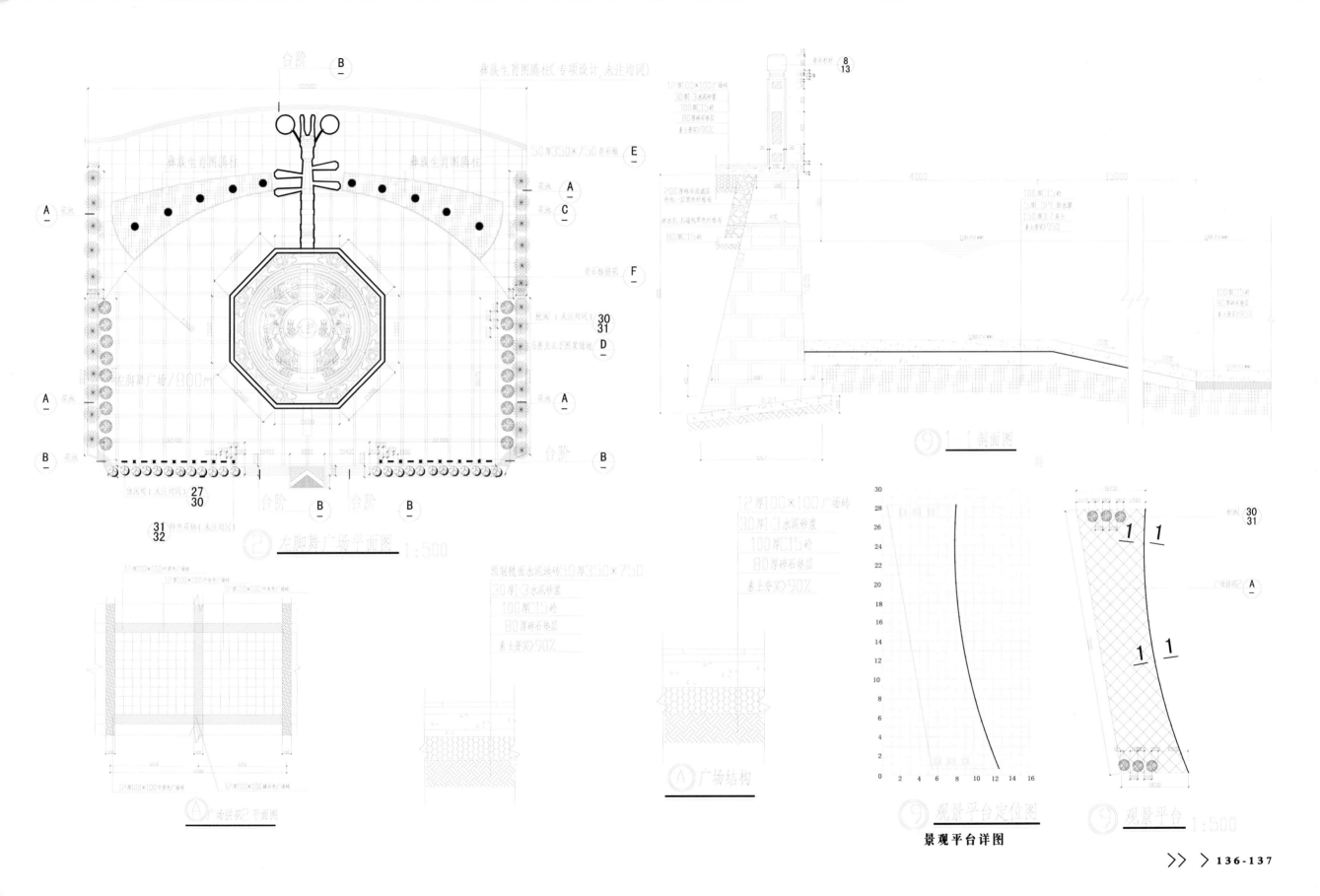

景观平台详图

> 浙江省瑞安市广场景观建筑施工图

设计说明

使用群体:大众

图纸深度:竣工图

设计风格:现代风格

绿地类型:综合广场

图纸张数:42张

景观设施:亭、廊、花架、榭、舫、平台栈道,园林座凳,景观照明,自行车棚,垃圾箱,管理用房,停车场,公用电话,公用厕所,铺装设计,景墙,围墙等。

内容简介

本套图纸包括:平面图、竖向图、绿化图、水电图、管线布置图、公建用图等。

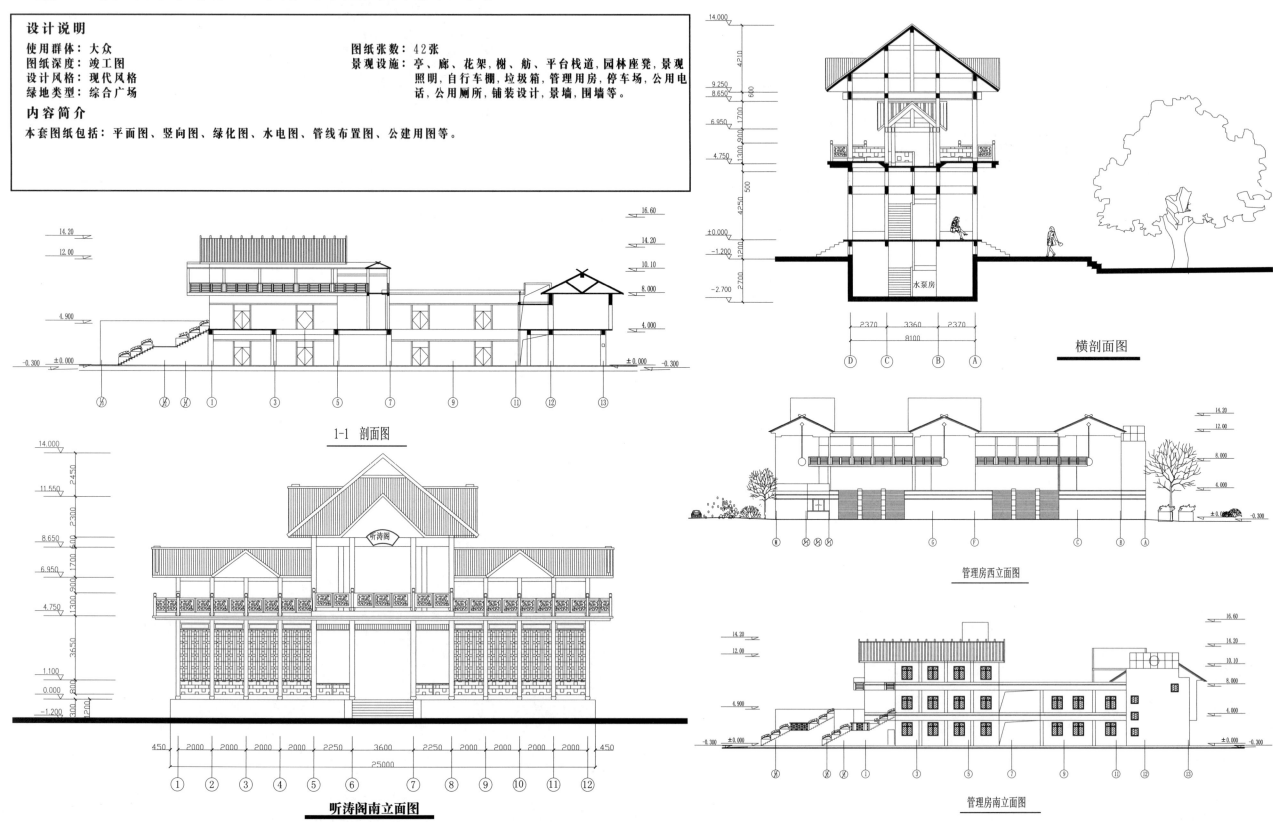

横剖面图

1-1 剖面图

听涛阁南立面图

管理房西立面图

管理房南立面图

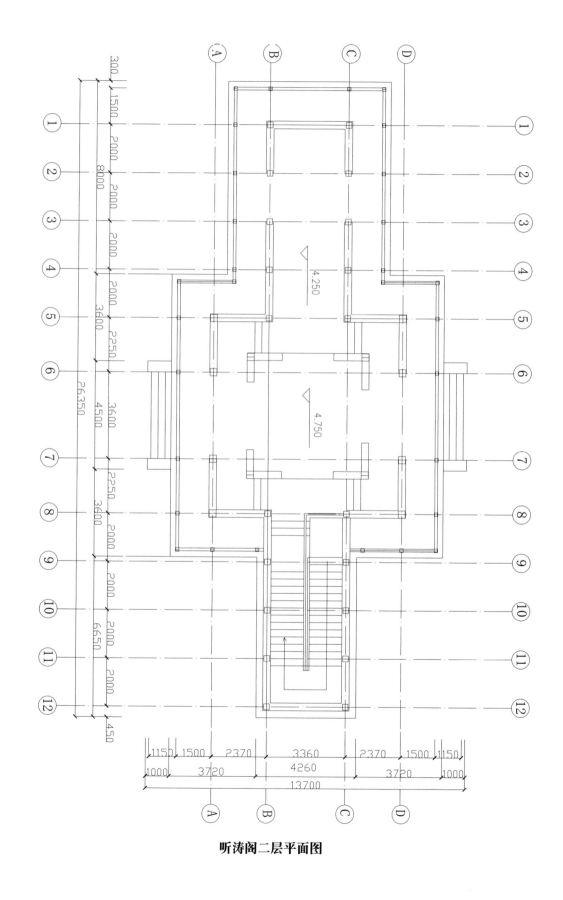

听涛阁二层平面图

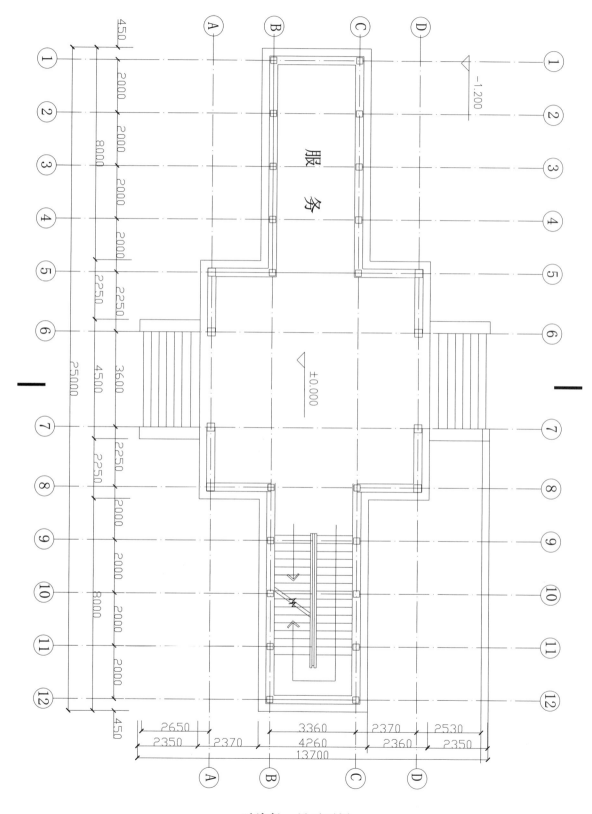

听涛阁一层平面图

> 中心广场景观设计施工图

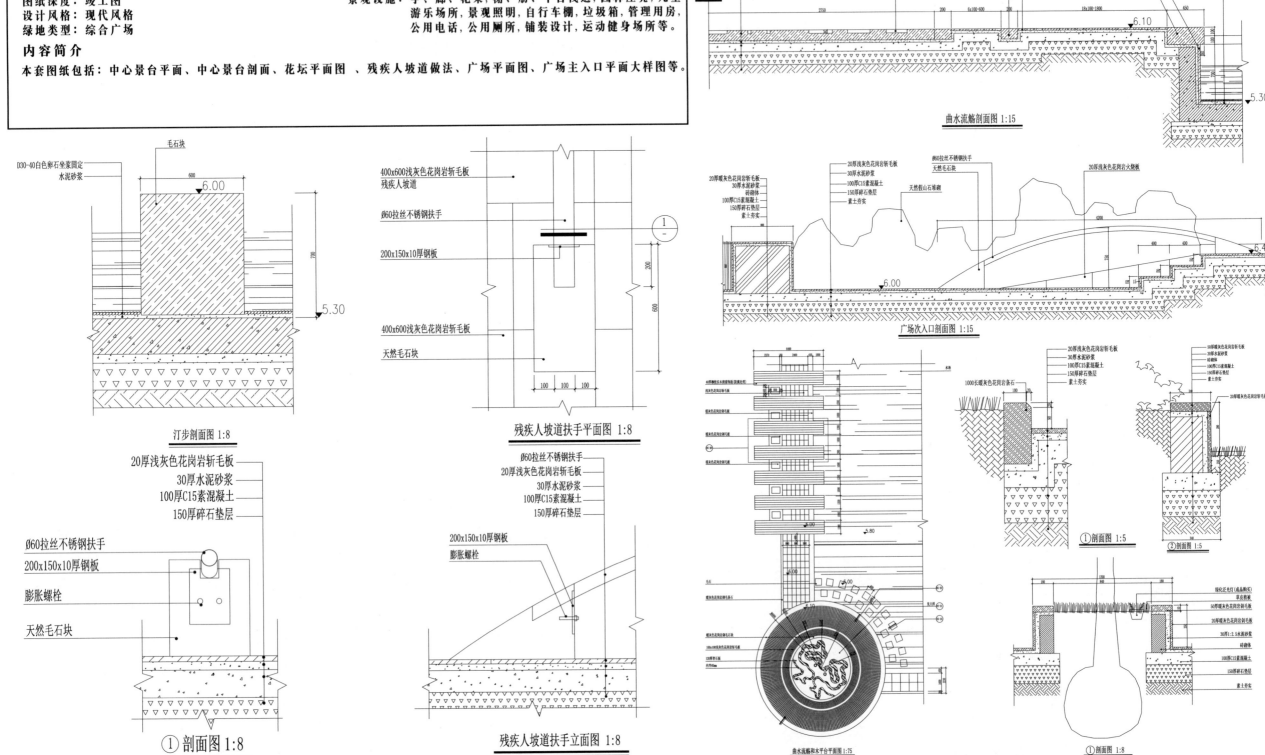

使用群体: 大众
图纸深度: 竣工图
设计风格: 现代风格
绿地类型: 综合广场

图纸张数: 42张
景观设施: 亭、廊、花架、榭、舫、平台栈道,园林座凳,儿童游乐场所,景观照明,自行车棚,垃圾箱,管理用房,公用电话,公用厕所,铺装设计,运动健身场所等。

内容简介

本套图纸包括:中心景台平面、中心景台剖面、花坛平面图 、残疾人坡道做法、广场平面图、广场主入口平面大样图等。

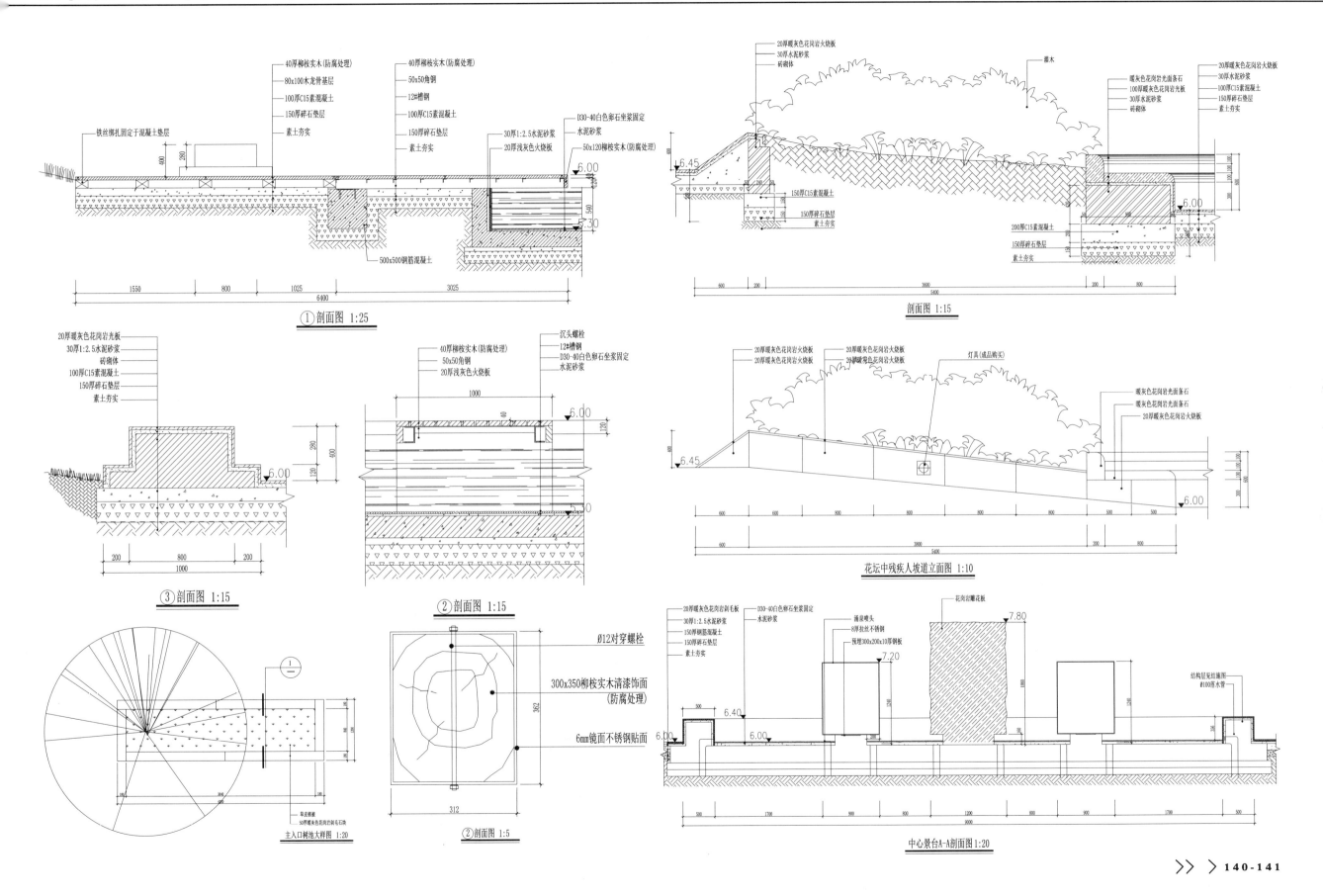

① 剖面图 1:25

③ 剖面图 1:15

② 剖面图 1:15

主入口树池大样图 1:20

② 剖面图 1:5

剖面图 1:15

花坛中残疾人坡道立面图 1:10

中心景台A-A剖面图 1:20

>大学汇文广场施工图

设计说明

使用群体：大众
图纸深度：竣工图
设计风格：现代风格
绿地类型：综合广场

景观设施：栏杆，树池，花坛，花钵等亭、廊、花架、棚、舫、平台栈道，园林座凳，景观照明，自行车棚，垃圾箱，公用电话，公用厕所，铺装设计，景墙，围墙，大门，树池花坛，雕塑，水景、喷泉，花钵花盆。

内容简介

本套图纸包括：大学汇文广场施工图，此图包括排水施工图、植物施工图、总平面图、电气系统及说明、电气配线平面图、电器施工图、结构施工图、主入口形象牌详图、花池及树池详图、踏步及植草砖详图、铺装大样及结构图、植物配置图等共计16张。

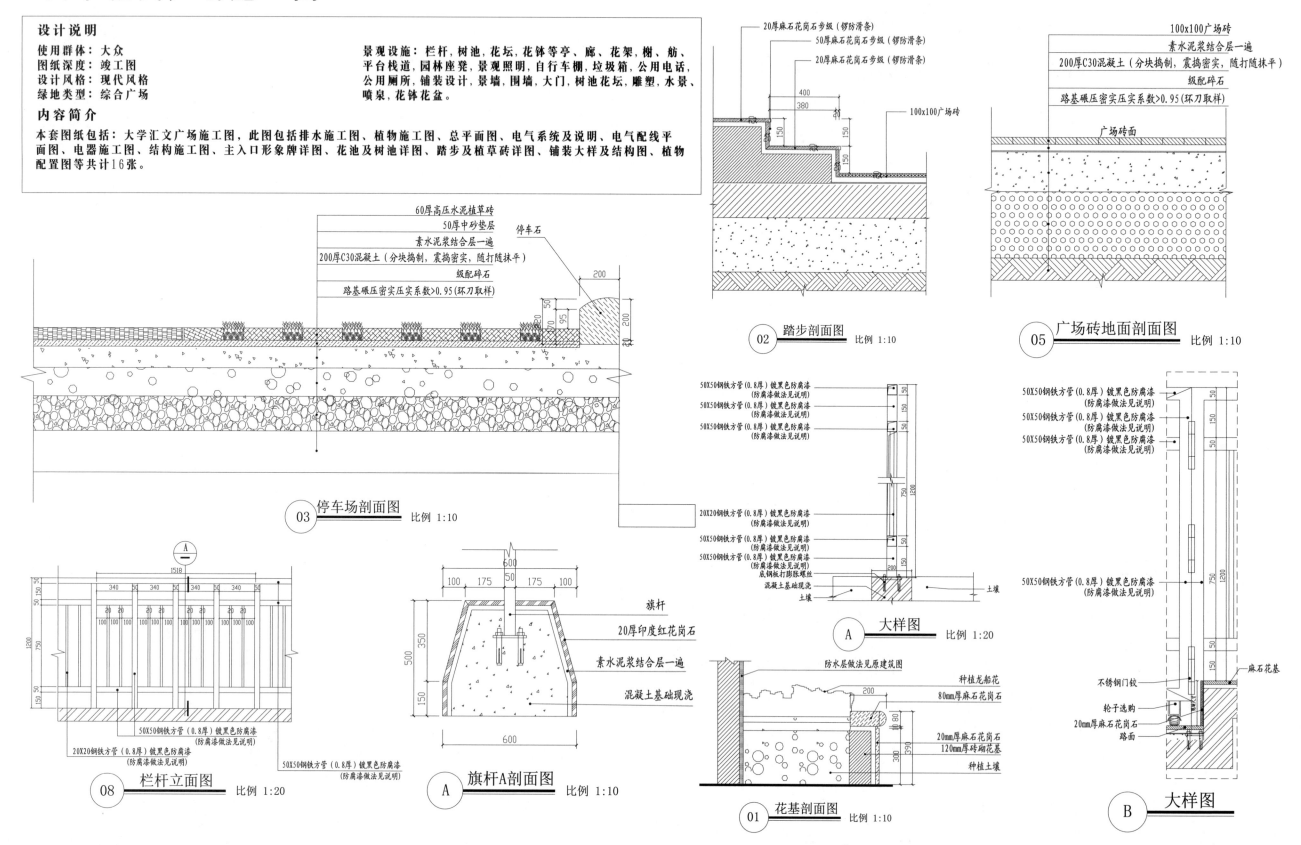

60厚高压水泥植草砖
50厚中砂垫层
素水泥浆结合层一遍
200厚C30混凝土（分块捣制，震捣密实，随打随抹平）
级配碎石
路基碾压实压实系数>0.95(环刀取样)
停车石

停车场剖面图　比例 1:10　03

20厚石花岗石步级（锣防滑条）
50厚麻石花岗石步级（锣防滑条）
20厚麻石花岗石步级（锣防滑条）
100x100广场砖

02　**踏步剖面图**　比例 1:10

100x100广场砖
素水泥浆结合层一遍
200厚C30混凝土（分块捣制，震捣密实，随打随抹平）
级配碎石
路基碾压实压实系数>0.95(环刀取样)
广场砖面

05　**广场砖地面剖面图**　比例 1:10

50X50钢铁方管（0.8厚）镀黑色防腐漆（防腐漆做法见说明）
50X50钢铁方管（0.8厚）镀黑色防腐漆（防腐漆做法见说明）
50X50钢铁方管（0.8厚）镀黑色防腐漆（防腐漆做法见说明）
20X20钢铁方管（0.8厚）镀黑色防腐漆（防腐漆做法见说明）
50X50钢铁方管（0.8厚）镀黑色防腐漆（防腐漆做法见说明）
50X50钢铁方管（0.8厚）镀黑色防腐漆（防腐漆做法见说明）
底钢板打膨胀螺丝
混凝土基础现浇
土壤

A　**大样图**　比例 1:20

50X50钢铁方管（0.8厚）镀黑色防腐漆（防腐漆做法见说明）
50X50钢铁方管（0.8厚）镀黑色防腐漆（防腐漆做法见说明）
50X50钢铁方管（0.8厚）镀黑色防腐漆（防腐漆做法见说明）
50X50钢铁方管（0.8厚）镀黑色防腐漆（防腐漆做法见说明）
麻石花基
不锈钢门铰
轮子选购
20mm厚麻石花岗石
路面

B　**大样图**

1518
50X50钢铁方管（0.8厚）镀黑色防腐漆（防腐漆做法见说明）
20X20钢铁方管（0.8厚）镀黑色防腐漆（防腐漆做法见说明）
50X50钢铁方管（0.8厚）镀黑色防腐漆（防腐漆做法见说明）

08　**栏杆立面图**　比例 1:20

旗杆
20厚印度红花岗石
素水泥浆结合层一遍
混凝土基础现浇

A　**旗杆A剖面图**　比例 1:10

防水层做法见原建筑图
种植龙船花
80mm厚麻石花岗石
20mm厚麻石花岗石
120mm厚砖砌花基
种植土壤

01　**花基剖面图**　比例 1:10

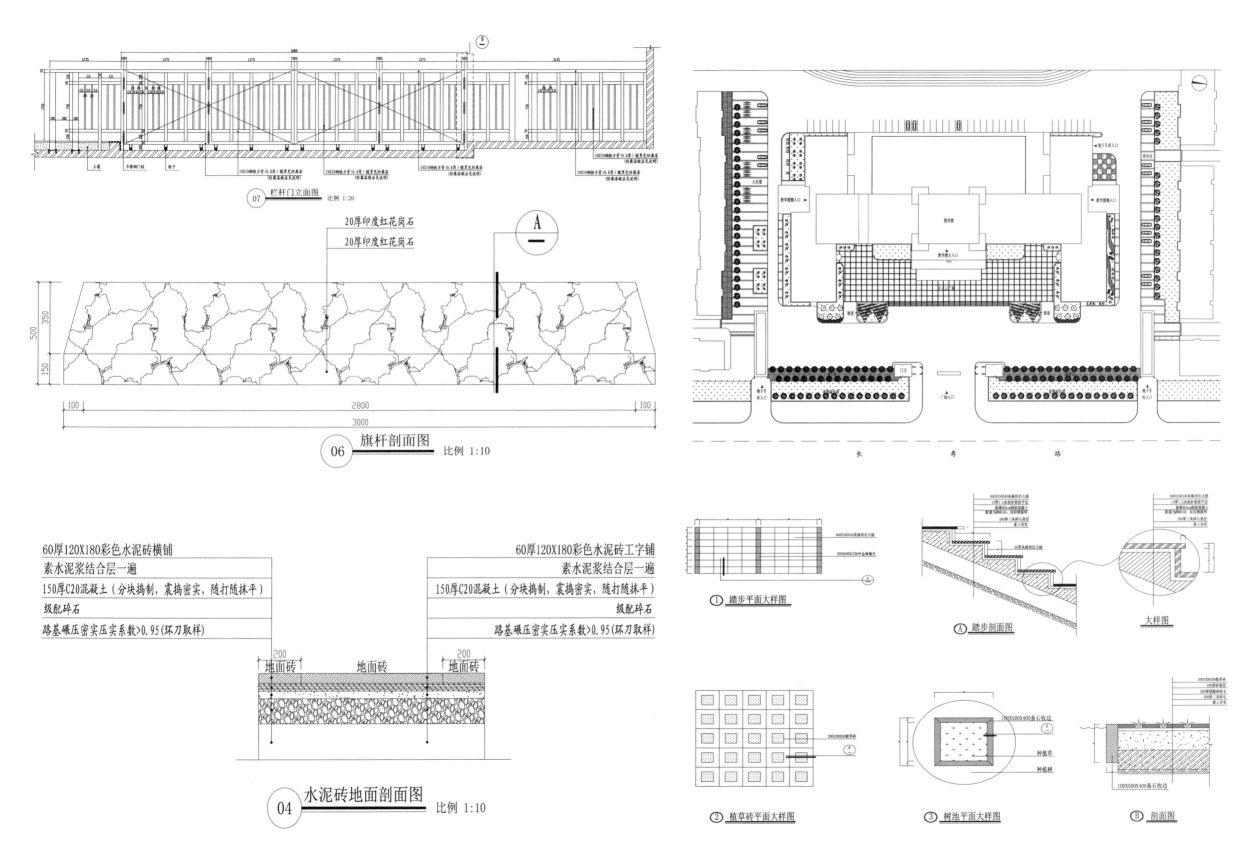

07 栏杆门立面图 比例 1:20

20厚印度红花岗石
20厚印度红花岗石

A

06 旗杆剖面图 比例 1:10

60厚120X180彩色水泥砖横铺
素水泥浆结合层一遍
150厚C20混凝土（分块捣制，震捣密实，随打随抹平）
级配碎石
路基碾压密实压实系数>0.95(环刀取样)

60厚120X180彩色水泥砖工字铺
素水泥浆结合层一遍
150厚C20混凝土（分块捣制，震捣密实，随打随抹平）
级配碎石
路基碾压密实压实系数>0.95(环刀取样)

地面砖   地面砖   地面砖

04 水泥砖地面剖面图 比例 1:10

① 踏步平面大样图

A 踏步剖面图

大样图

② 植草砖平面大样图

③ 树池平面大样图

B 剖面图

长 寿 路

> 福建商住社区入口广场园林景观工程施工图

设计说明

使用群体：大众
图纸深度：竣工图
设计风格：现代风格
绿地类型：综合广场

图纸张数：29张
景观设施：亭·廊·花架·平台·栈道·汀步,座凳·座椅,景墙·围墙,驳岸·挡土墙,栏杆,树池·花坛·花钵,水景设计,景观照明,停车场,标识系统等。

内容简介

本套图纸包括：设计说明、总平面图、设施定位图、竖向设计图、设施索引图、入口花池大样图、入口铺装大样图、休闲花架详图、直桥大样图、六角亭大样图、铺地大样图、汀步大样图、水池边广场铺装大样、坐凳详图、驳岸水池详图、台阶大样、跌水大样图、喷水池大样图、临水亭大样图、双亭大样图、假山跌水大样图等,共1个cad文件,29张图纸。

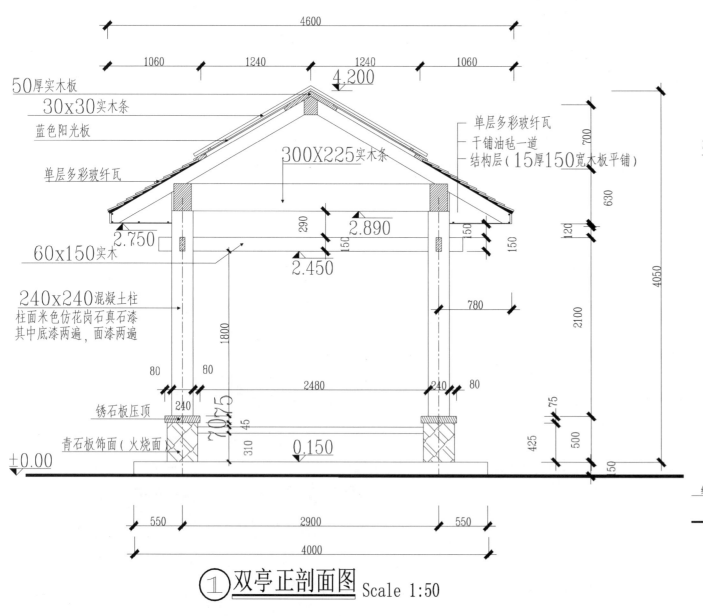

50厚实木板
30x30实木条
蓝色阳光板
单层多彩玻纤瓦

300X225实木条

60x150实木

240x240混凝土柱
柱面米色仿花岗石真石漆
其中底漆两遍,面漆两遍

锈石板压顶
青石板饰面(火烧面)

单层多彩玻纤瓦
干铺油毡一道
结构层(15厚150宽木板平铺)

① 双亭正剖面图 Scale 1:50

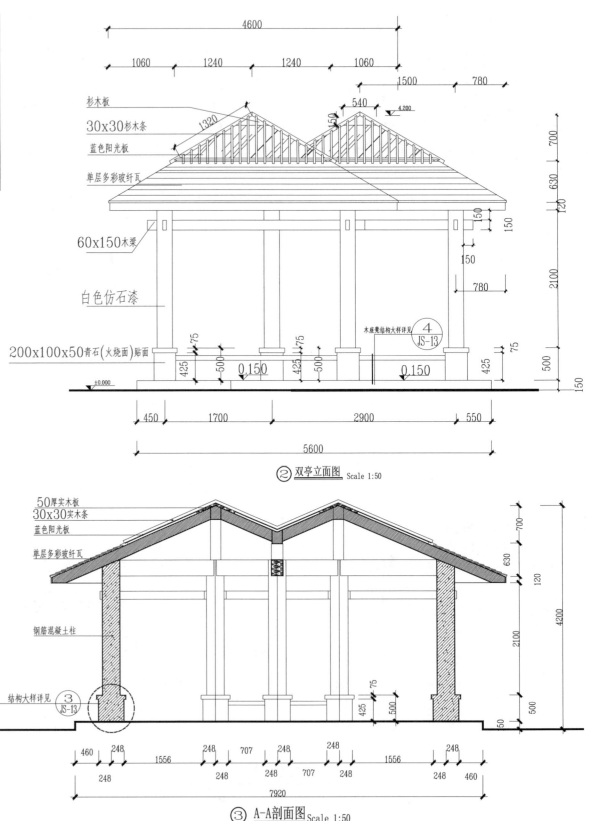

杉木板
30x30杉木条
蓝色阳光板
单层多彩玻纤瓦

60x150木梁

白色仿石漆

200x100x50青石(火烧面)贴面

木座凳结构大样详见 ④ JS-13

② 双亭立面图 Scale 1:50

50厚实木板
30x30实木条
蓝色阳光板
单层多彩玻纤瓦

钢筋混凝土柱

结构大样详见 ③ JS-13

③ A-A剖面图 Scale 1:50

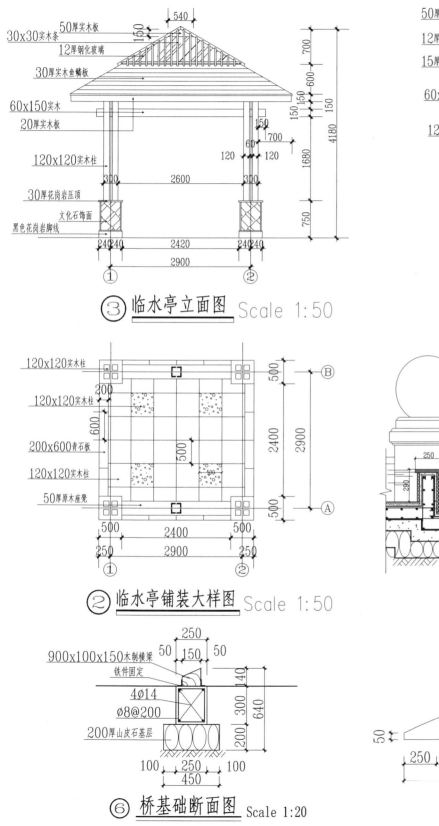

③ 临水亭立面图 Scale 1:50

② 临水亭铺装大样图 Scale 1:50

⑥ 桥基础断面图 Scale 1:20

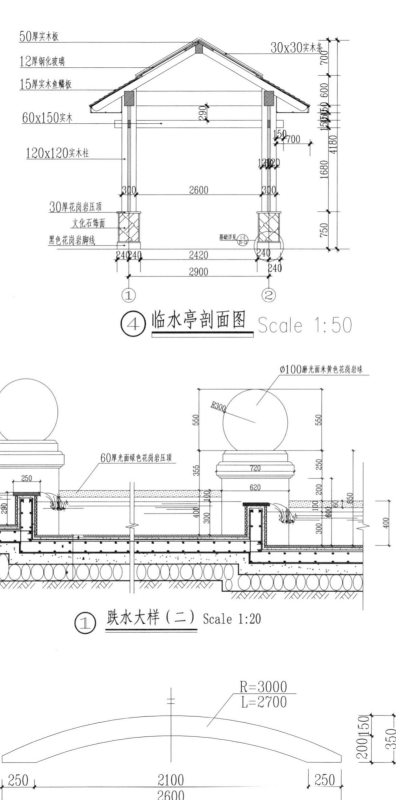

④ 临水亭剖面图 Scale 1:50

① 跌水大样（二）Scale 1:20

③ 木制桥纵梁大样图 Scale 1:20

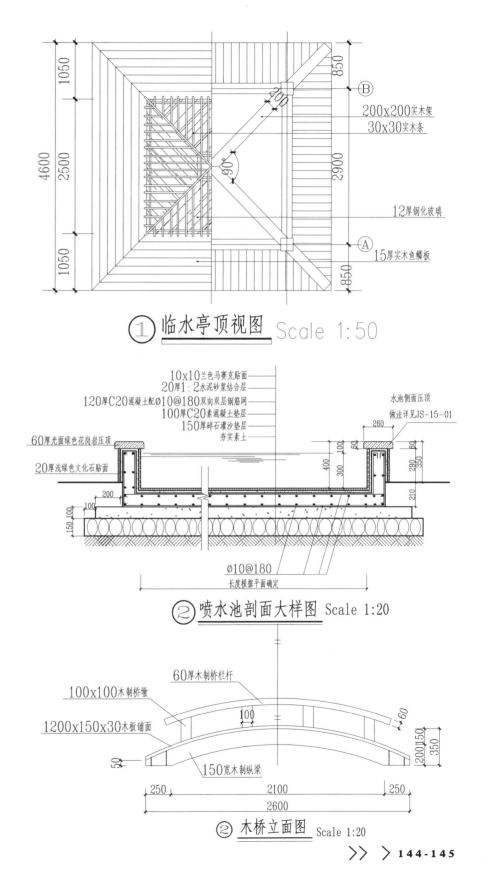

① 临水亭顶视图 Scale 1:50

② 喷水池剖面大样图 Scale 1:20

② 木桥立面图 Scale 1:20

〉上海国际广场环境景观扩初设计

设计说明

使用群体: 大众
图纸深度: 竣工图
设计风格: 现代风格
绿地类型: 综合广场

图纸张数: 102张
景观设施: 平台栈道,园林座凳,儿童游乐场所,景观照明,自行车棚,垃圾箱,管理用房,停车场,公用电话,公用厕所,铺装设计,景墙,围墙,大门,树池花坛等。

内容简介

本套图纸包括:物料目录、绿化总平、定线平面、标高及排水平面、灯具及灌溉龙头布置、地面铺设布置、种植平面、园林分区详图以及园林小品大样等共计102张cad图纸。

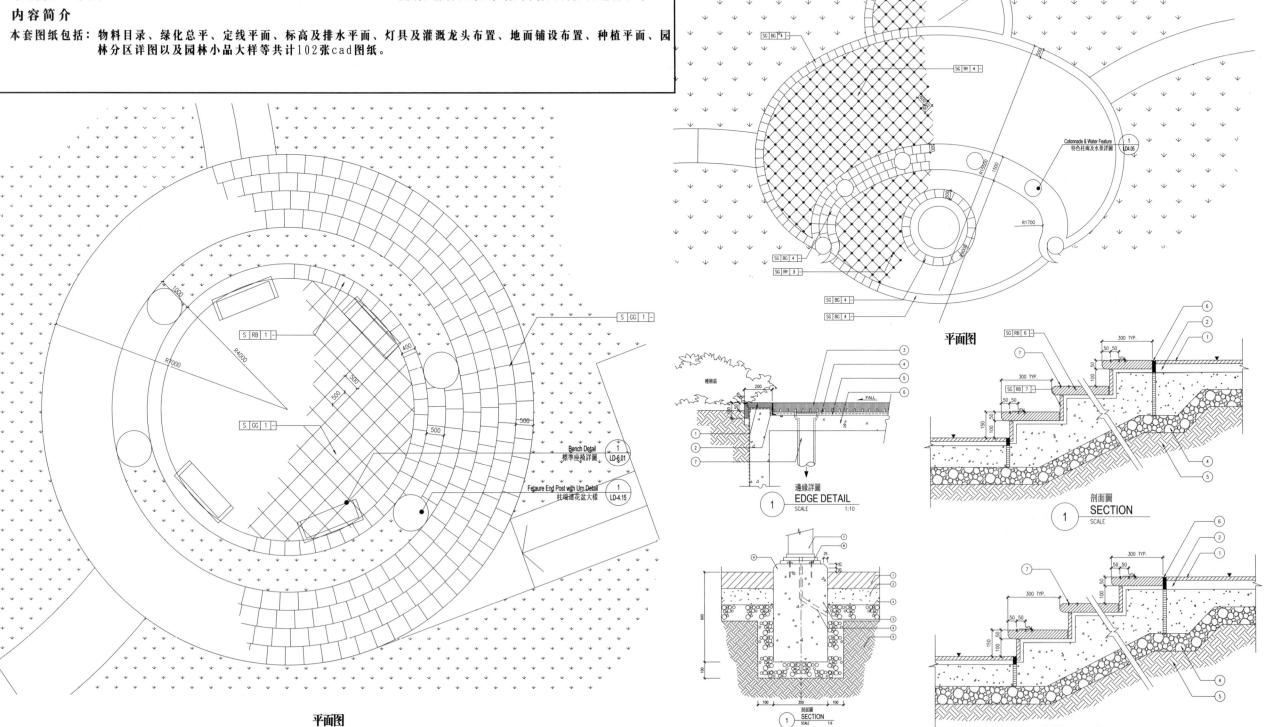

Bench Detail
标准座椅详图

Fetaure End Post with Urn Detail
柱墙连花盆大样

Colonnade & Water Feature
特色柱廊及水景详图

平面图

边缘详图
EDGE DETAIL
SCALE 1:10

剖面图
SECTION
SCALE

剖面图
SECTION
SCALE

平面图

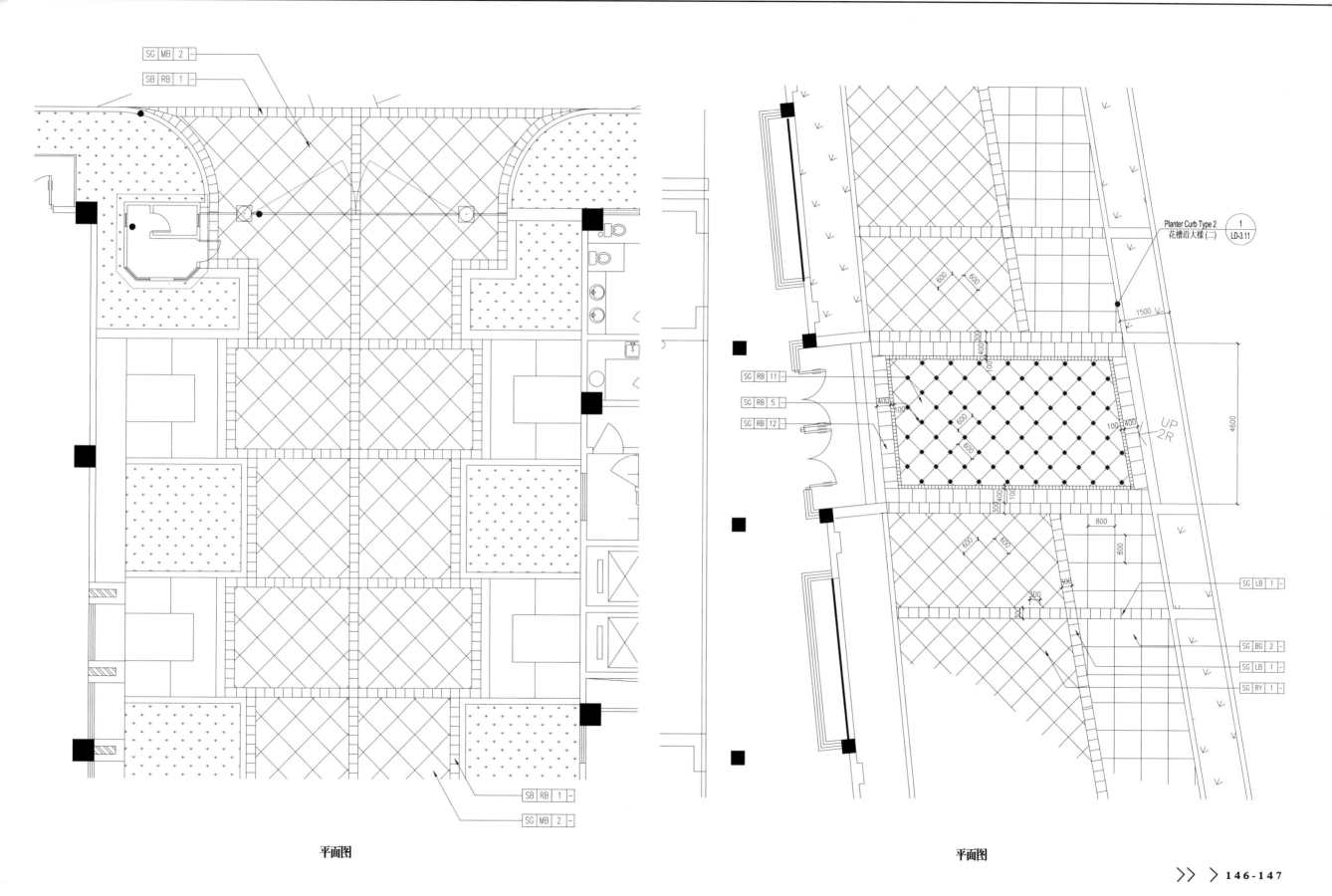

SG MB 2 -
SB RB 1 -

SG RB 11 -
SG RB 5 -
SG RB 12 -

Planter Curb Type 2
花槽沿大樣 (二)
1
LD-3.11

SB RB 1 -
SG MB 2 -

SG LB 1 -
SG BG 2 -
SG LB 1 -
SG RY 1 -

平面图

平面图

>深圳城市广场全套景观设计施工图

设计说明

使用群体：大众
图纸深度：竣工图
设计风格：现代风格
绿地类型：综合广场

图纸张数：132张
景观设施：亭、廊、花架、树、舫、平台栈道，园林座凳，儿童
游乐场所，景观照明，自行车棚，垃圾箱，管理用房，
停车场，公用电话，公用厕所，铺装设计等。

内容简介

本套图纸包括：封面、目录、概括说明、物料目录、总列表、指引图、定位图、标高图、排水灌溉图、结构标高指引图、
照明配置图、照明控制分区、纵剖面图、标准种植槽详图、标准台阶和壁墙详图、铺面详图、水景详图、
泳池和温泉详图、景观照明详图等共计132张CAD图纸。

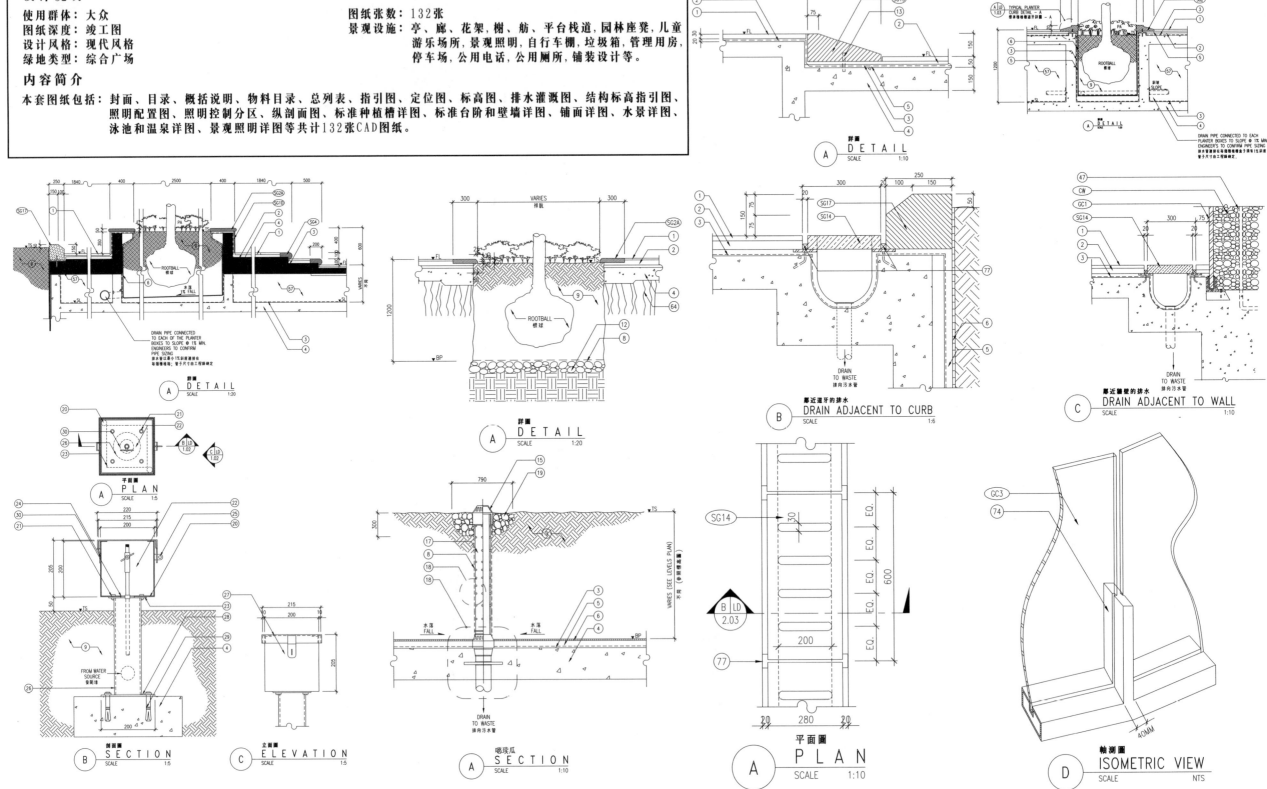

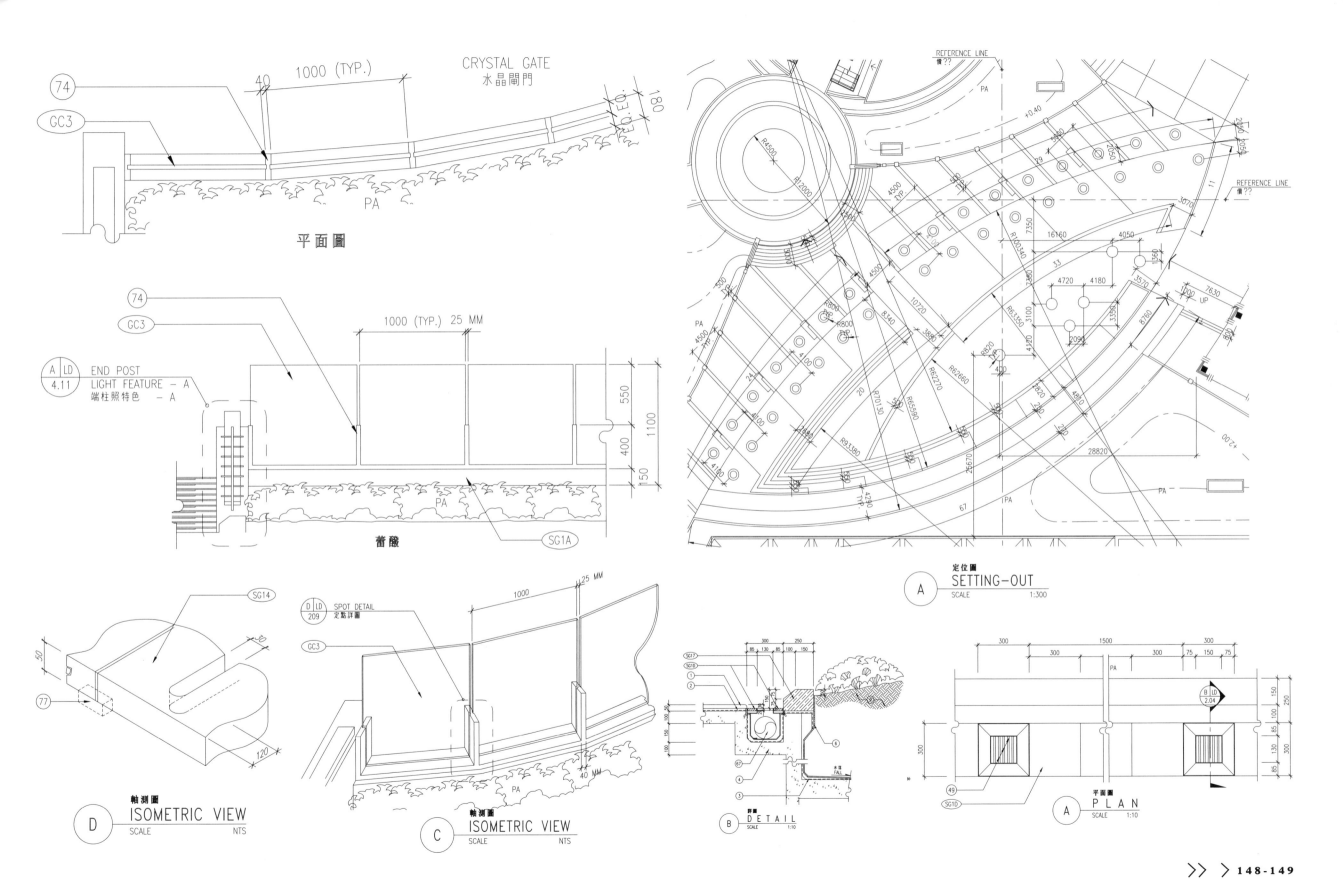

CRYSTAL GATE
水晶閘門

1000 (TYP.)
40

74
GC3

PA

平面圖

74
GC3

1000 (TYP.) 25 MM

A|LD
4.11
END POST
LIGHT FEATURE - A
端柱照特色 - A

550
1100
400
150

PA

蓄稜

SG1A

SG14
77

ISOMETRIC VIEW
D
SCALE   NTS

50
120
30

D|LD
209
SPOT DETAIL
定點詳圖
GC3

1000   25 MM

PA
40 MM

ISOMETRIC VIEW
C
SCALE   NTS
軸測圖

SG17
SG10
1
2
67
4
3
6

DETAIL
B
詳圖   1:10

PLAN
A
平面圖   1:10
SCALE

300   1500   300
300   300 75 150 75
PA
150
250
100
85
130
300
85

B|LD
2.04

49
SG10

300

定位圖
SETTING-OUT
A
SCALE   1:300

REFERENCE LINE
PA
+0.40
REFERENCE LINE
3070
16160   4050
4720 4180
R4500
R12000
R100340
R65590
R62270
R62660
R70130
R93380
R800
R800
R820
4500
4500
4100
4100
4180
4290
28820
67
PA
+2.00
7630
1000 UP

>重庆商住社区广场景观工程施工图

设计说明

使用群体: 大众
图纸深度: 施工图
设计风格: 现代风格
绿地类型: 综合广场

图纸张数: 20张
景观设施: 亭·廊·花架,平台·栈道·汀步,座凳·座椅,景墙·围墙·驳岸·挡土墙,大门,栏杆,树池·花坛花钵,雕塑,水景设计,景观照明等。

内容简介

本套图纸包括:设计说明、总平面定位图、前区商业广场平面图、商业街大样图、后区入口广场大样图、水景广场平面图水景区大样图、水景区小瀑布大样图、斜坡花池大样图、阶梯花池及树池大样图、绿草看台大样图、景观栏杆及花池边大样图、踏步大样图、入口水景大样图、标志台大样图、乔木平面布置图、地被及灌木植被植物平面布置图、层叠花池绿化布置图等,共20个CAD文件。

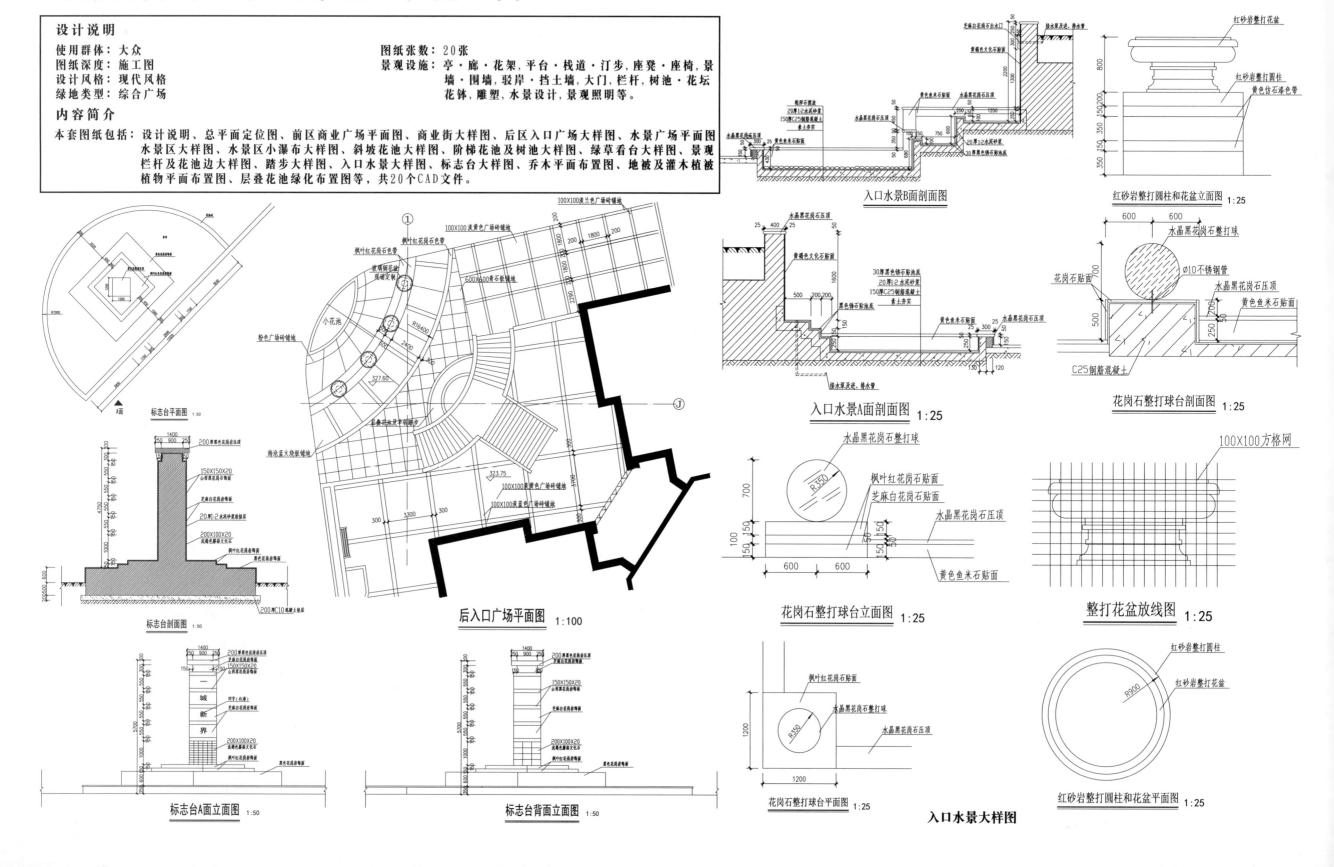

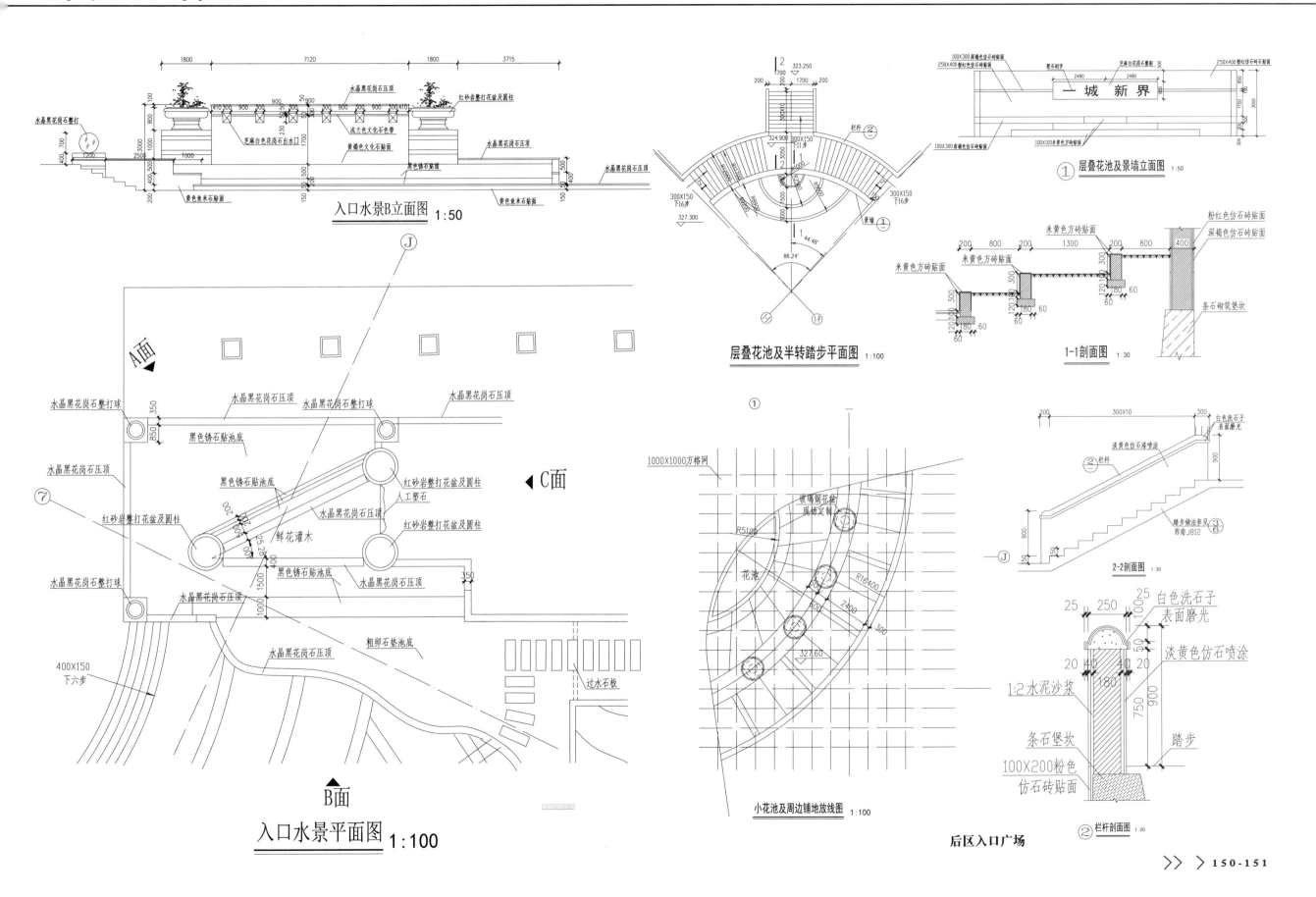

入口水景B立面图 1:50

入口水景平面图 1:100

层叠花池及半转踏步平面图 1:100

小花池及周边铺地放线图 1:100

① 层叠花池及景墙立面图 1:50

一 城 新 界

1-1剖面图 1:30

2-2剖面图 1:30

② 栏杆剖面图 1:20

后区入口广场

>江苏城市广场全套施工图

设计说明

使用群体：大众
图纸深度：施工图
设计风格：现代风格
绿地类型：综合广场

图纸张数：24张
景观设施：平台栈道，园林座凳，儿童游乐场所，景观照明，垃圾箱，管理用房，公用电话，铺装设计，景墙，围墙，大门，树池花坛，雕塑，水景，喷泉，花钵花盆等。

内容简介

本套图纸包括：设计与施工说明、平面图、铺装图、放线图、给排水图、照明设计图、供电设计图、植物设计图、小品与设施（矮墙、树池、花池、路、花架、棚架、木桥）等。

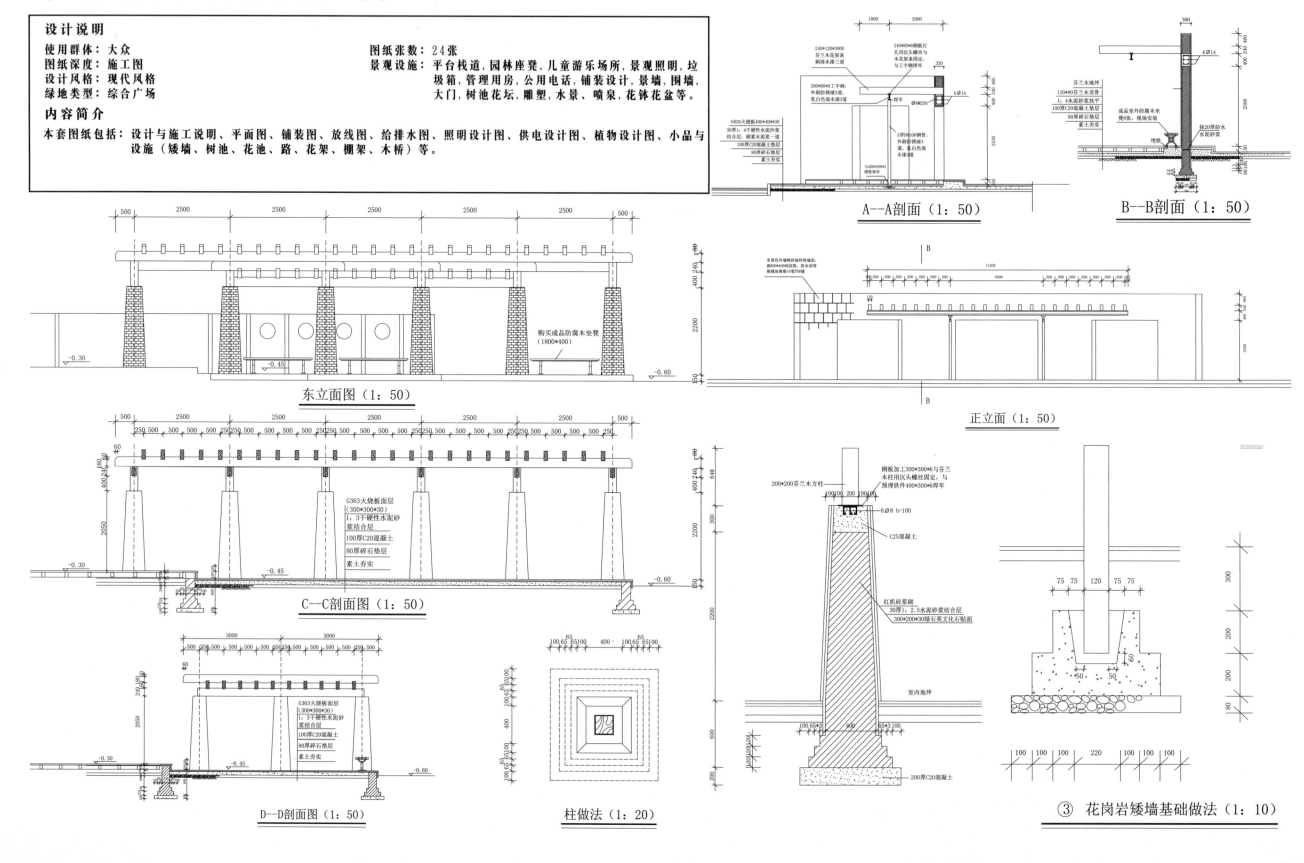

A—A剖面（1：50）

B—B剖面（1：50）

东立面图（1：50）

正立面（1：50）

C—C剖面图（1：50）

D—D剖面图（1：50）

柱做法（1：20）

③ 花岗岩矮墙基础做法（1：10）

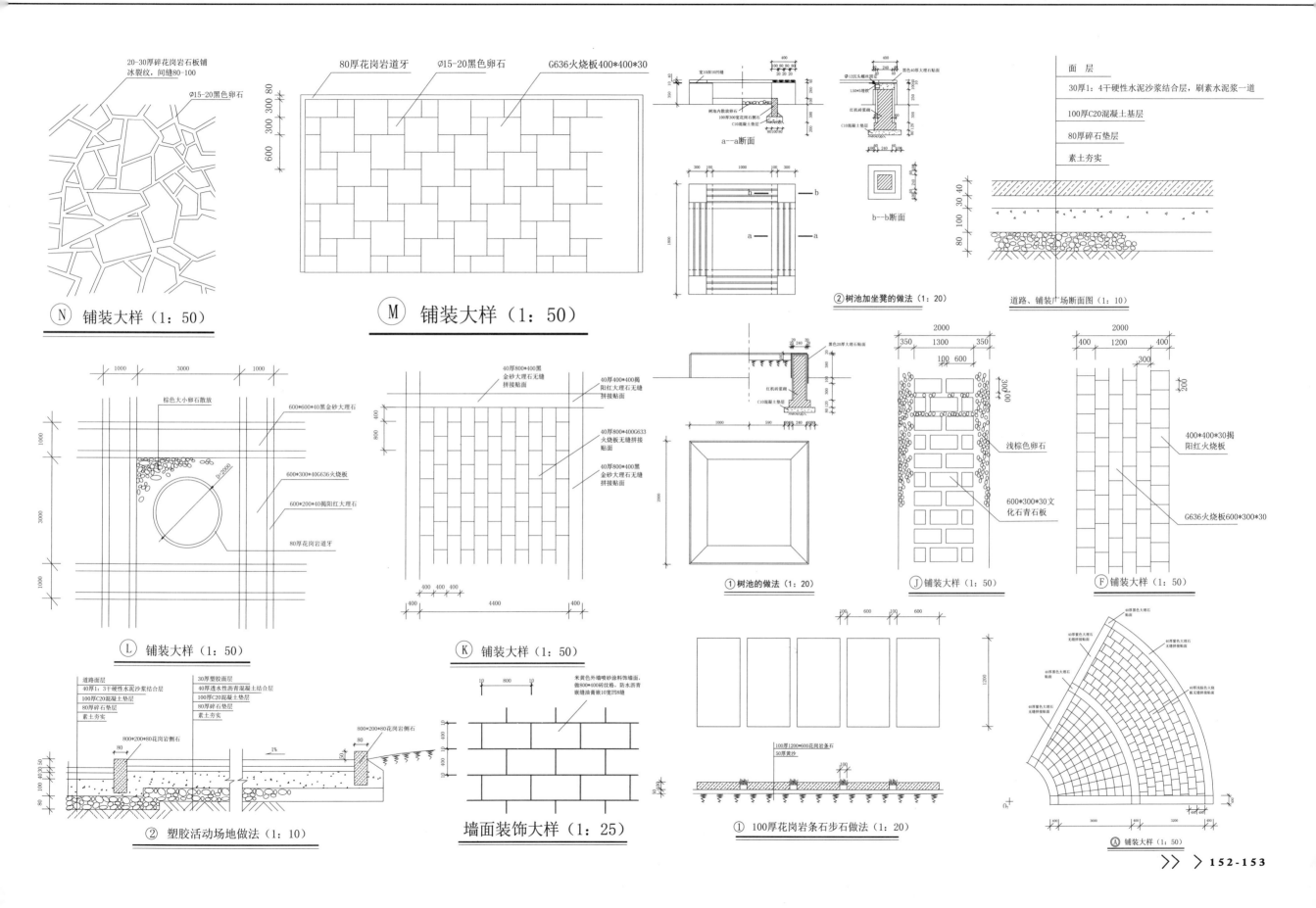

20-30厚碎花岗岩石板铺
冰裂纹，间缝80-100
Ø15-20黑色卵石

Ⓝ 铺装大样（1：50）

80厚花岗岩道牙　Ø15-20黑色卵石　G636火烧板400*400*30

Ⓜ 铺装大样（1：50）

a—a断面
b—b断面

② 树池加坐凳的做法（1：20）

面　层
30厚1：4干硬性水泥沙浆结合层，刷素水泥浆一道
100厚C20混凝土基层
80厚碎石垫层
素土夯实

道路、铺装广场断面图（1：10）

棕色大小卵石散放
600*600*40黑金砂大理石
600*300*40G636火烧板
600*200*40揭阳红大理石
80厚花岗岩道牙

Ⓛ 铺装大样（1：50）

40厚800*400黑
金砂大理石无缝
拼接贴面
40厚400*400揭
阳红大理石无缝
拼接贴面
40厚800*400G633
火烧板无缝拼接
贴面
40厚800*400黑
金砂大理石无缝
拼接贴面

Ⓚ 铺装大样（1：50）

① 树池的做法（1：20）

浅棕色卵石
600*300*30文
化石青石板

Ⓙ 铺装大样（1：50）

400*400*30揭
阳红火烧板
G636火烧板600*300*30

Ⓕ 铺装大样（1：50）

道路面层
40厚1：3干硬性水泥沙浆结合层
100厚C20混凝土垫层
80厚碎石垫层
素土夯实
800*200*80花岗岩侧石

30厚塑胶面层
40厚透水性沥青混凝土结合层
100厚C20混凝土垫层
80厚碎石垫层
素土夯实

② 塑胶活动场地做法（1：10）

800*200*80花岗岩侧石

米黄色外墙喷砂涂料饰墙面，
做800*400砖纹线，防水沥青
嵌缝油膏嵌10宽凹8缝

墙面装饰大样（1：25）

100厚1200*600花岗岩条石
50厚黄沙

① 100厚花岗岩条石步石做法（1：20）

Ⓐ 铺装大样（1：50）

>城西街道政府广场景观工程

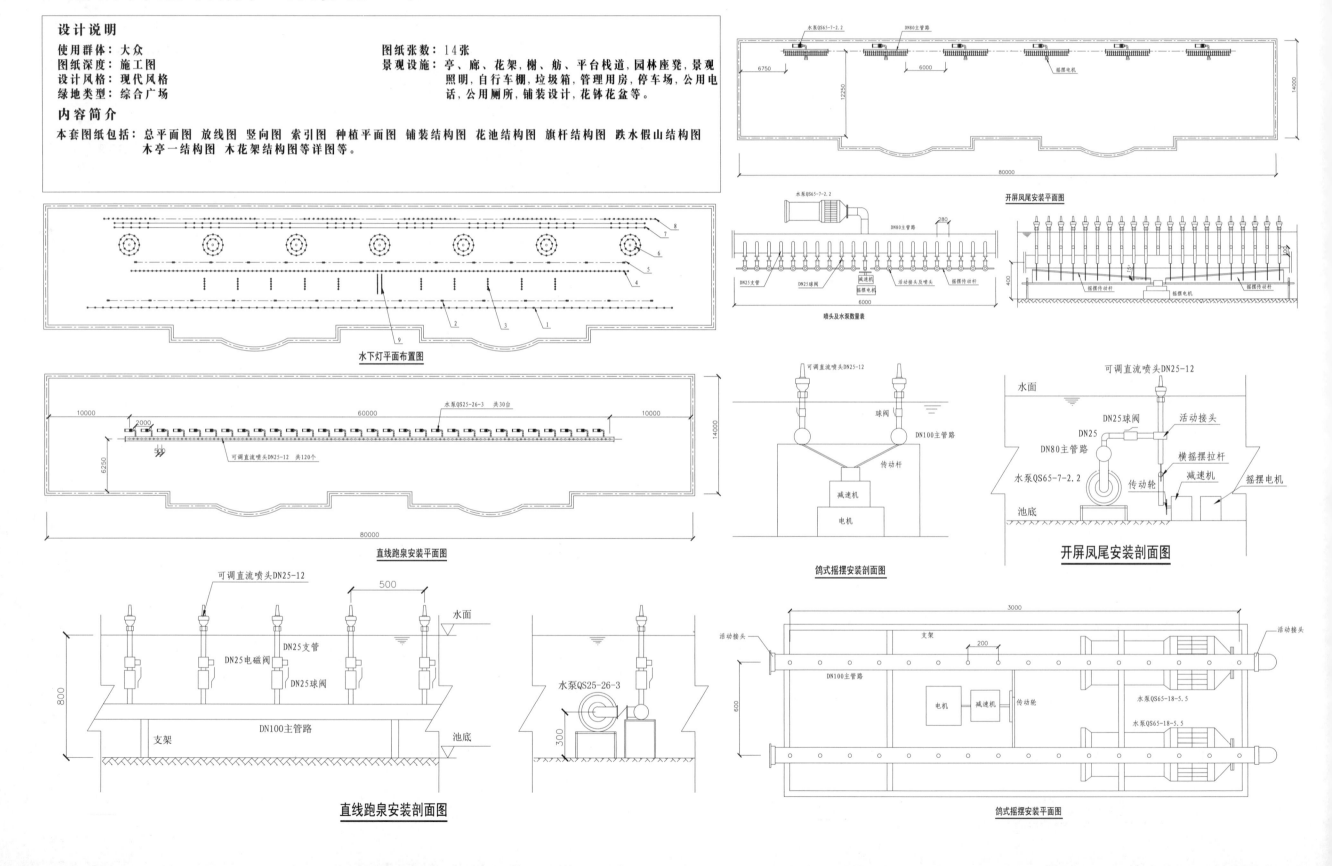

设计说明

使用群体: 大众
图纸深度: 施工图
设计风格: 现代风格
绿地类型: 综合广场

图纸张数: 14张
景观设施: 亭、廊、花架、榭、舫、平台栈道,园林座凳,景观
照明,自行车棚,垃圾箱,管理用房,停车场,公用电
话,公用厕所,铺装设计,花钵花盆等。

内容简介

本套图纸包括: 总平面图 放线图 竖向图 索引图 种植平面图 铺装结构图 花池结构图 旗杆结构图 跌水假山结构图
木亭一结构图 木花架结构图等详图等。

水下灯平面布置图

直线跑泉安装平面图

开屏凤尾安装平面图

喷头及水泵数量表

鸽式摇摆安装剖面图

开屏凤尾安装剖面图

直线跑泉安装剖面图

鸽式摇摆安装平面图

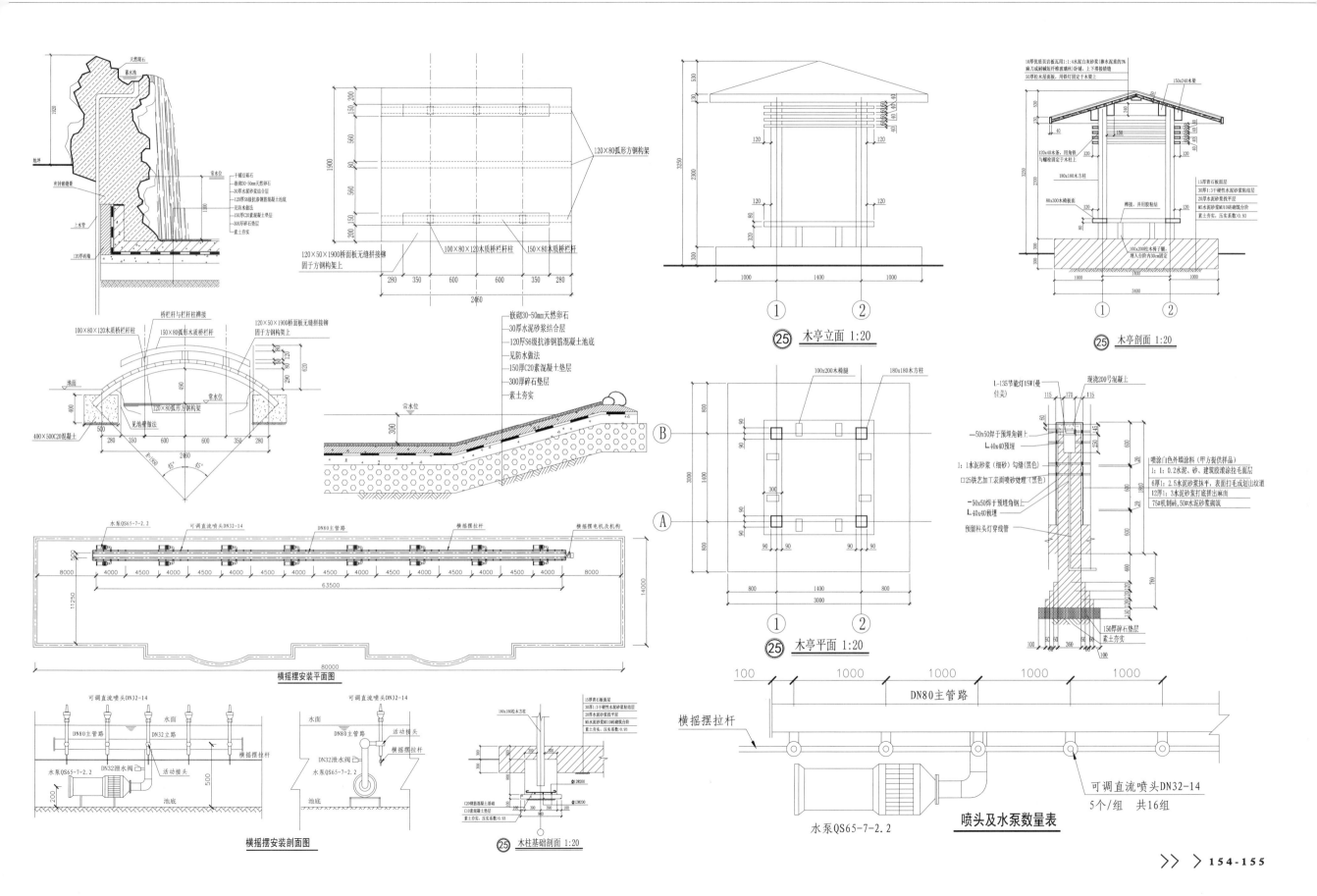

木亭立面 1:20

木亭剖面 1:20

木亭平面 1:20

横摇摆安装平面图

横摇摆安装剖面图

木柱基础剖面 1:20

喷头及水泵数量表

可调直流喷头DN32-14
5个/组 共16组

水泵QS65-7-2.2

>道路广场种植铺装设计图

设计说明

使用群体：大众
图纸深度：施工图
设计风格：现代风格
绿地类型：综合广场

图纸张数：4张
景观设施：景观索引平面图，种植总平面图，苗木表，乔灌种植图等。

内容简介

本套图纸包括：广场铺装及索引图、绿化种植平面图、苗木表，共1个CAD文件，4张图纸。

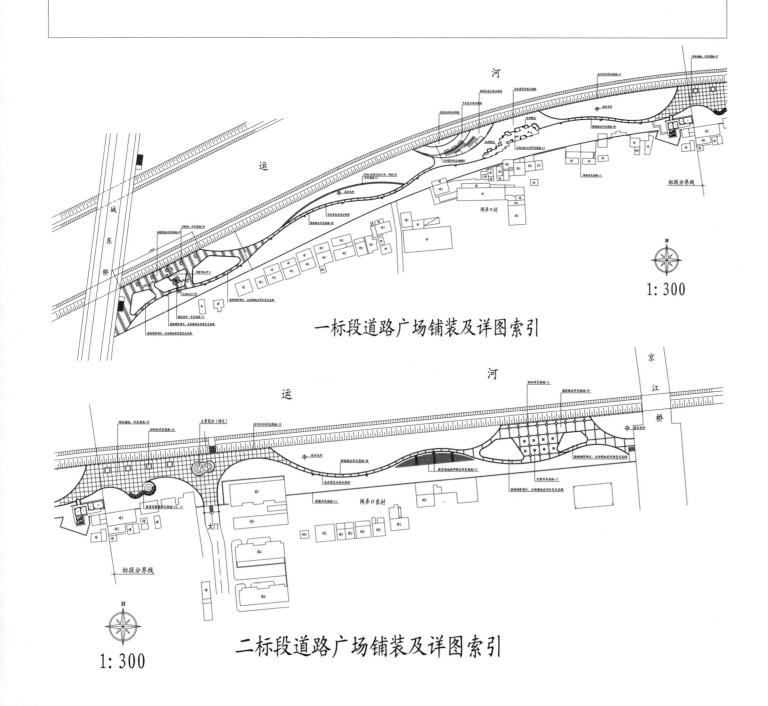

一标段道路广场铺装及详图索引

1:300

二标段道路广场铺装及详图索引

1:300

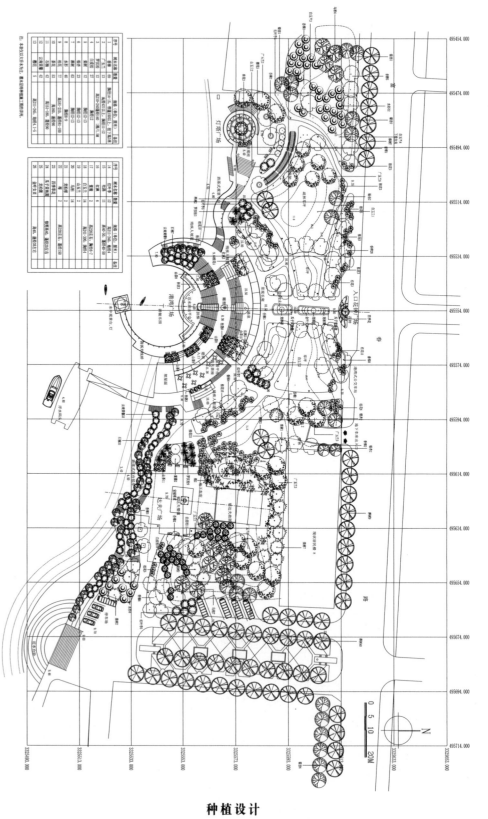

种植设计

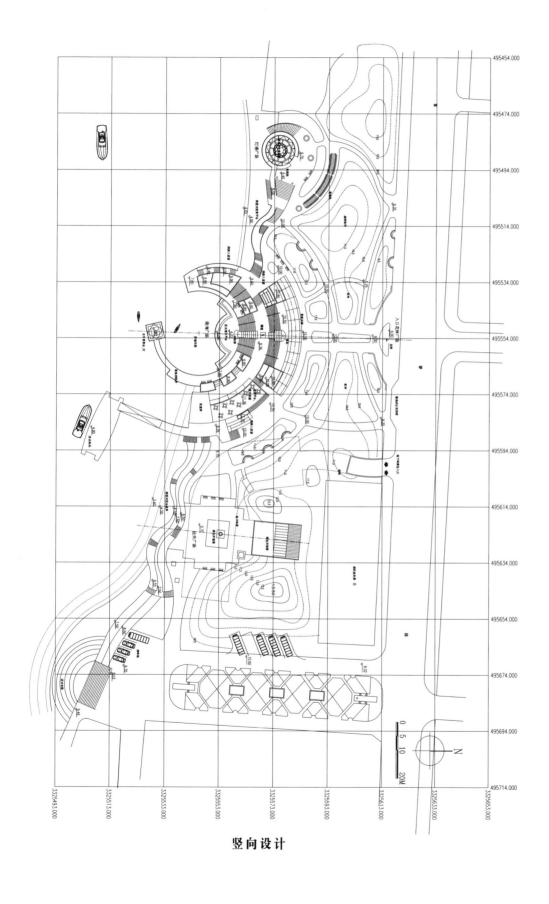

竖向设计

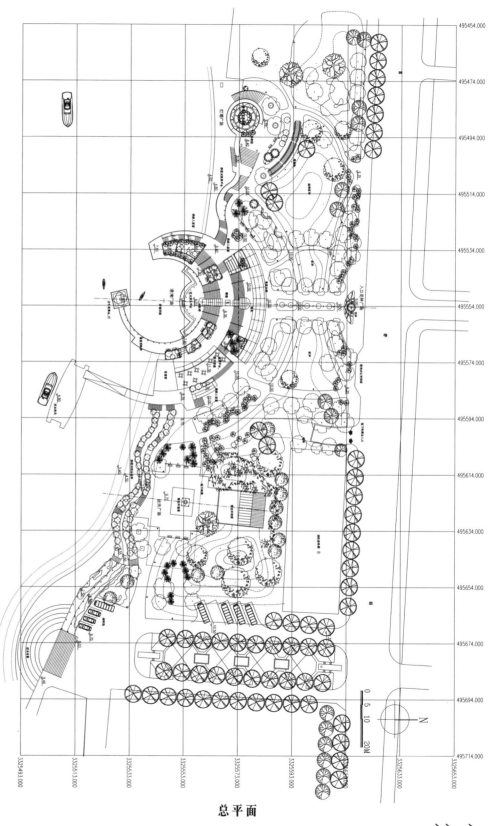

总平面

> 富阳中心广场初步设计全套图纸

设计说明

使用群体：大众
图纸深度：施工图
设计风格：现代风格
绿地类型：综合广场

图纸张数：14张
景观设施：亭、廊、花架、榭、舫、平台栈道，园林座凳，景观
照明，自行车棚，垃圾箱，停车场，公用电话，公用厕
所，铺装设计，景墙，围墙，树池花坛，雕塑等。

内容简介

本套图纸包括：总平、竖向、种植、照明及局部建筑小品施工详图等共计14张图纸。

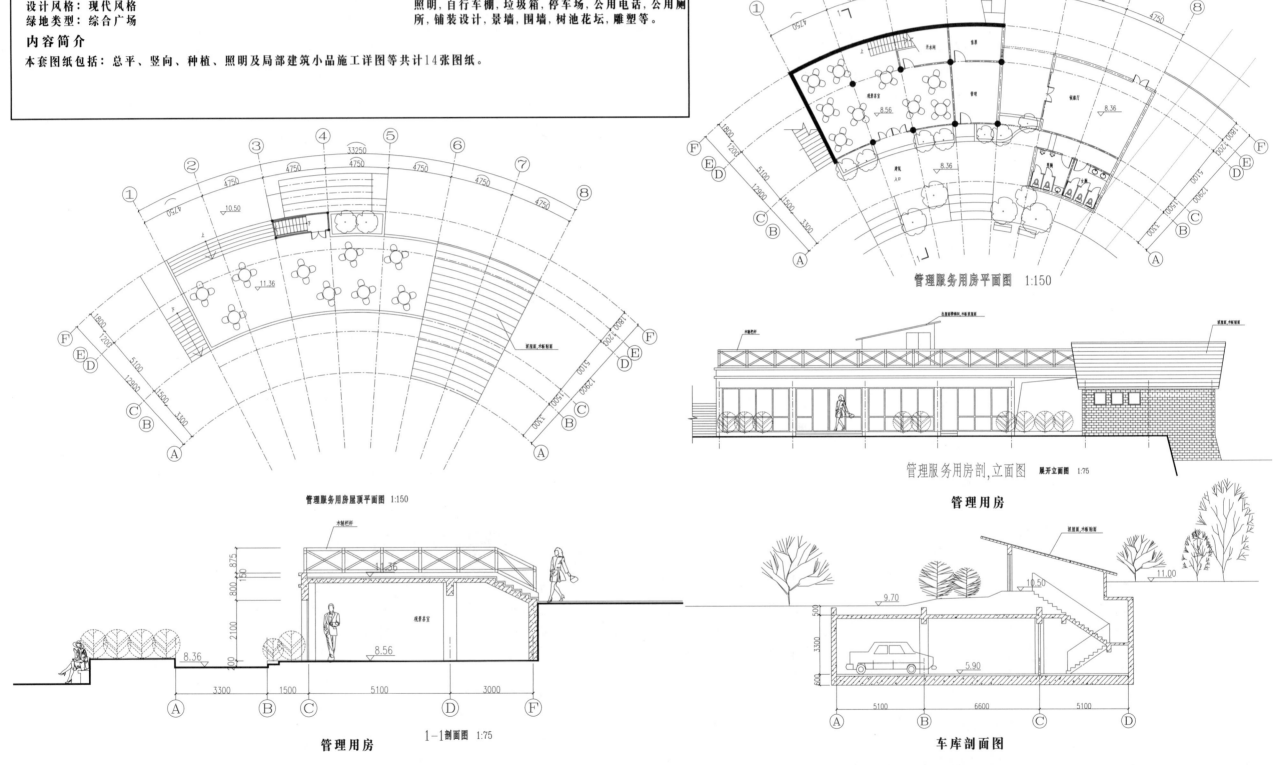

管理服务用房屋顶平面图 1:150

管理服务用房平面图 1:150

管理服务用房剖,立面图　展开立面图 1:75

管理用房

管理用房

1—1剖面图 1:75

车库剖面图

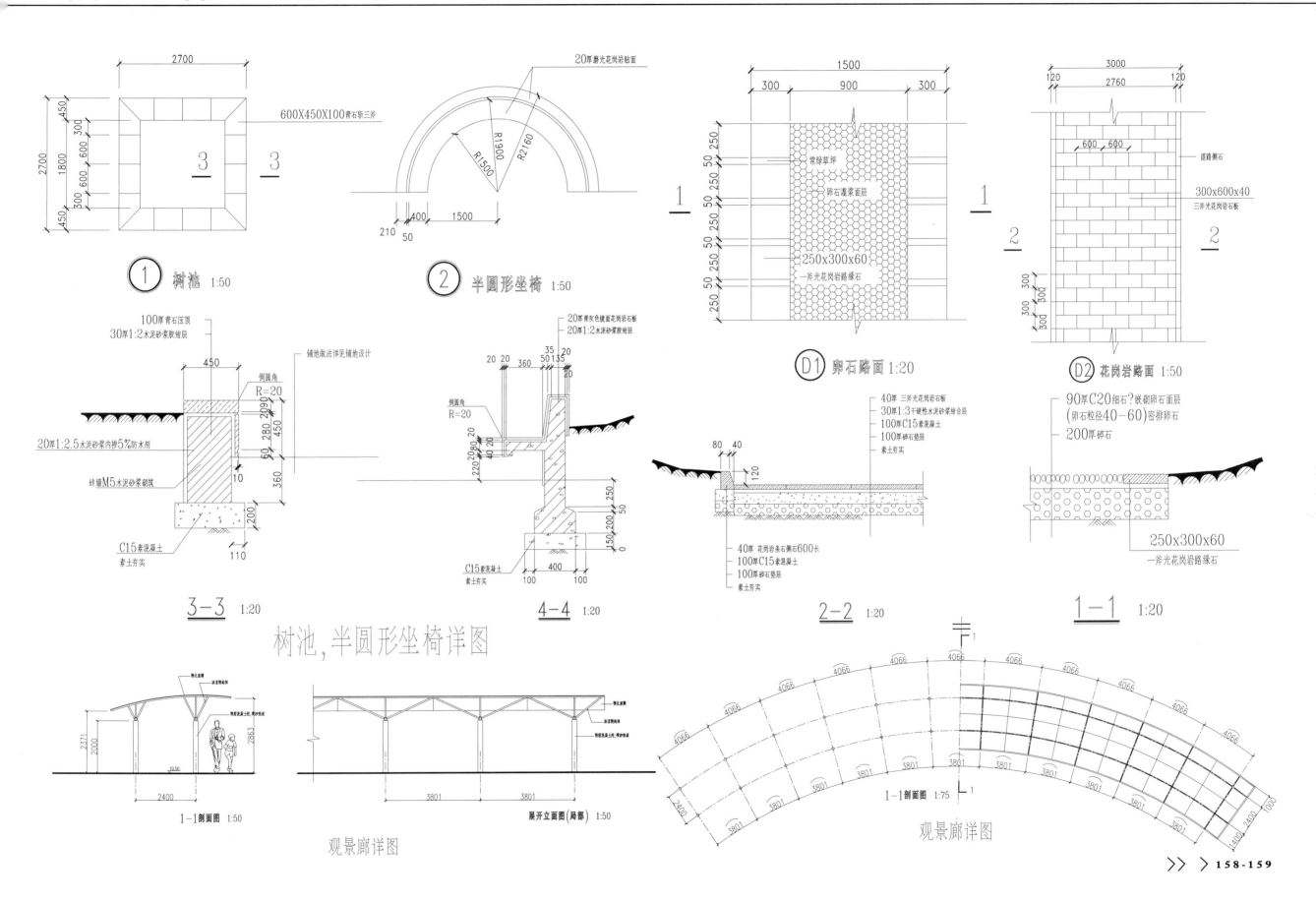

① 树池 1:50

② 半圆形坐椅 1:50

D1 卵石路面 1:20

D2 花岗岩路面 1:50

3-3 1:20

4-4 1:20

2-2 1:20

1-1 1:20

树池,半圆形坐椅详图

1-1剖面图 1:50

展开立面图(局部) 1:50

观景廊详图

1-1剖面图 1:75

观景廊详图

>广场规划图纸

设计说明

使用群体：大众
图纸深度：方案（初设图）
设计风格：现代风格
绿地类型：综合广场

图纸张数：1张
景观设施：管理用房，停车场，公用电话，公用厕所，铺装设计，景墙，围墙，大门，树池花坛，雕塑，水景、喷泉，花钵花盆等。

内容简介

本套图纸包括：规划方案平面图，共计1张图纸。

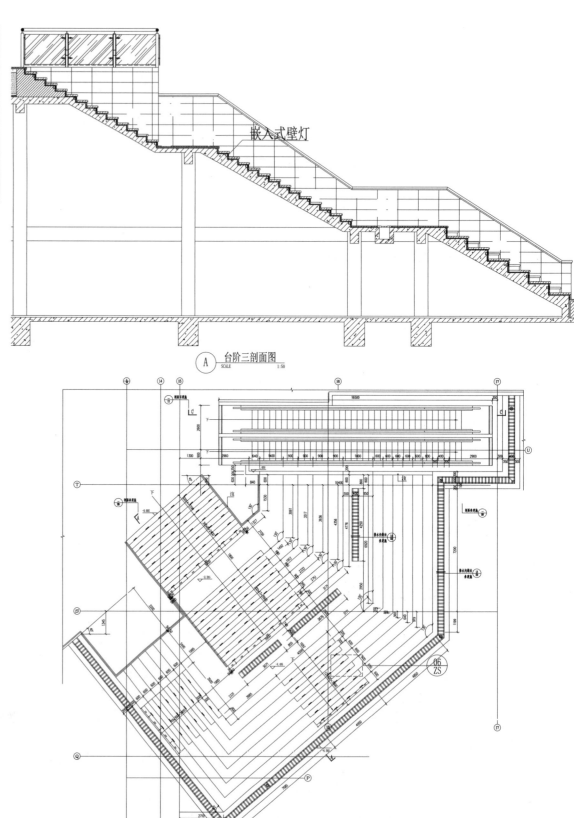

(A) 台阶三剖面图   SCALE 1:50

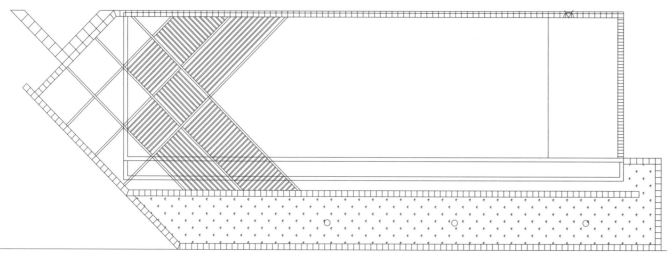

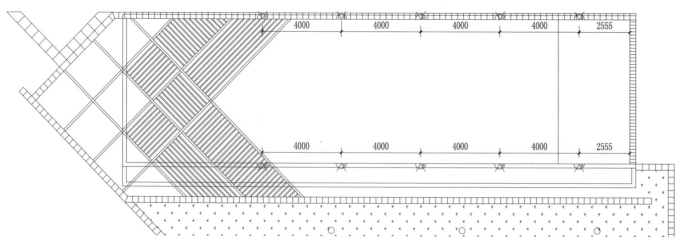

地下车库入口照明布置图

13号楼梯放大平面图 1:1

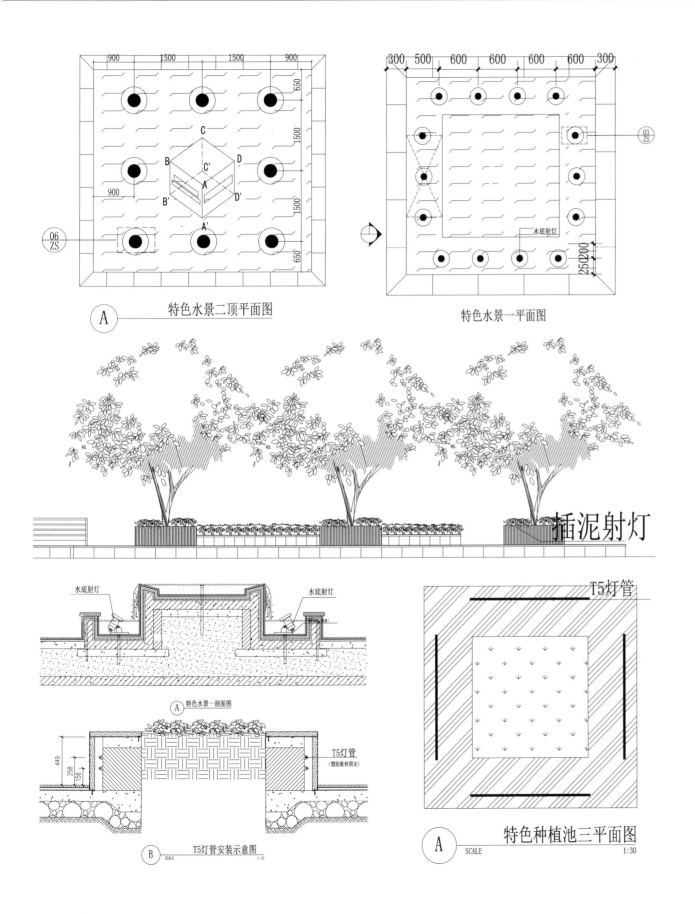

特色水景二顶平面图

特色水景一平面图

插泥射灯

T5灯管

特色水景一剖面图

T5灯管安装示意图

特色种植池三平面图

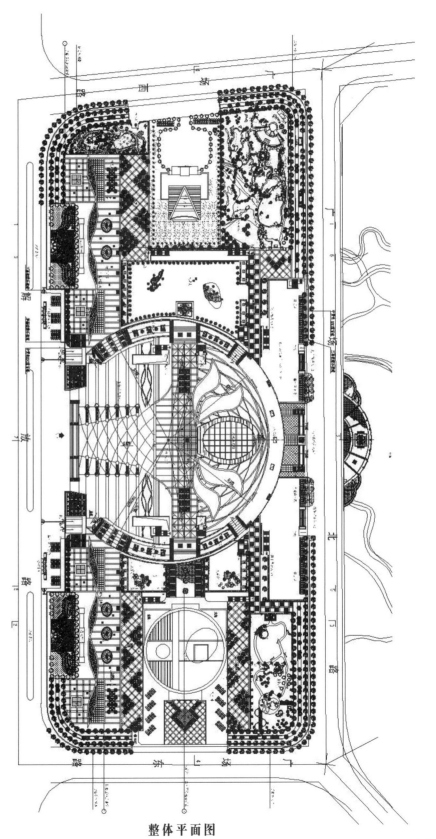

整体平面图

> 广东省东莞市人民广场施工图

设计说明

使用群体: 大众
图纸深度: 施工图
设计风格: 现代风格
绿地类型: 综合广场

图纸张数: 40张
景观设施: 平台栈道, 园林座凳, 儿童游乐场所, 景观照明, 自行车棚, 垃圾箱, 管理用房, 停车场, 公用电话, 公用厕所, 铺装设计, 景墙, 围墙, 大门等。

内容简介

本套图纸包括: 总平面、竖向布置、道路分仓、各分区平面、竖向以及详图等共约40张图纸。

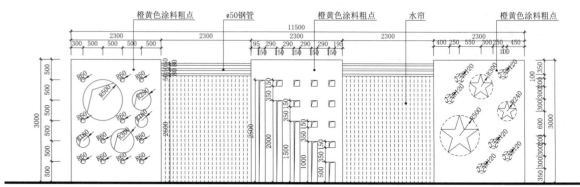

景墙D(橙黄)立面图 1:50

景墙F(湖蓝)立面图 1:50

景墙G(朱红)立面图 1:50

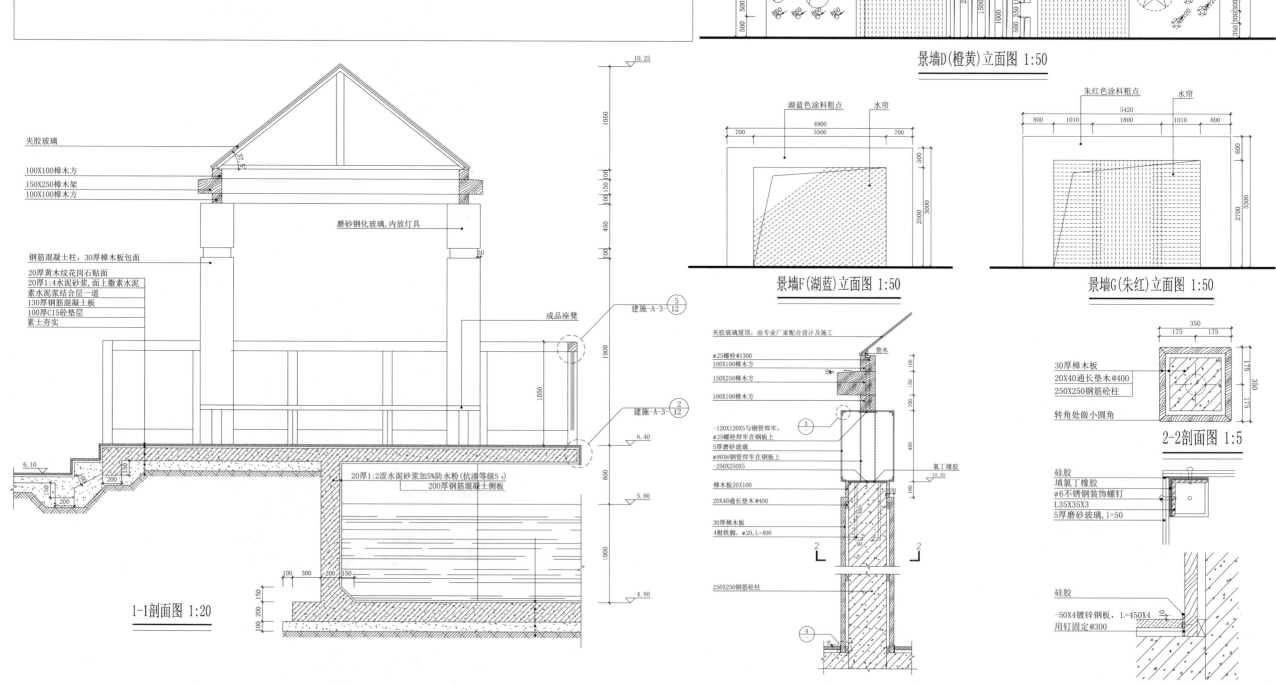

夹胶玻璃
100X100樟木方
150X250樟木架
100X100樟木方

磨砂钢化玻璃,内放灯具

钢筋混凝土柱,30厚樟木板包面
20厚黄木纹花岗石贴面
20厚1:4水泥砂浆,面上撒素水泥
素水泥浆结合层一道
130厚钢筋混凝土板
100厚C15砼垫层
素土夯实

成品座凳

1-1剖面图 1:20

20厚1:2涩水泥砂浆加5%防水粉(抗渗等级S₆)
200厚钢筋混凝土侧板

夹胶玻璃屋顶,由专业厂家配合设计及施工

φ25螺栓@1300
100X100樟木方
150X250樟木方
100X100樟木方
-120X120X5与钢管焊平,
φ25螺栓焊平在钢板上
5厚磨砂玻璃
80X6钢管焊平在钢板上
-250X250X5
樟木板20X100
20X40通长垫木@400
30厚樟木板
4根铁脚,φ20,L=400
250X250钢筋砼柱

垫木
氯丁橡胶

30厚樟木板
20X40通长垫木@400
250X250钢筋砼柱
转角处做小圆角

2-2剖面图 1:5

硅胶
填氯丁橡胶
φ6不锈钢装饰螺钉
L35X35X3
5厚磨砂玻璃,l=50

硅胶
-50X4镀锌钢板, L=450X4
用钉固定@300

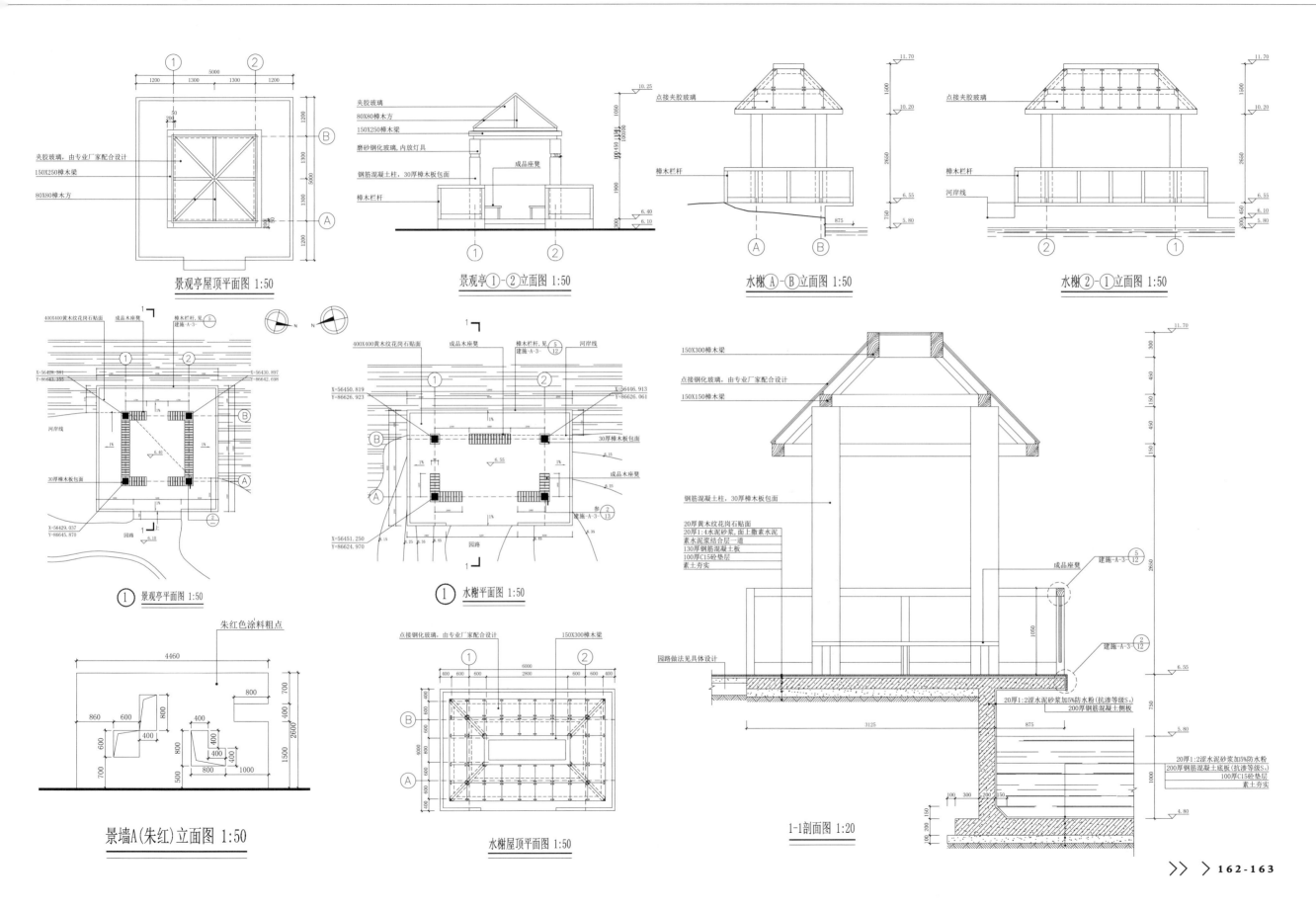

景观亭屋顶平面图 1:50

景观亭①-②立面图 1:50

水榭Ⓐ-Ⓑ立面图 1:50

水榭②-①立面图 1:50

① 景观亭平面图 1:50

① 水榭平面图 1:50

景墙A(朱红)立面图 1:50

水榭屋顶平面图 1:50

1-1剖面图 1:20

> 杭州广场花园施工图

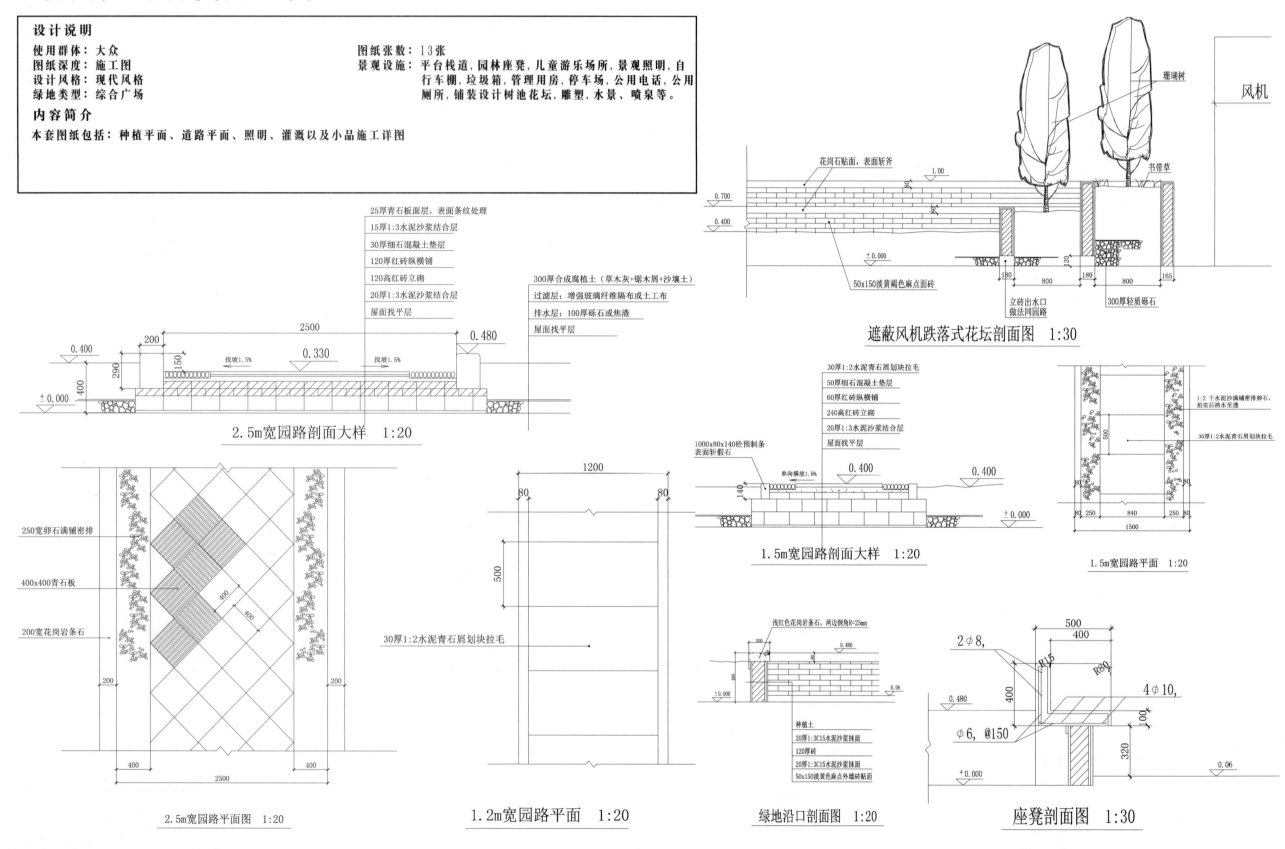

设计说明

使用群体: 大众
图纸深度: 施工图
设计风格: 现代风格
绿地类型: 综合广场

图纸张数: 13张
景观设施: 平台栈道,园林座凳,儿童游乐场所,景观照明,自行车棚,垃圾箱,管理用房,停车场,公用电话,公用厕所,铺装设计树池花坛,雕塑,水景、喷泉等。

内容简介
本套图纸包括: 种植平面、道路平面、照明、灌溉以及小品施工详图

遮蔽风机跌落式花坛剖面图 1:30

2.5m宽园路剖面大样 1:20

1.5m宽园路剖面大样 1:20

1.5m宽园路平面 1:20

2.5m宽园路平面图 1:20

1.2m宽园路平面 1:20

绿地沿口剖面图 1:20

座凳剖面图 1:30

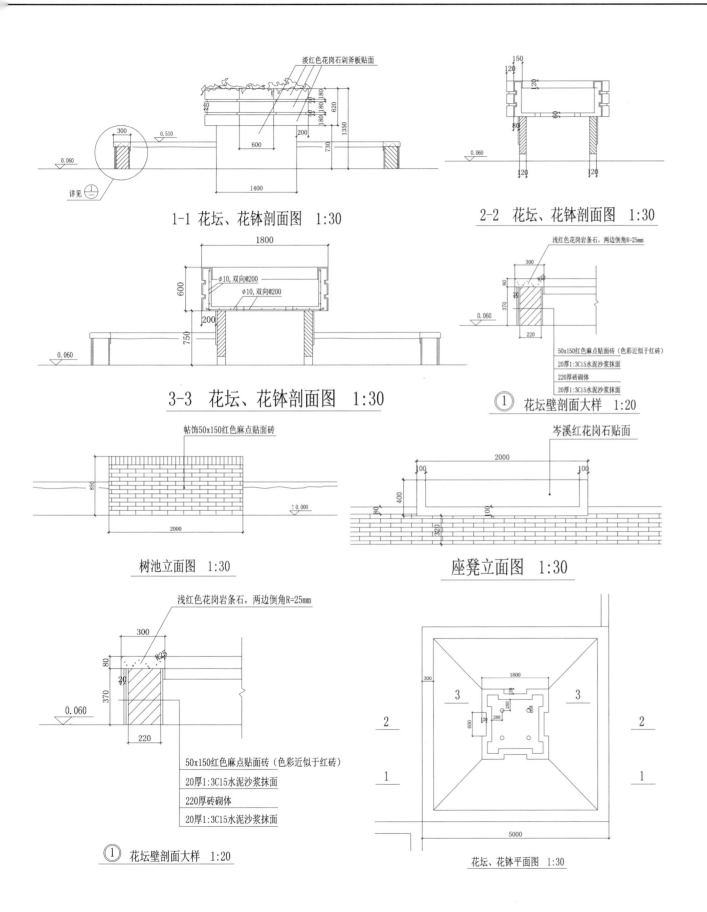

淡红色花岗石剁斧板贴面

1-1 花坛、花钵剖面图 1:30

2-2 花坛、花钵剖面图 1:30

浅红色花岗岩条石，两边倒角R=25mm

3-3 花坛、花钵剖面图 1:30

50x150红色麻点贴面砖（色彩近似于红砖）
20厚1:3C15水泥沙浆抹面
220厚砖砌体
20厚1:3C15水泥沙浆抹面

① 花坛壁剖面大样 1:20

帖饰50x150红色麻点贴面砖

岑溪红花岗石贴面

树池立面图 1:30

座凳立面图 1:30

浅红色花岗岩条石，两边倒角R=25mm

50x150红色麻点贴面砖（色彩近似于红砖）
20厚1:3C15水泥沙浆抹面
220厚砖砌体
20厚1:3C15水泥沙浆抹面

① 花坛壁剖面大样 1:20

花坛、花钵平面图 1:30

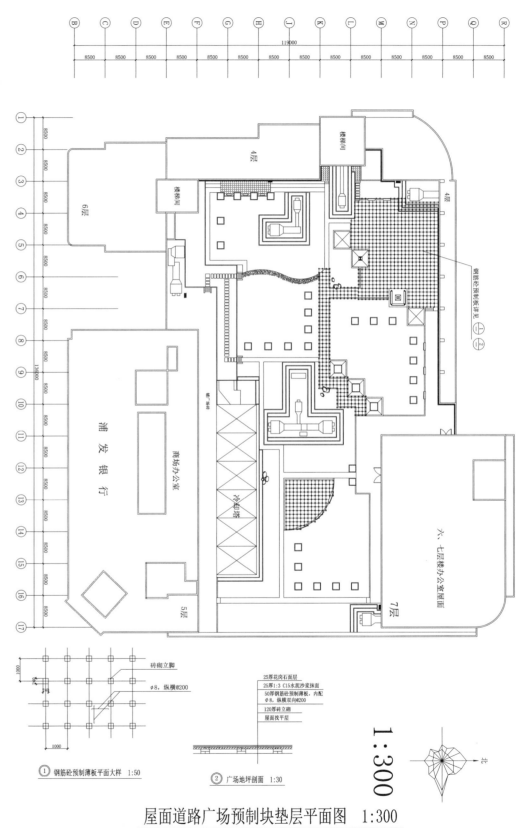

1:300

砖砌立脚
①钢筋砼预制薄板平面大样 1:50

25厚花岗石面层
25厚1:3 C15水泥沙浆抹面
50厚钢筋砼预制薄板，内配
φ8，纵横双向@200
120厚砖立脚
屋面找平层

②广场地坪剖面 1:30

屋面道路广场预制块垫层平面图 1:300

>青海城市中心广场施工图

设计说明

使用群体：大众
图纸深度：施工图
设计风格：现代风格
绿地类型：综合广场

图纸张数：30张
景观设施：园林座凳,景观照明,自行车棚,垃圾箱,管理用房,停车场,公用电话,公用厕所,铺装设计,景墙,围墙大门,树池花坛,雕塑,水景等。

内容简介

本套图纸包括：建筑施工、绿化等30张图纸。

底层平面图 1:100

顶层平面图 1:100

平面图 1:100

流水壁及挡土墙立面 1:200

1-1剖面 1:50

Ø60不锈钢管
方钢20X20
扁钢60X5 厚
Ø20钢管
工字钢200X300
工字钢200X150
15X15栅栅片钢板
工字钢100X100

1-1剖面图 1:100

2-2剖面图 1:100

H300×400
金属栏杆
工字钢灰色烤漆
钢丝网内垒碎石
透水平台(深色页岩横纹)

80x100Ø6钢丝网
钢丝网内垒碎石
挡土墙
灯光
水管
380宽6厚钢板横档@500
循环水泵
水池

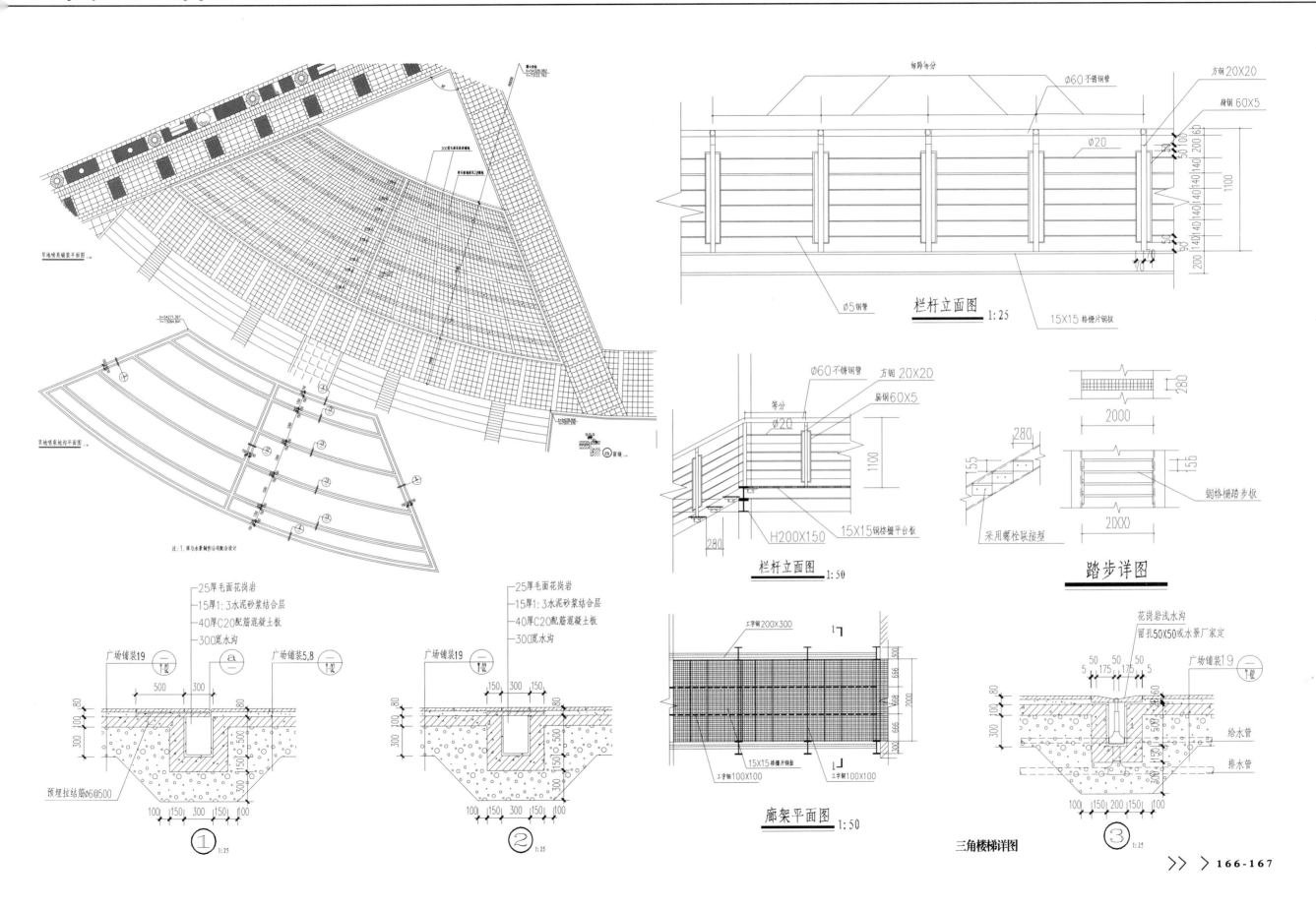

草地喷泉铺装平面图

草地喷泉地沟平面图

注：1.须与水景制作公司配合设计。

栏杆立面图 1:25

栏杆立面图 1:50

踏步详图

廊架平面图 1:50

三角楼梯详图

>青山东城市文化广场景观施工图（一）

设计说明

使用群体：大众
图纸深度：施工图
设计风格：现代风格
绿地类型：综合广场

图纸张数：89张
景观设施：亭、廊、花架、榭、舫、平台栈道，园林座凳，儿童游乐场所，景观照明，自行车棚，垃圾箱，管理用房，停车场，公用电话，公用厕所，铺装设计，景墙等。

内容简介

本套图纸包括：厕所详图、叠水池、鸳鸯厅及水生植物区、总平面图 放线图 竖向图 索引图 种植平面图等。

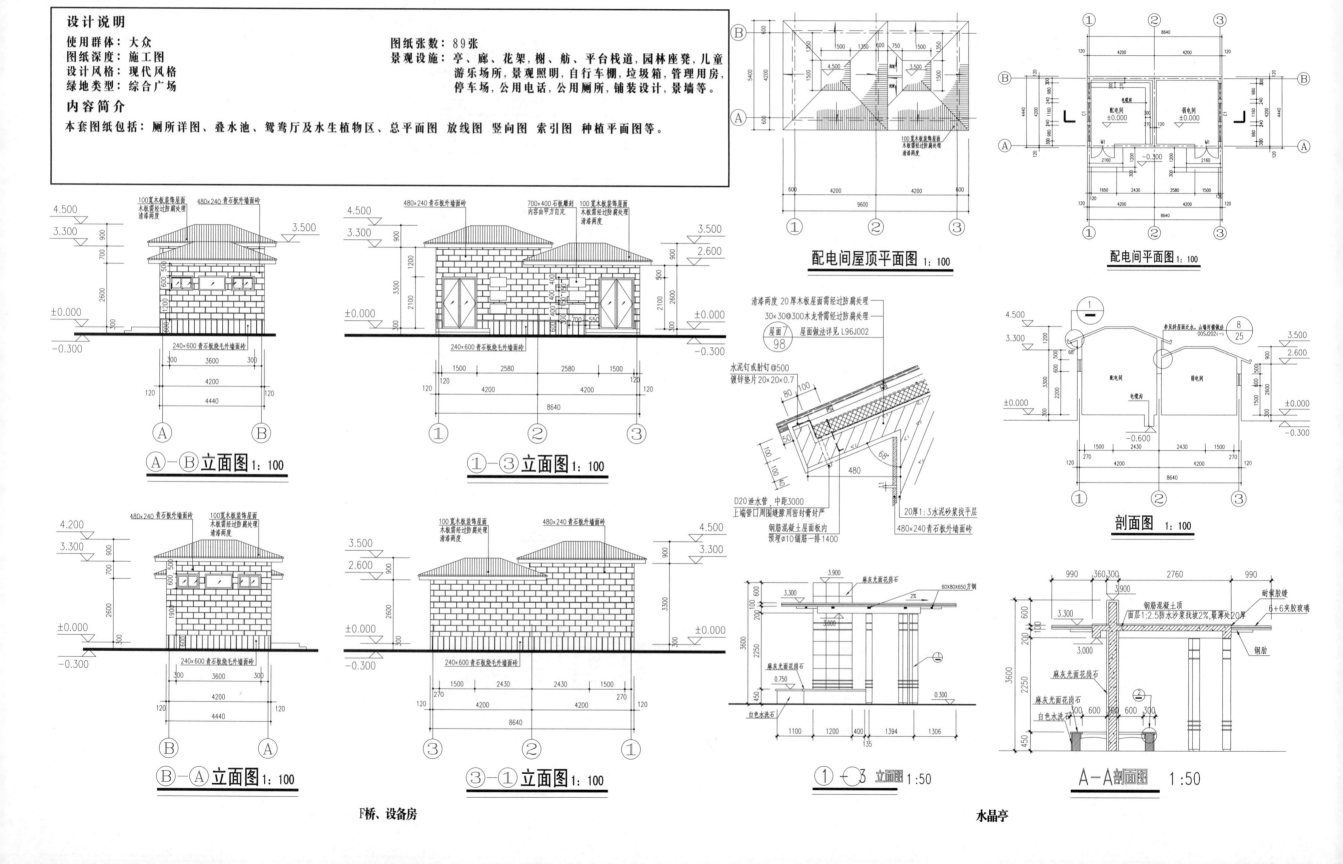

A—B 立面图 1:100

①—③ 立面图 1:100

配电间屋顶平面图 1:100

配电间平面图 1:100

B—A 立面图 1:100

③—① 立面图 1:100

屋面做法详见 L96J002

剖面图 1:100

①—③ 立面图 1:50

A—A 剖面图 1:50

F桥、设备房

水晶亭

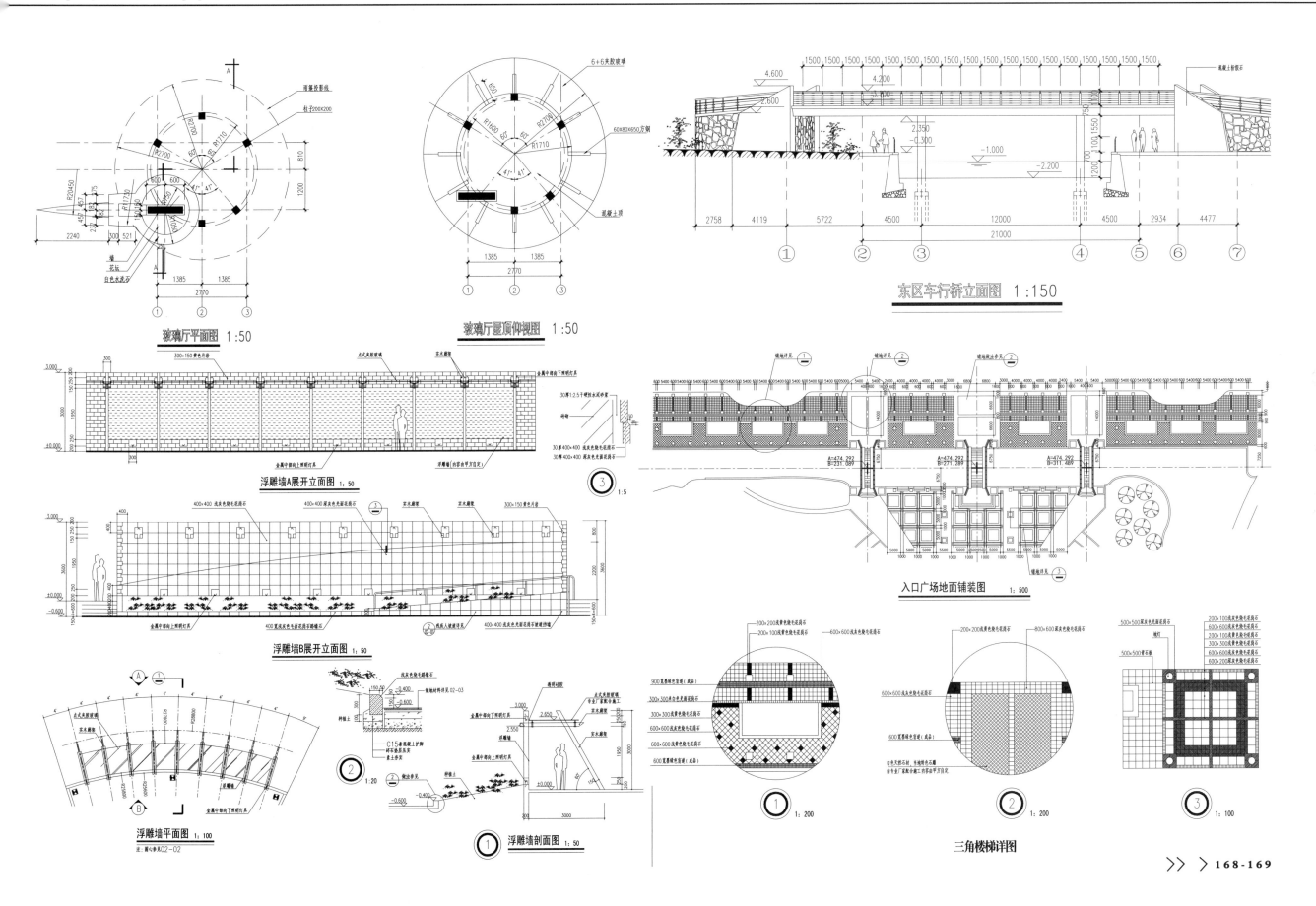

玻璃厅平面图 1:50

玻璃厅屋顶仰视图 1:50

东区车行桥立面图 1:150

浮雕墙A展开立面图 1:50

入口广场地面铺装图 1:500

浮雕墙B展开立面图 1:50

浮雕墙平面图 1:100

浮雕墙剖面图 1:50

三角楼梯详图

>山东城市文化广场景观施工图（二）

设计说明

使用群体：大众
图纸深度：施工图
设计风格：现代风格
绿地类型：综合广场

图纸张数：89张
景观设施：亭、廊、花架、树、舫、平台栈道,园林座凳,儿童
游乐场所,景观照明,自行车棚,垃圾箱,管理用房,
停车场,公用电话,公用厕所,铺装设计,景墙等。

内容简介

本套图纸包括：厕所详图、叠水池、鸳鸯厅及水生植物区、总平面图 放线图 竖向图 索引图 种植平面图等。

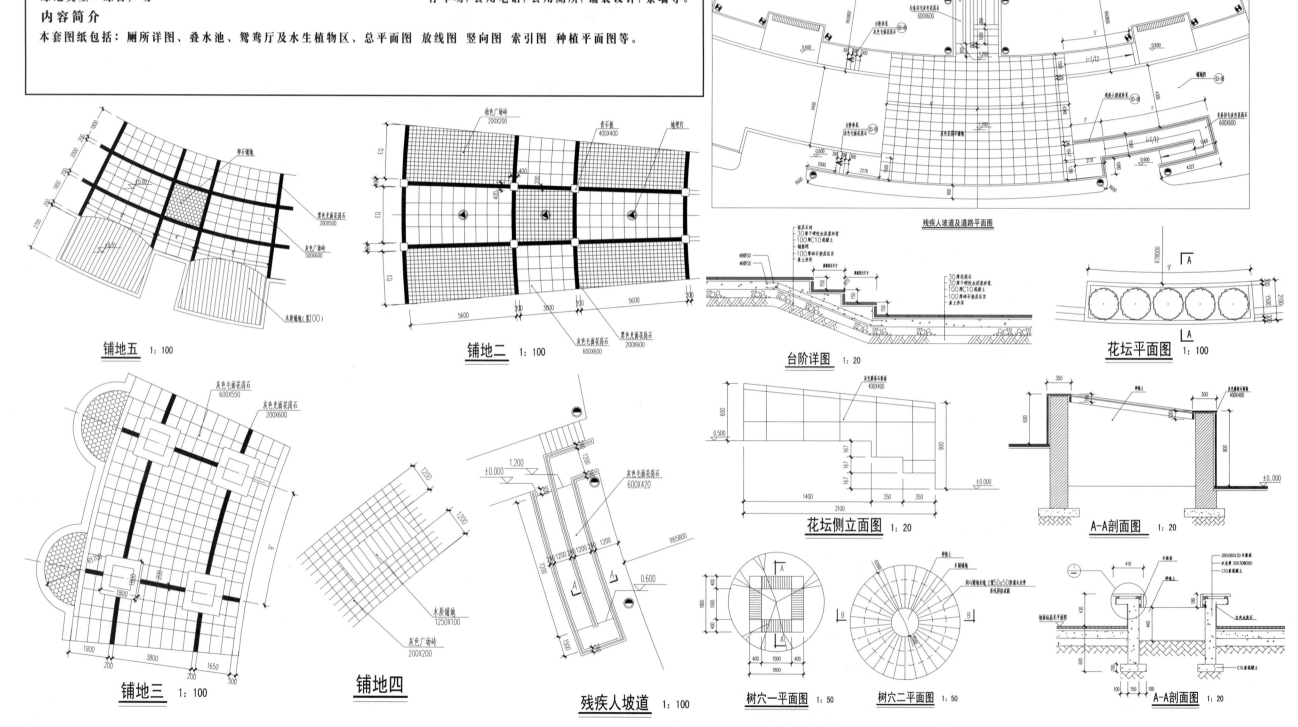

铺地五 1:100

铺地二 1:100

残疾人坡道及道路平面图

台阶详图 1:20

花坛平面图 1:100

铺地三 1:100

铺地四

残疾人坡道 1:100

花坛侧立面图 1:20

A-A剖面图 1:20

树穴一平面图 1:50

树穴二平面图 1:50

A-A剖面图 1:20

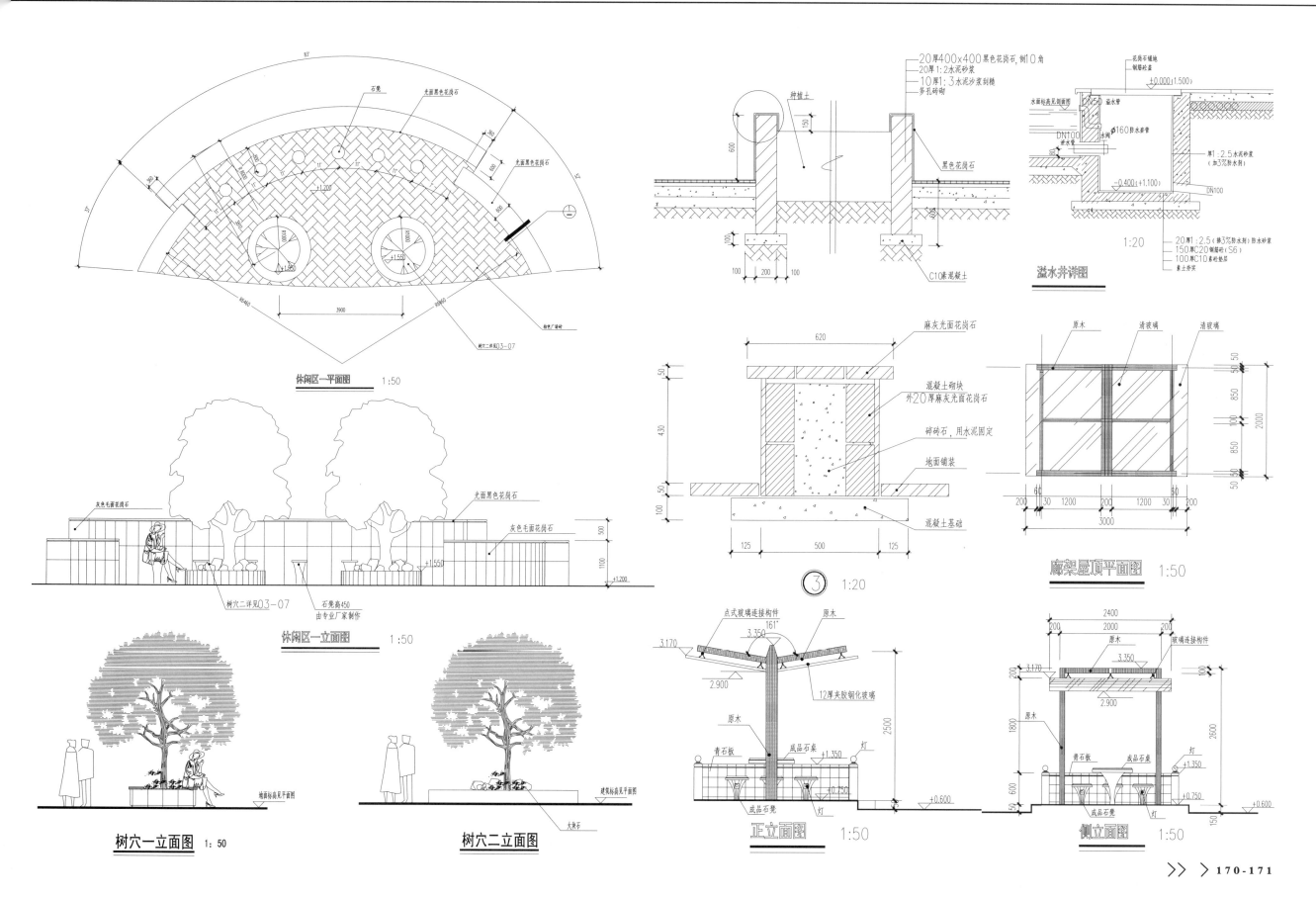

休闲区一平面图 1:50

石凳
光面黑色花岗石
光面黑色花岗石
植物广场砖
树穴二详见03-07

20厚400x400黑色花岗石,倒10角
20厚1:2水泥砂浆
10厚1:3水泥沙浆刮糙
多孔砖砌
种植土
黑色花岗石
C10素混凝土

花岗石铺地
钢筋砼盖板
水面标高见平面图
DN50 溢水管
DN100
DN100
水阀
Φ160防水素管
厚1:2.5水泥砂浆(加3%防水剂)
20厚1:2.5(掺3%防水剂)防水砂浆
150厚C20钢筋砼(S6)
100厚C10素砼垫层
素土夯实
溢水井详图 1:20

休闲区一立面图 1:50

灰色光面花岗石
光面黑色花岗石
灰色毛面花岗石
树穴二详见03-07
石凳高450由专业厂家制作

麻灰光面花岗石
混凝土砌块外20厚麻灰光面花岗石
碎砖石,用水泥固定
地面铺装
混凝土基础
③ 1:20

清玻璃
清玻璃
原木
廊架屋顶平面图 1:50

树穴一立面图 1:50

地面标高见平面图
大块石
建筑标高见平面图
树穴二立面图

点式玻璃连接构件
原木
12厚夹胶钢化玻璃
原木
青石板
成品石桌
灯
成品石凳
灯
正立面图 1:50

原木
玻璃连接构件
青石板
成品石桌
灯
成品石凳
灯
侧立面图 1:50

>山生态观光园入口广场全套施工图

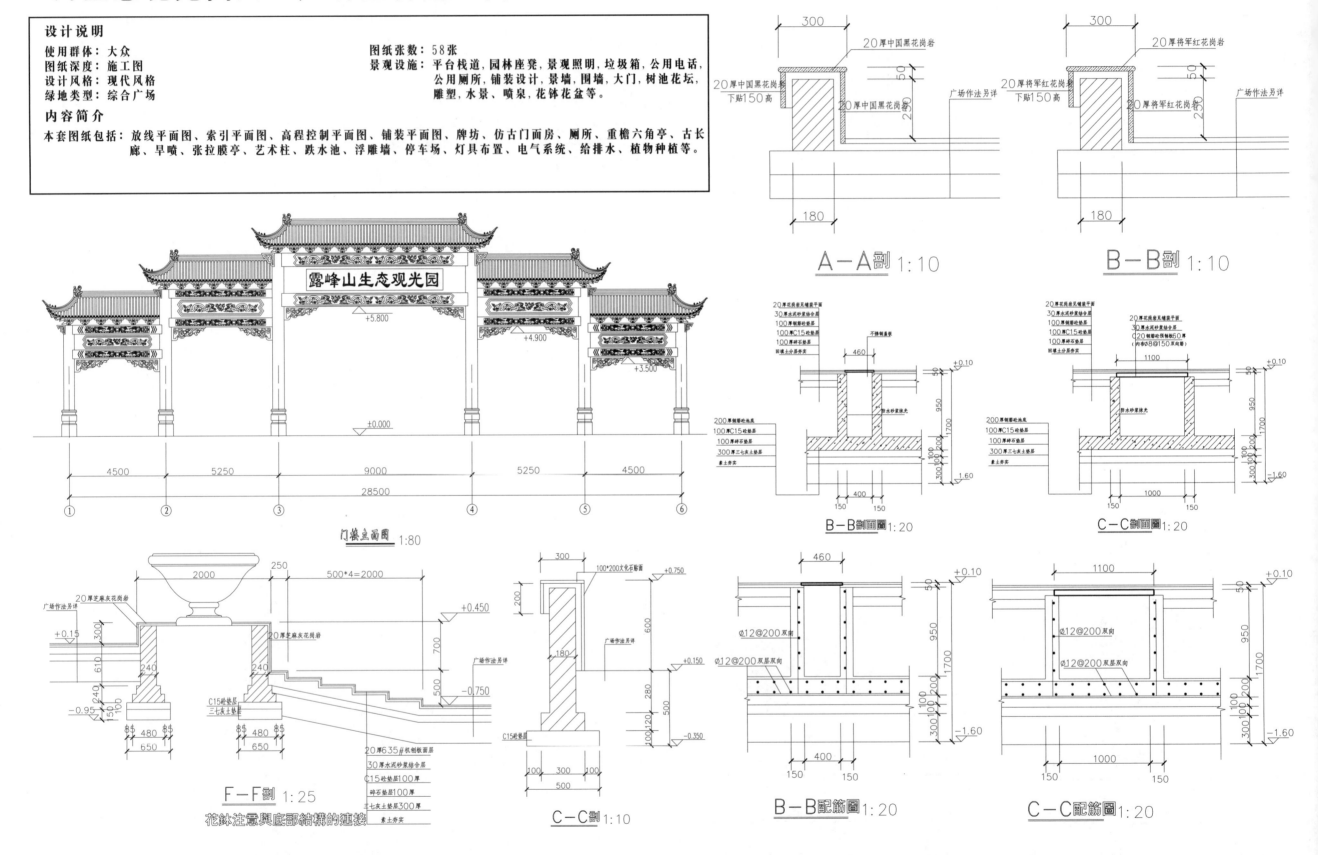

设计说明

使用群体: 大众
图纸深度: 施工图
设计风格: 现代风格
绿地类型: 综合广场

图纸张数: 58张

景观设施: 平台栈道,园林座凳,景观照明,垃圾箱,公用电话,公用厕所,铺装设计,景墙,围墙,大门,树池花坛,雕塑,水景、喷泉,花钵花盆等。

内容简介

本套图纸包括:放线平面图、索引平面图、高程控制平面图、铺装平面图、牌坊、仿古门面房、厕所、重檐六角亭、古长廊、旱喷、张拉膜亭、艺术柱、跌水池、浮雕墙、停车场、灯具布置、电气系统、给排水、植物种植等。

门楼立面图 1:80

A-A剖 1:10

B-B剖 1:10

B-B剖面图 1:20

C-C剖面图 1:20

F-F剖 1:25
花钵注意与底部结构的连接

C-C剖 1:10

B-B配筋图 1:20

C-C配筋图 1:20

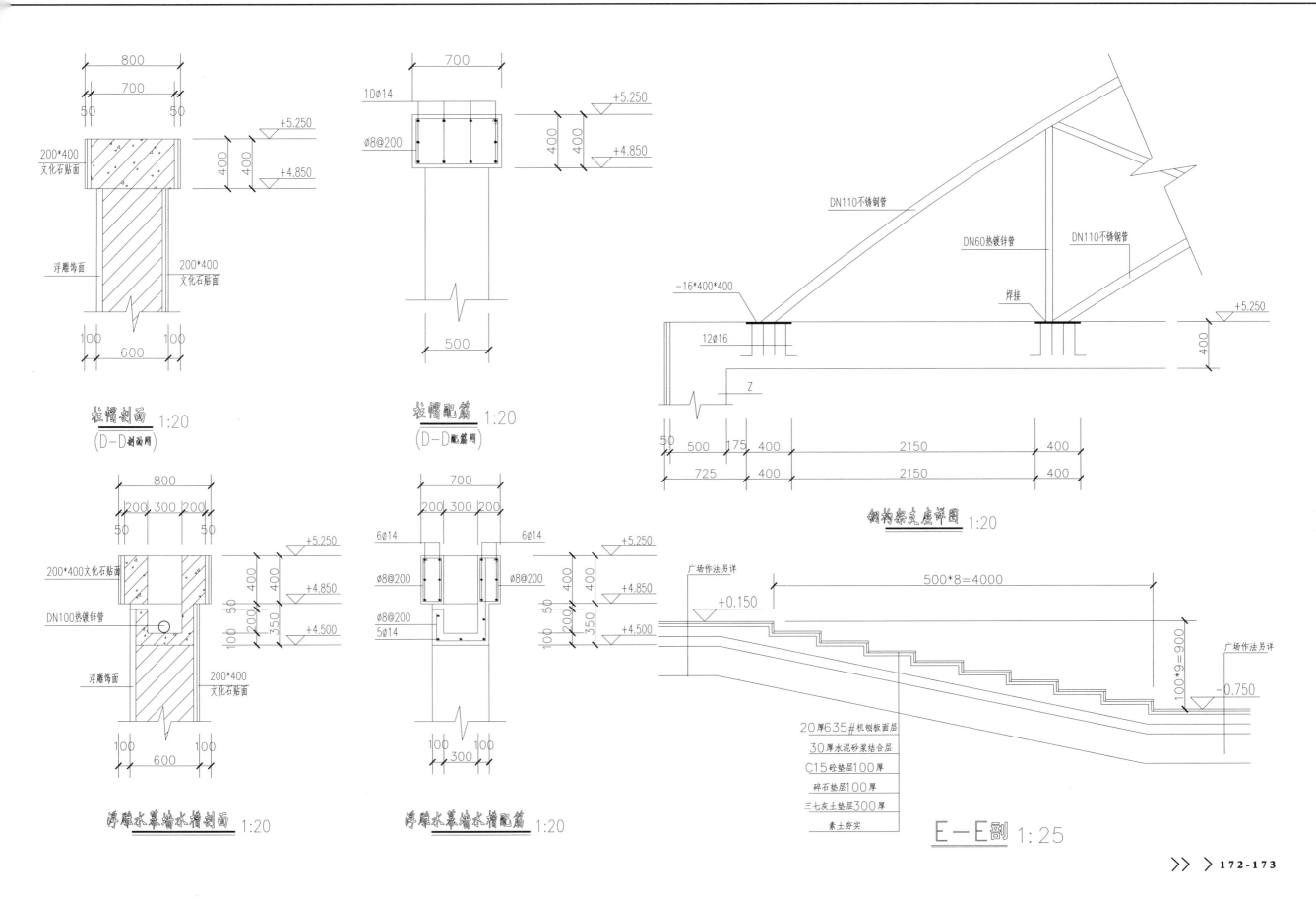

柱帽剖面 1:20
(D-D剖面同)

柱帽配筋 1:20
(D-D配筋同)

钢构架支座详图 1:20

浮雕水幕墙水槽剖面 1:20

浮雕水幕墙水槽配筋 1:20

E-E剖 1:25

>四川都江堰某广场全套施工图

设 计 说 明

使用群体：大众
图纸深度：施工图
设计风格：现代风格
绿地类型：综合广场

图纸张数：38张
景观设施：亭、廊、花架、榭、舫、平台栈道，园林座凳，儿童
游乐场所，景观照明，自行车棚，垃圾箱，管理用房，
停车场，公用电话等。

内容简介

本套图纸包括：总平、竖向、放线、索引、种植、铺装、给水、排水、照明以及各景观建筑、小品施工详图共计38张图纸

① 地面广场花岗岩铺装平面详图   1:50

② 下沉广场地面广场花岗岩铺装平面详图   1:50

草坪灯基座示意   1:10

庭院灯基座示意   1:10

喷泉电力管线平剖面图

1-1 剖面图 1:20

© 铺装③剖面详图   1:10

直埋电缆沟剖面   1:10

喷泉电力管线平面图1:100

Ⓐ 铺装⑤及地灯槽剖面详图   1:10

Ⓐ 铺装①剖面详图   1:10

Ⓑ 铺装②④⑥剖面详图 1:10

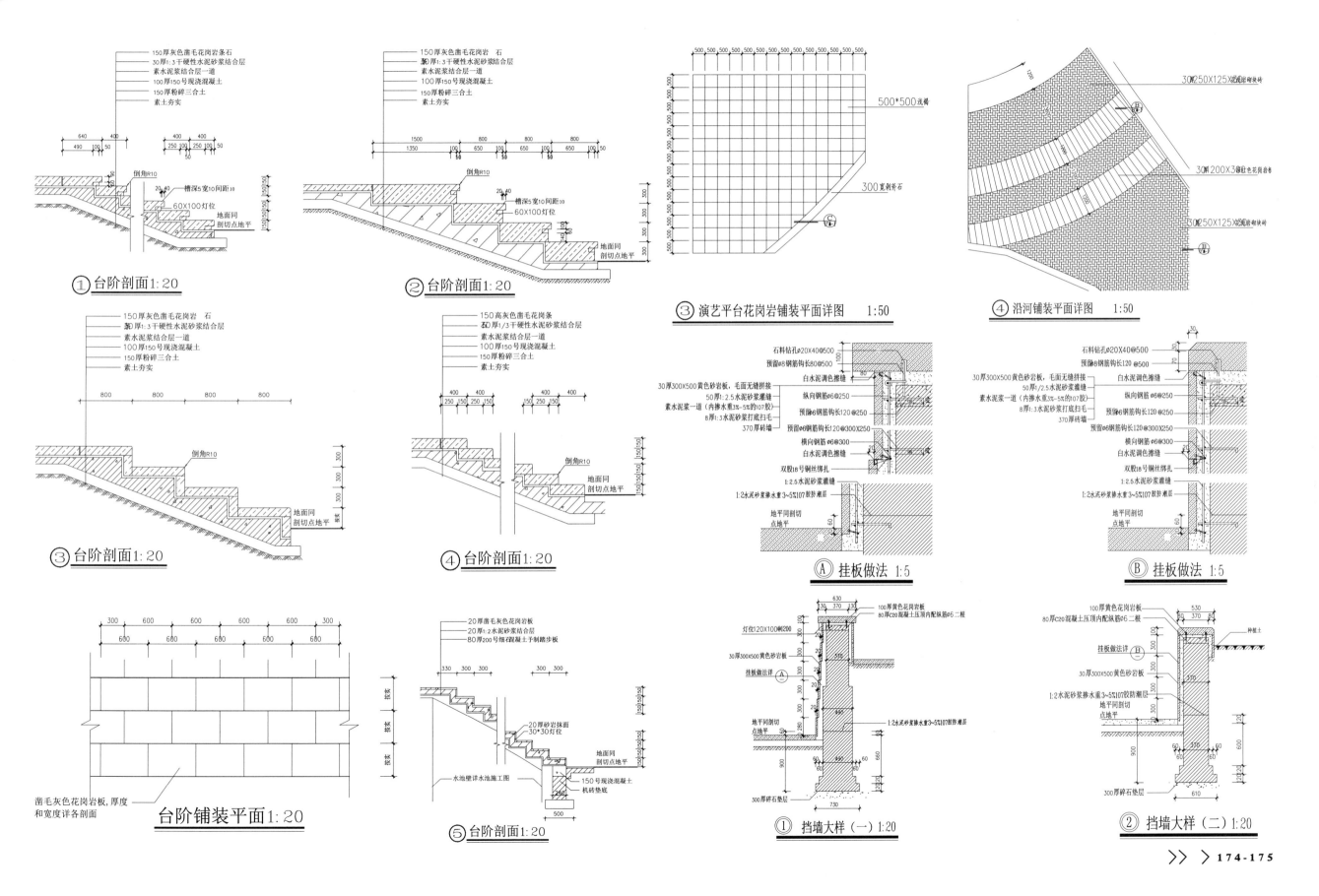

① 台阶剖面 1:20

② 台阶剖面 1:20

③ 演艺平台花岗岩铺装平面详图　1:50

④ 沿河铺装平面详图　1:50

③ 台阶剖面 1:20

④ 台阶剖面 1:20

Ⓐ 挂板做法 1:5

Ⓑ 挂板做法 1:5

台阶铺装平面 1:20

⑤ 台阶剖面 1:20

① 挡墙大样（一）1:20

② 挡墙大样（二）1:20

> 西方23种景观设计方案图集

设计说明

使用群体：大众
图纸深度：施工图
设计风格：现代风格
绿地类型：综合广场

图纸张数：38张
景观设施：亭、廊、花架、榭、舫、平台栈道，园林座凳，儿童游乐场所，景观照明，自行车棚，垃圾箱，管理用房，停车场，公用电话等。

内容简介

本套图纸包括：世界上有名的广场、公园、小游园等各种园林形式的方案设计图。

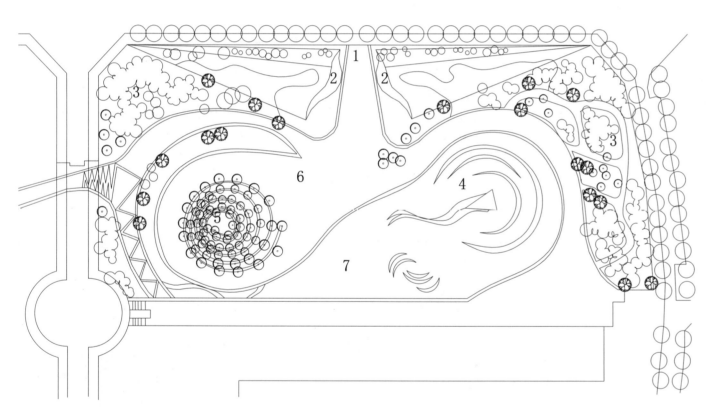

N ←

公园平面图

1. 公园主入口　　5. 树林螺旋线
2. 挡土墙　　　　6. 小广场
3. 林荫小道　　　7. 大草坪
4. 落下的天空

北站公园

1. 大水池
2. 大瀑布
3. 公园绿地
4. 高等法院
5. 无障碍大阶梯
6. 小广场

罗勃森公园

圣.荷塞广场公园

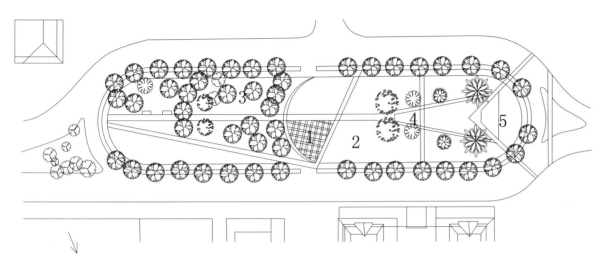

1.旱喷泉小广场　　2.大草坪　　3小树丛　　4露天小舞台　　5.安全岛

横滨市美术馆前广场公园

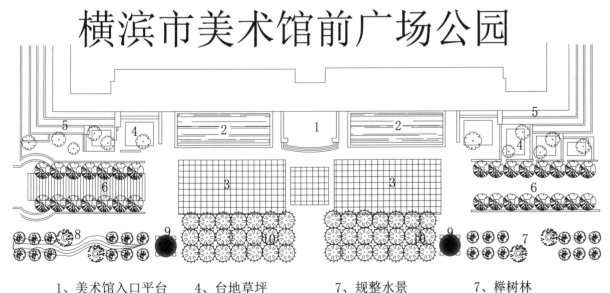

1、美术馆入口平台　　4、台地草坪　　7、规整水景　　7、榉树林
2、矩形喷泉水池　　5、种植坛　　8、溪流
3、"夜星海"铺地　　6、大坡道　　6、凉亭

剑桥中心屋顶花园

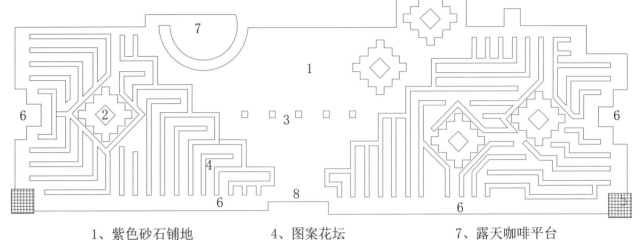

1、紫色砂石铺地　　4、图案花坛　　7、露天咖啡平台
2、大框架　　5、方形花棚架　　8、入口框门
3、小框架　　6、防护宽种植坛

杜伊斯堡北部风景园

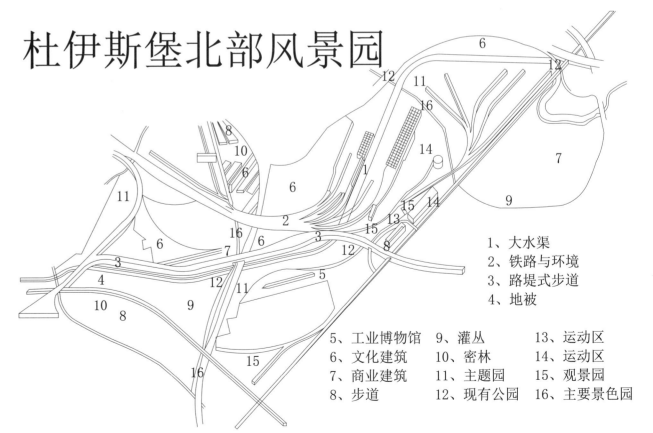

1、大水渠
2、铁路与环境
3、路堤式步道
4、地被
5、工业博物馆　　9、灌丛　　13、运动区
6、文化建筑　　10、密林　　14、运动区
7、商业建筑　　11、主题园　　15、观景园
8、步道　　12、现有公园　　16、主要景色园

>惜时广场-台地景观设计套图

设计说明

使用群体：大众
图纸深度：施工图
设计风格：现代风格
绿地类型：综合广场

图纸张数：26张
景观设施：平台栈道，园林座凳，景观照明，自行车棚，垃圾箱，管理用房，公用电话，公用厕所，铺装设计，景墙，围墙，树池花坛，雕塑，水景、喷泉，花钵花盆等。

内容简介

本套图纸包括：入口广场、文化广场、、惜时广场三大部分，分平面、种植设计以及各局部景观小品施工图纸共26张。

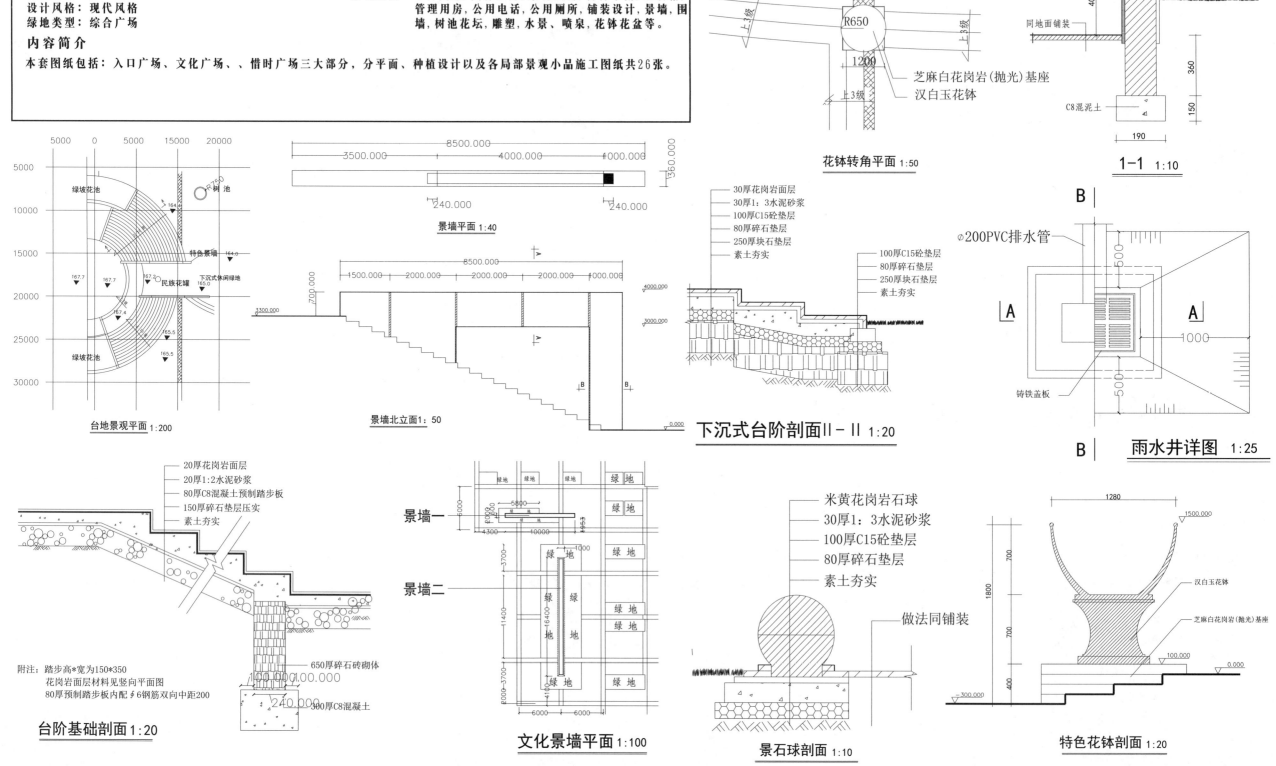

花钵转角平面 1:50

1-1 1:10

台地景观平面 1:200

景墙平面 1:40

景墙北立面 1:50

下沉式台阶剖面Ⅱ－Ⅱ 1:20

雨水井详图 1:25

台阶基础剖面 1:20

附注：踏步高*宽为150*350
花岗岩面层材料见竖向平面图
80厚预制踏步板内配ϕ6钢筋双向中距200

文化景墙平面 1:100

景石球剖面 1:10

特色花钵剖面 1:20

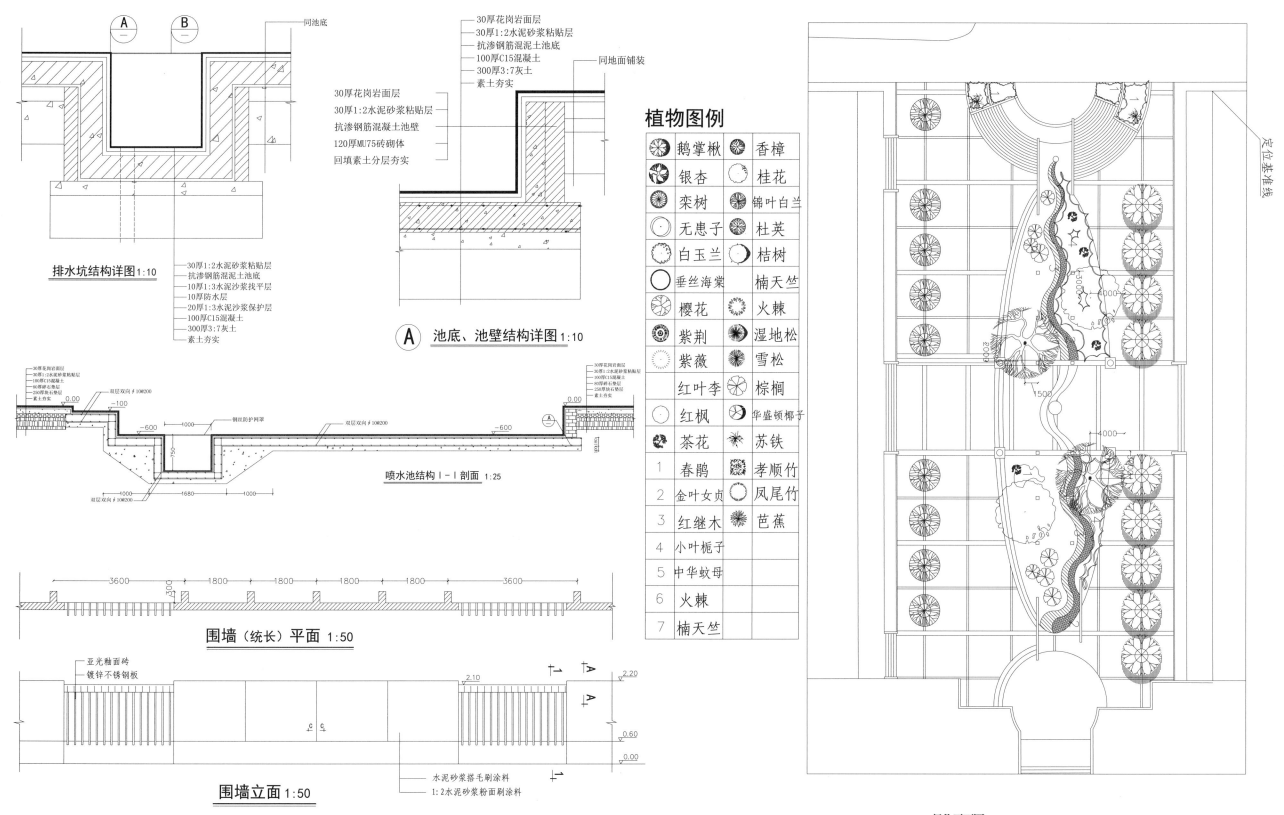

同池底

30厚花岗岩面层
30厚1:2水泥砂浆粘贴层
抗渗钢筋混凝土池底
100厚C15混凝土
300厚3:7灰土
素土夯实

同地面铺装

30厚花岗岩面层
30厚1:2水泥砂浆粘贴层
抗渗钢筋混凝土池壁
120厚MU75砖砌体
回填素土分层夯实

排水坑结构详图 1:10

30厚1:2水泥砂浆粘贴层
抗渗钢筋混凝土池底
10厚1:3水泥砂浆找平层
10厚防水层
20厚1:3水泥砂浆保护层
100厚C15混凝土
300厚3:7灰土
素土夯实

Ⓐ **池底、池壁结构详图 1:10**

30厚花岗岩面层
30厚1:2水泥砂浆粘贴层
100厚C15混凝土
80厚碎石垫层
250厚块石垫层
素土夯实

30厚花岗岩面层
30厚1:2水泥砂浆粘贴层
100厚C15混凝土
80厚碎石垫层
250厚块石垫层
素土夯实

0.00
−100
−600

双层双向ǂ10@200

钢丝防护网罩

双层双向ǂ10@200

−600
0.00

双层双向ǂ10@200

1000   750   1000   1680   1000

喷水池结构 I−I 剖面 1:25

3600   1800   1800   1800   1800   3600

围墙（统长）平面 1:50

亚光釉面砖
镀锌不锈钢板

2.10   2.20
A↑   A↑
0.60
0.00

水泥砂浆搭毛刷面涂料
1:2水泥砂浆粉面刷涂料

围墙立面 1:50

植物图例

🌳	鹅掌楸	🌳	香樟
🌳	银杏	🌳	桂花
🌳	栾树	🌳	锦叶白兰
◎	无患子	🌳	杜英
🌳	白玉兰	◎	桔树
○	垂丝海棠		楠天竺
🌳	樱花	🌳	火棘
🌳	紫荆	🌳	湿地松
⋄	紫薇	🌳	雪松
	红叶李	🌳	棕榈
○	红枫	🌳	华盛顿椰子
🌳	茶花	🌳	苏铁
1	春鹃	🌳	孝顺竹
2	金叶女贞	○	凤尾竹
3	红继木	🌳	芭蕉
4	小叶栀子		
5	中华蚊母		
6	火棘		
7	楠天竺		

定位基准线

300
4000
2000
1500
4000

绿化平面图

>广场景观照明布置施工全套图

设计说明

使用群体: 大众
图纸深度: 方案(初设图)
设计风格: 现代风格
绿地类型: 综合广场

图纸张数: 24张
景观设施: 管理用房,停车场,公用电话,公用厕所,铺装设计,景墙,围墙,大门,树池花坛,雕塑,水景,喷泉,花钵花盆等。

内容简介

本套图纸包括: 总平图、树池、车库入口特色水景、下沉广场特色水景详图、台阶详图、九宫格详图、庭院灯、草坪灯、埋地灯、生态停车场详图、总平管线等共24张图。

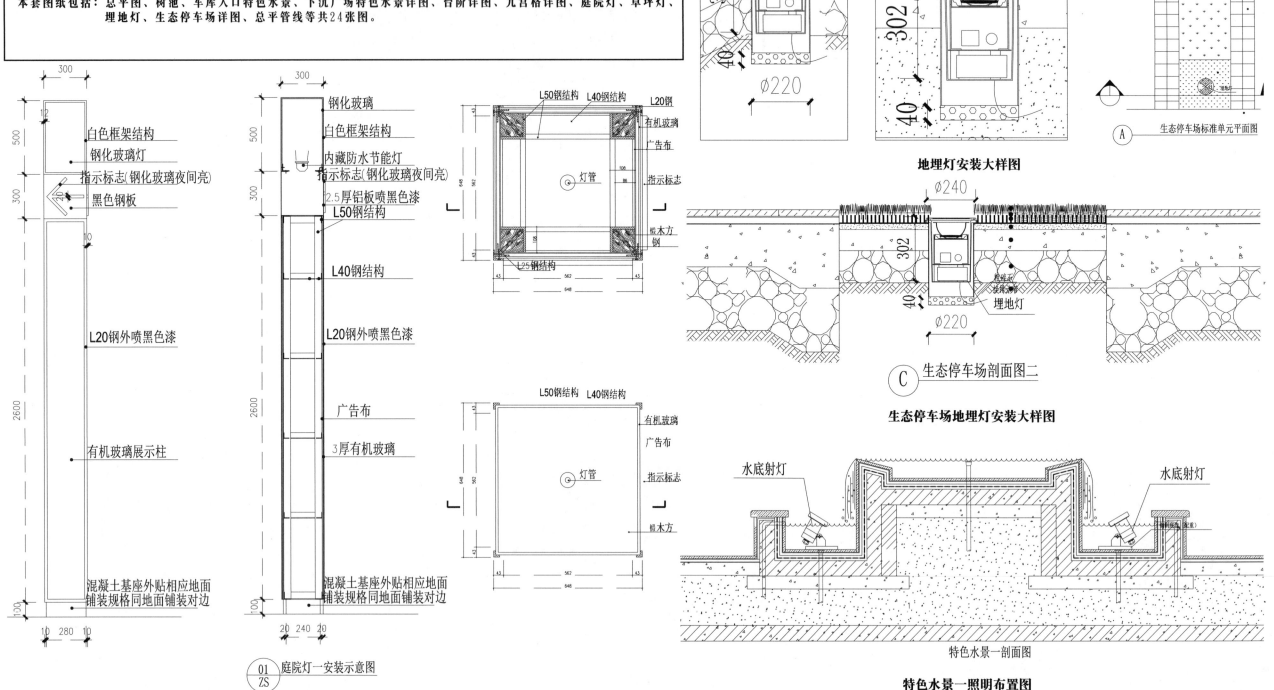

地埋灯安装大样图

生态停车场标准单元平面图

生态停车场剖面图二

生态停车场地埋灯安装大样图

特色水景一剖面图

特色水景一照明布置图

庭院灯一安装示意图

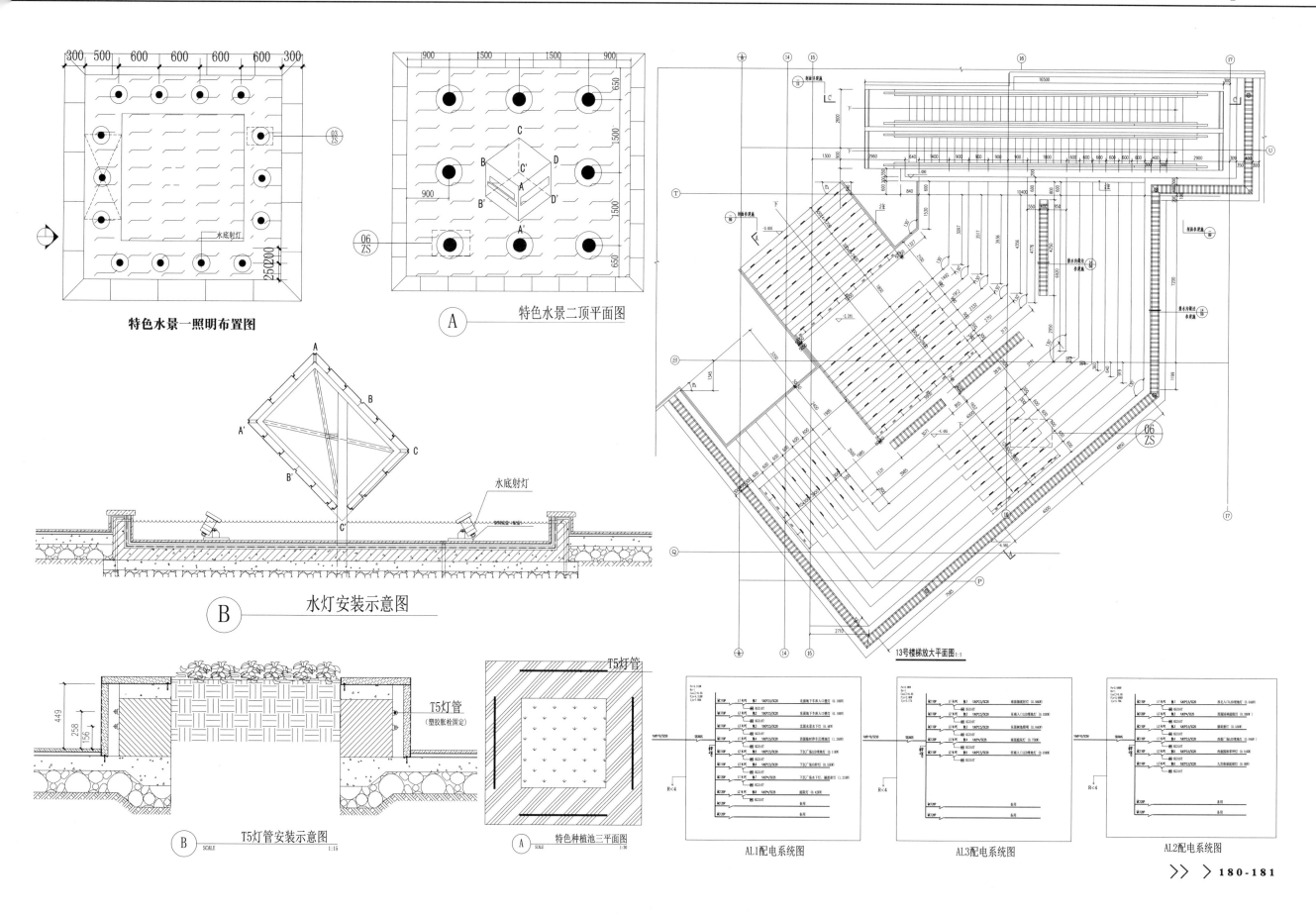

特色水景一照明布置图

Ⓐ 特色水景二顶平面图

Ⓑ 水灯安装示意图

Ⓑ T5灯管安装示意图

Ⓐ 特色种植池三平面图

13号楼梯放大平面图 1:1

AL1配电系统图　　AL3配电系统图　　AL2配电系统图

># 杭州广场景观设计施工图

设计说明

使用群体：大众
图纸深度：施工图
设计风格：现代风格
绿地类型：综合广场

图纸张数：23张
景观设施：亭、廊、花架、榭、舫、平台栈道，园林座凳，儿童游乐场所，景观照明，自行车棚，垃圾箱，管理用房，停车场，公用电话，公用厕所，铺装设计等。

内容简介

本套图纸包括：网格定位图、木桥结构平面图、中心广场网格定位图、中心水池网格定位图、都市溜场网格定位图、入口广场网格定位图、枯山水网格定位图、祥图、剖面图共23张。

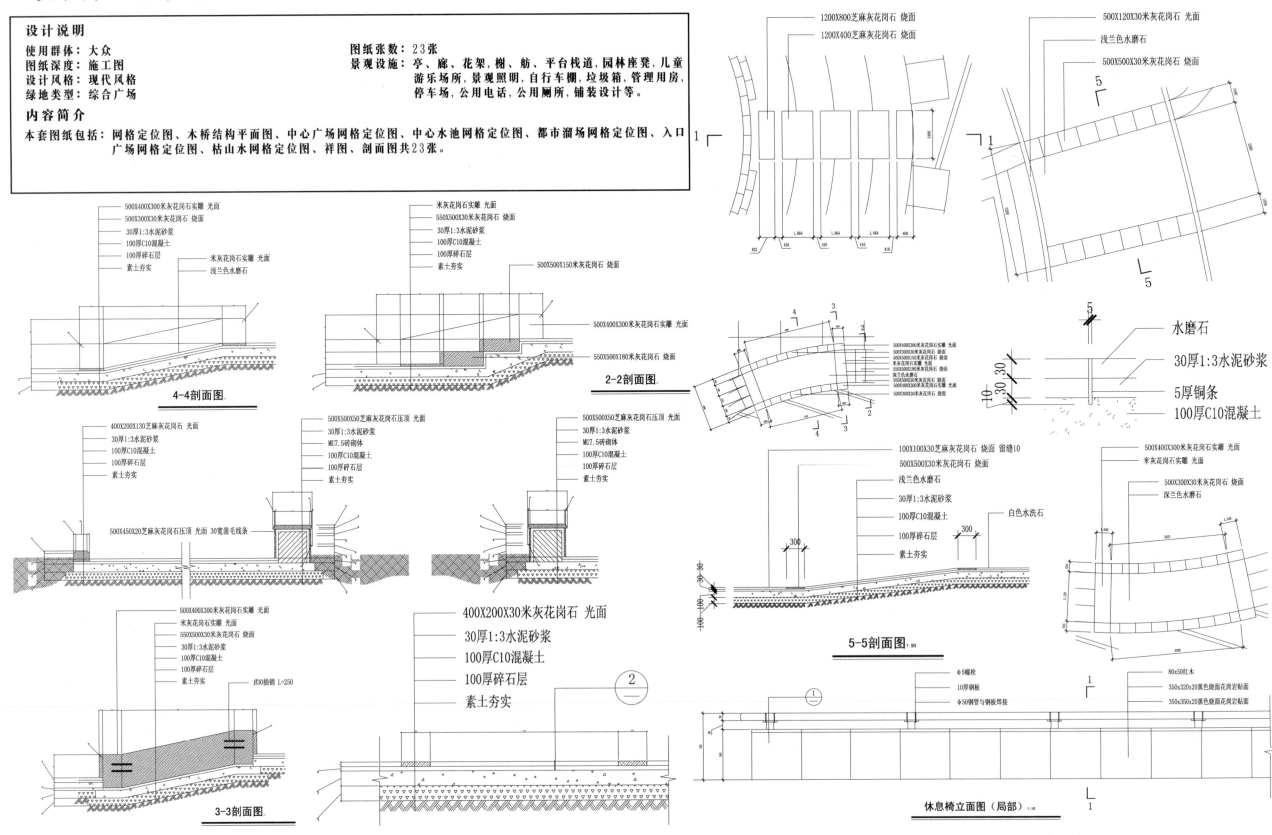

1200X800芝麻灰花岗石 烧面
1200X400芝麻灰花岗石 烧面

500X120X30米灰花岗石 光面
浅兰色水磨石
500X500X30米灰花岗石 烧面

500X400X300米灰花岗石实雕 光面
500X300X30米灰花岗石 烧面
30厚1:3水泥砂浆
100厚C10混凝土
100厚碎石层
素土夯实
米灰花岗石实雕 光面
浅兰色水磨石

米灰花岗石实雕 光面
550X500X30米灰花岗石 烧面
30厚1:3水泥砂浆
100厚C10混凝土
100厚碎石层
素土夯实
500X500X150米灰花岗石 烧面
500X400X300米灰花岗石实雕 光面
550X500X180米灰花岗石 烧面

2-2剖面图.

4-4剖面图.

400X200X130芝麻灰花岗石 光面
30厚1:3水泥砂浆
100厚C10混凝土
100厚碎石层

500X500X50芝麻灰花岗石压顶 光面
30厚1:3水泥砂浆
MU7.5砖砌体
100厚C10混凝土
100厚碎石层
素土夯实

500X500X50芝麻灰花岗石压顶 光面
30厚1:3水泥砂浆
MU7.5砖砌体
100厚C10混凝土
100厚碎石层
素土夯实

500X450X20芝麻灰花岗石压顶 光面 30宽毛线条

500X400X300米灰花岗石实雕 光面
米灰花岗石实雕 光面

水磨石
30厚1:3水泥砂浆
5厚铜条
100厚C10混凝土

100X100X30芝麻灰花岗石 烧面 留缝10
500X500X30米灰花岗石 烧面
浅兰色水磨石
30厚1:3水泥砂浆
100厚C10混凝土
100厚碎石层
素土夯实
白色水洗石

500X400X300米灰花岗石实雕 光面
米灰花岗石实雕 光面
500X300X30米灰花岗石 烧面
深兰色水磨石

500X400X300米灰花岗石实雕 光面
米灰花岗石 光面
550X500X30米灰花岗石 烧面
30厚1:3水泥砂浆
100厚C10混凝土
100厚碎石层
素土夯实
Φ30插销 L=250

400X200X30米灰花岗石 光面
30厚1:3水泥砂浆
100厚C10混凝土
100厚碎石层
素土夯实

3-3剖面图.

5-5剖面图 1:50

Φ5螺栓
10厚钢板
Φ50钢管与钢板焊接

80x50红木
350x320x20黑色烧面花岗岩贴底
350x350x20黑色烧面花岗岩贴面

休息椅立面图（局部）1:10

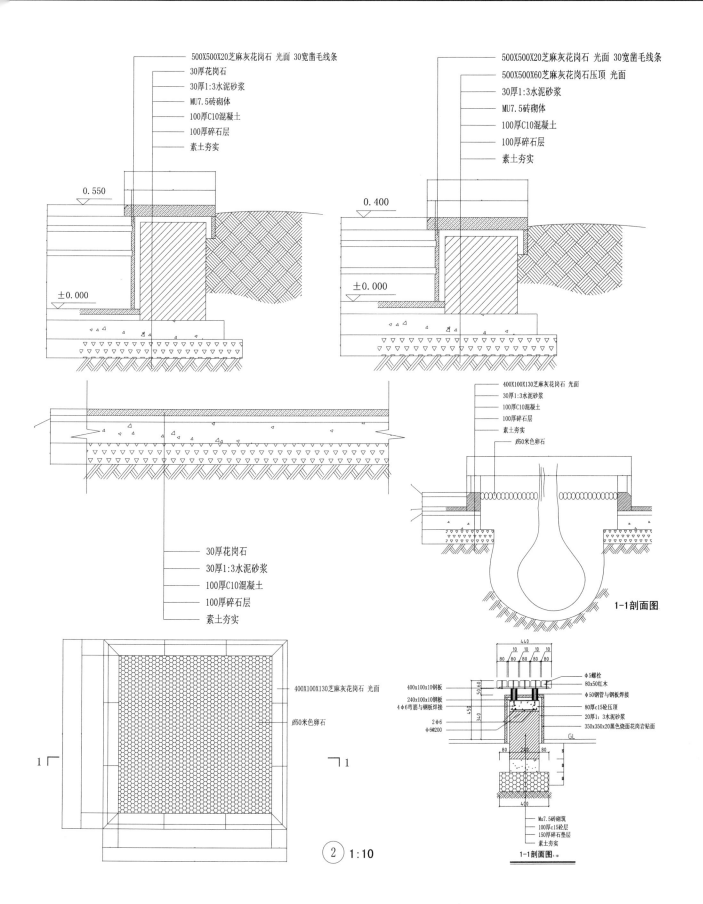

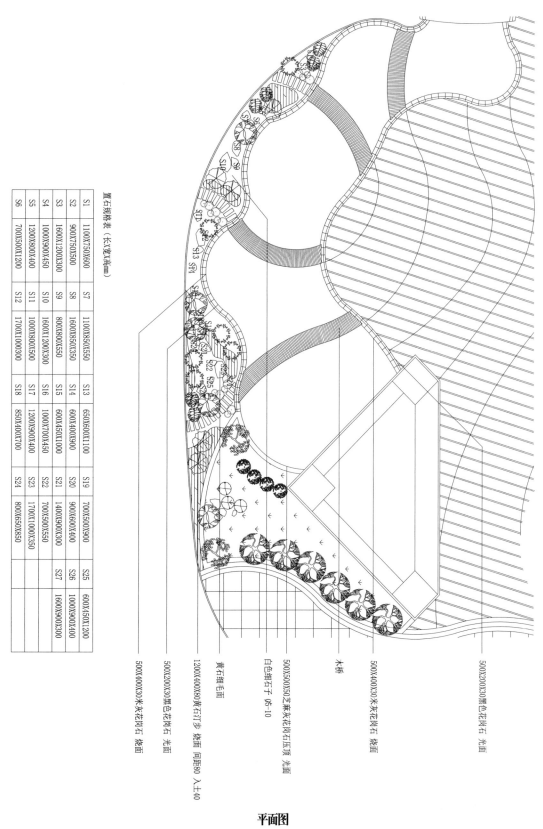

平面图

>休闲广场景观工程全套竣工图

设计说明

使用群体: 大众
图纸深度: 施工图
设计风格: 现代风格
绿地类型: 综合广场

图纸张数: 50张
景观设施: 亭、廊、花架、榭、舫、平台栈道,园林座凳,儿童游乐场所,景观照明,自行车棚,垃圾箱,管理用房,停车场,公用电话,公用厕所,铺装设计等。

内容简介

本套图纸包括: 总平面放线图、竖向图、索引图、灯具布置及线路平面图、中心广场LED平面布置图、灯具基础施工图、音箱布置平面图、水泵回路、接地极平面图、配电系统图、背景音乐配电系统、洒水栓平面布置及管线图、广场排水平面、排水沟施工图、广场舞台结构详图、休息亭基础施工图、绿化种植平面图、中心广场铺装图、树池、台阶、坡道、木板地面基层做法、坐凳、小品基础、涌路基层做法、化粪池等共50多张图纸。

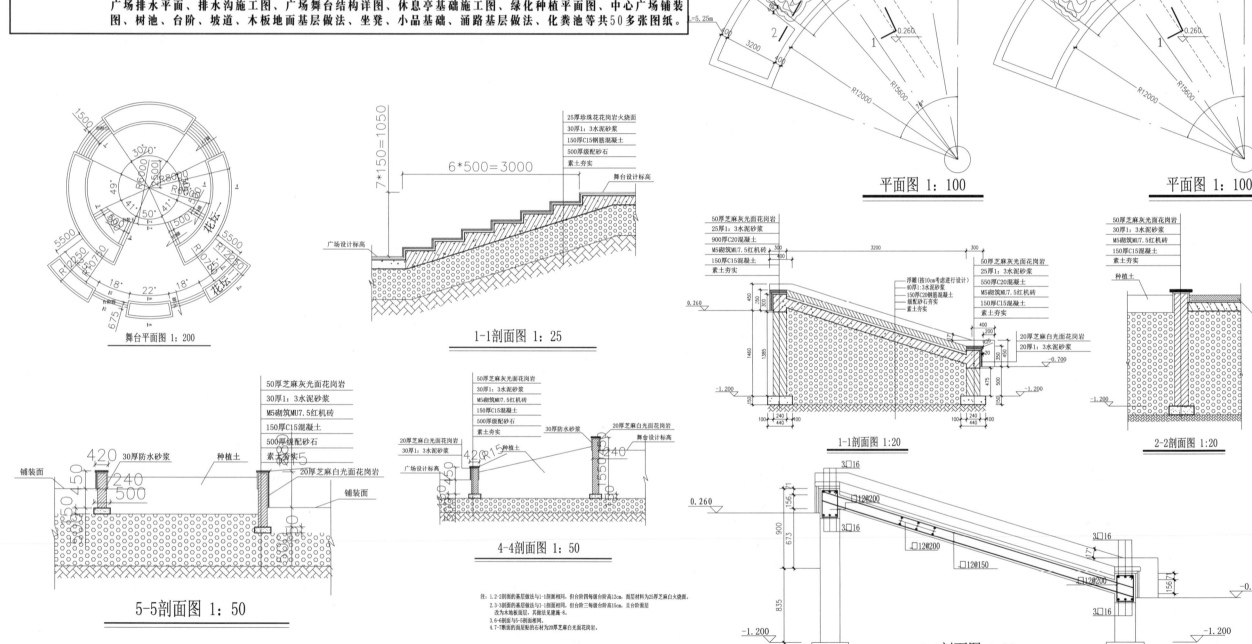

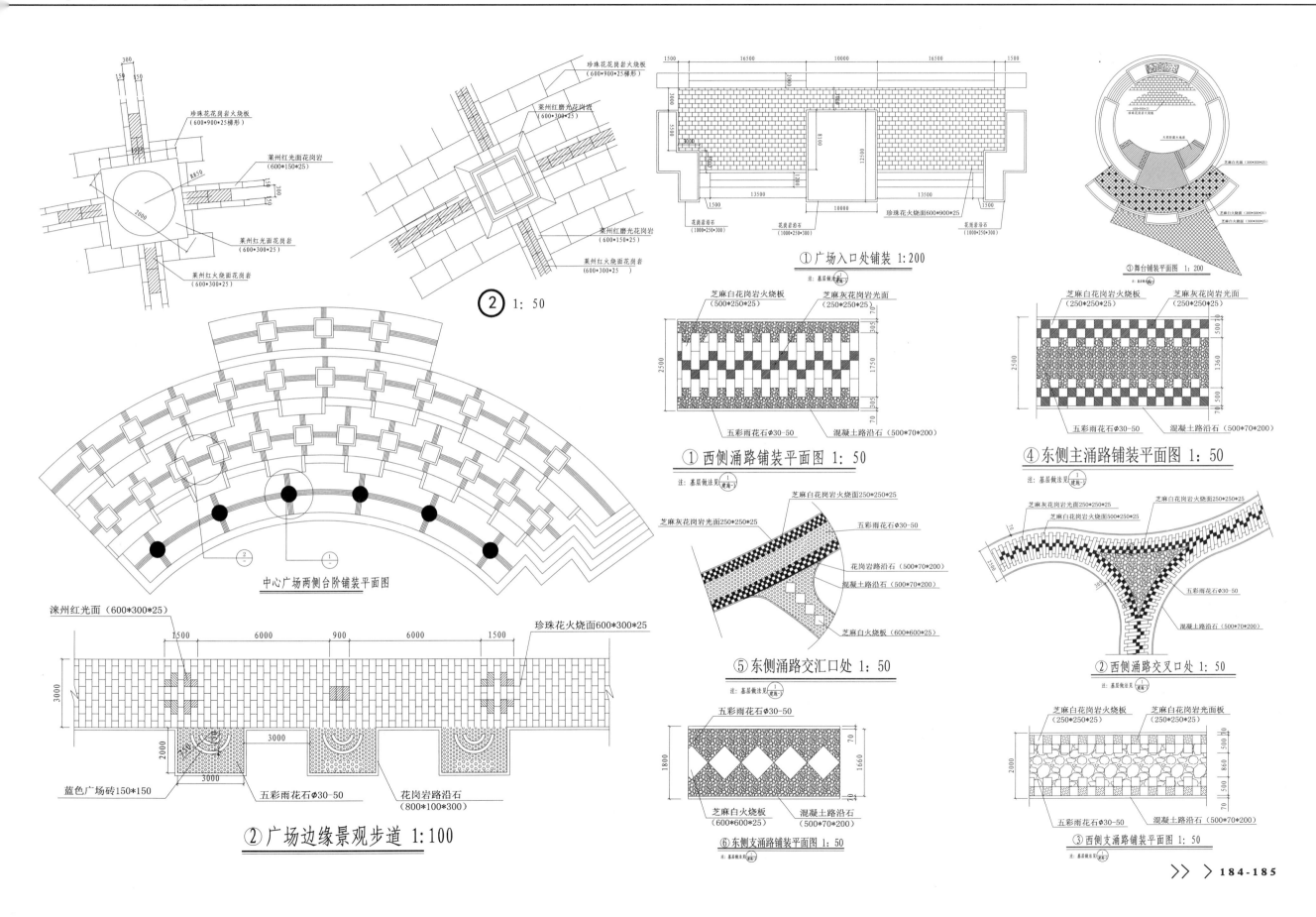

② 1：50

① 广场入口处铺装 1:200

③ 舞台铺装平面图 1：200

① 西侧涌路铺装平面图 1:50

④ 东侧主涌路铺装平面图 1:50

中心广场两侧台阶铺装平面图

⑤ 东侧涌路交汇口处 1：50

② 西侧涌路交叉口处 1：50

② 广场边缘景观步道 1：100

⑥ 东侧支涌路铺装平面图 1:50

③ 西侧支涌路铺装平面图 1:50

>长沙新村休闲广场景观施工图

设计说明

使用群体：大众
图纸深度：施工图
设计风格：现代风格
绿地类型：综合广场

图纸张数：45张
景观设施：平台栈道，园林座凳，儿童游乐场所，景观照明，自行车棚，垃圾箱，管理用房，停车场，公用电话，公用厕所，铺装设计，景墙，围墙，大门，树池花坛等。

内容简介

本套图纸包括：规划图、园建施工图、水电等共约45张图纸。

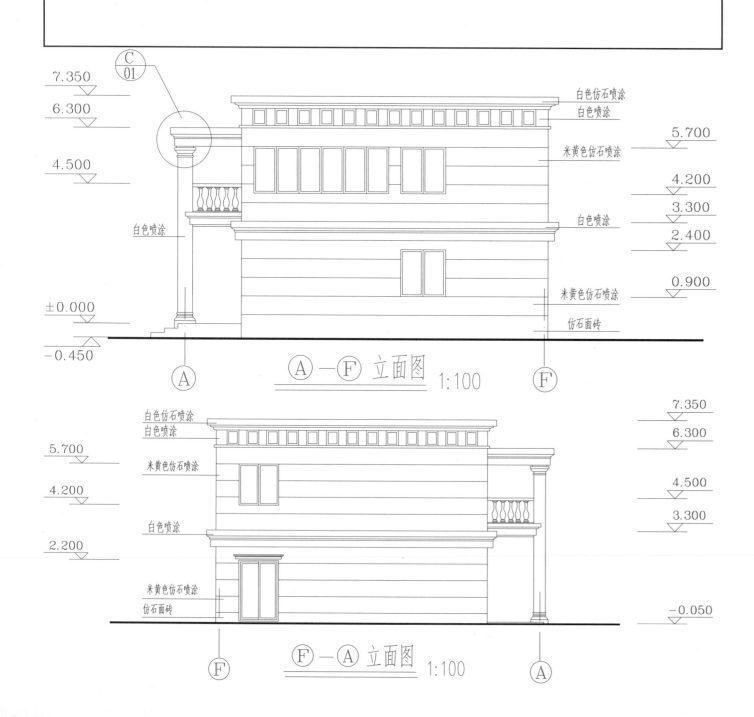

A－F 立面图 1:100

F－A 立面图 1:100

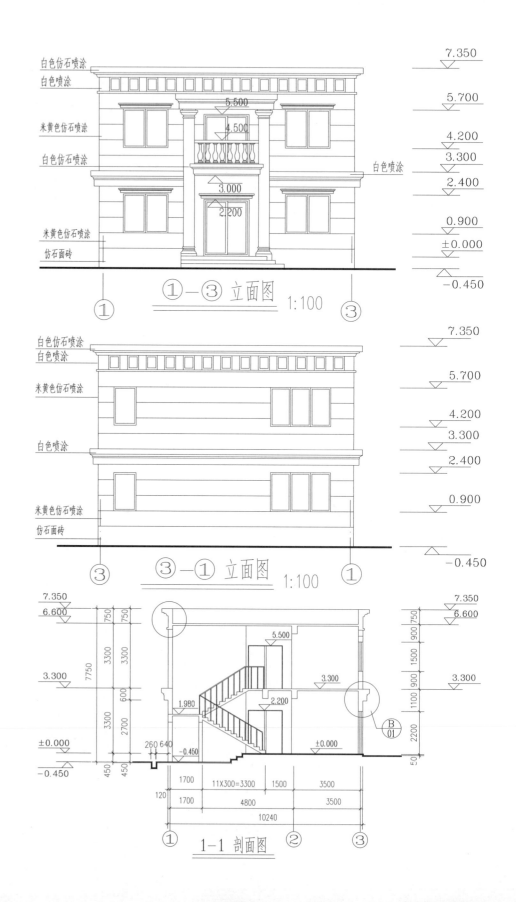

①－③ 立面图 1:100

③－① 立面图 1:100

1-1 剖面图

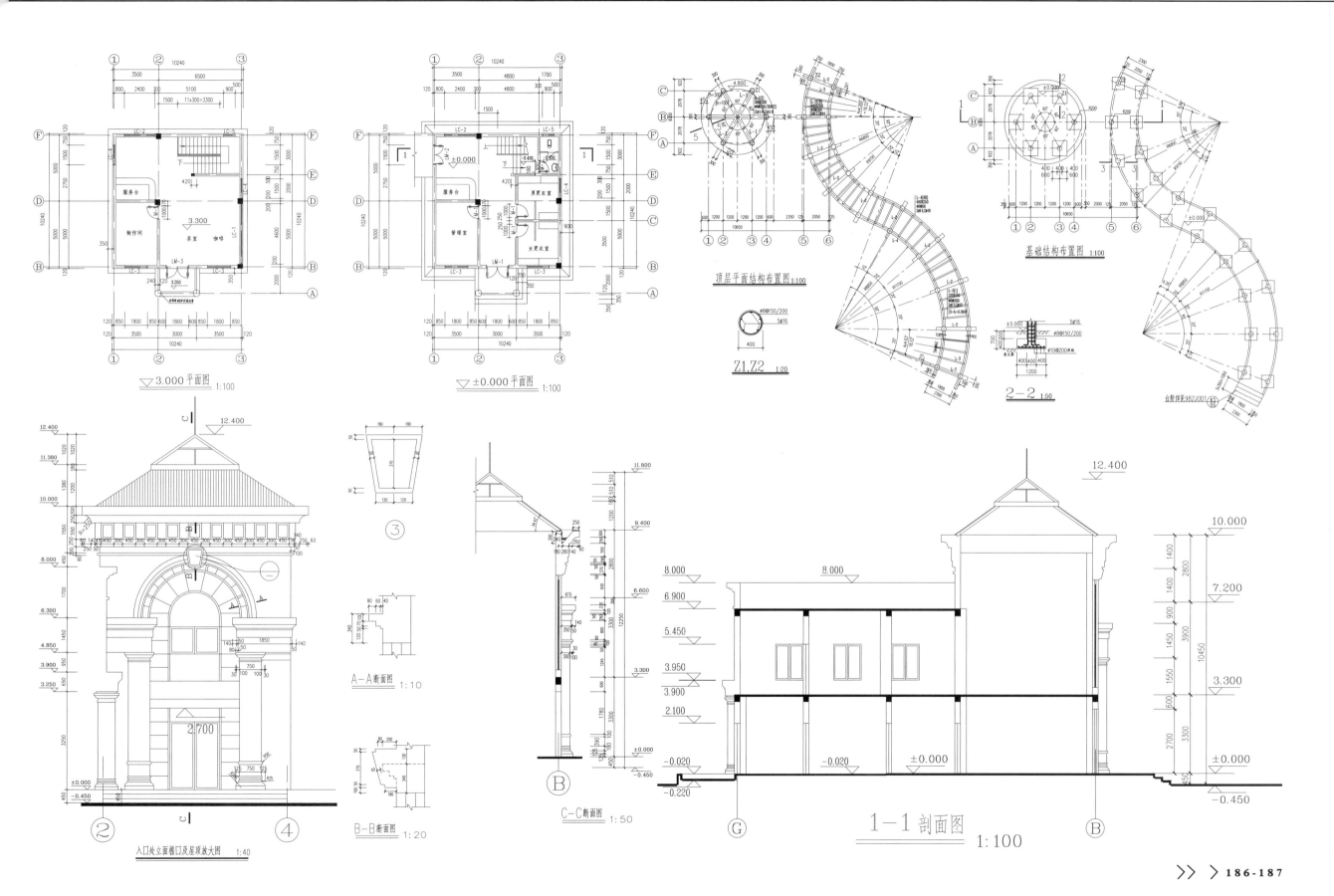

>浙江城市广场全套景观施工图

设计说明

使用群体: 大众
图纸深度: 施工图
设计风格: 现代风格
绿地类型: 综合广场

图纸张数: 90张
景观设施: 亭、廊、花架、树、舫、平台栈道,园林座凳,儿童
游乐场所,景观照明,自行车棚,垃圾箱,管理用房,
停车场,铺装设计,景墙,围墙,大门等。

内容简介

本套图纸包括:园建、结构、水电等施工图约90张图纸。

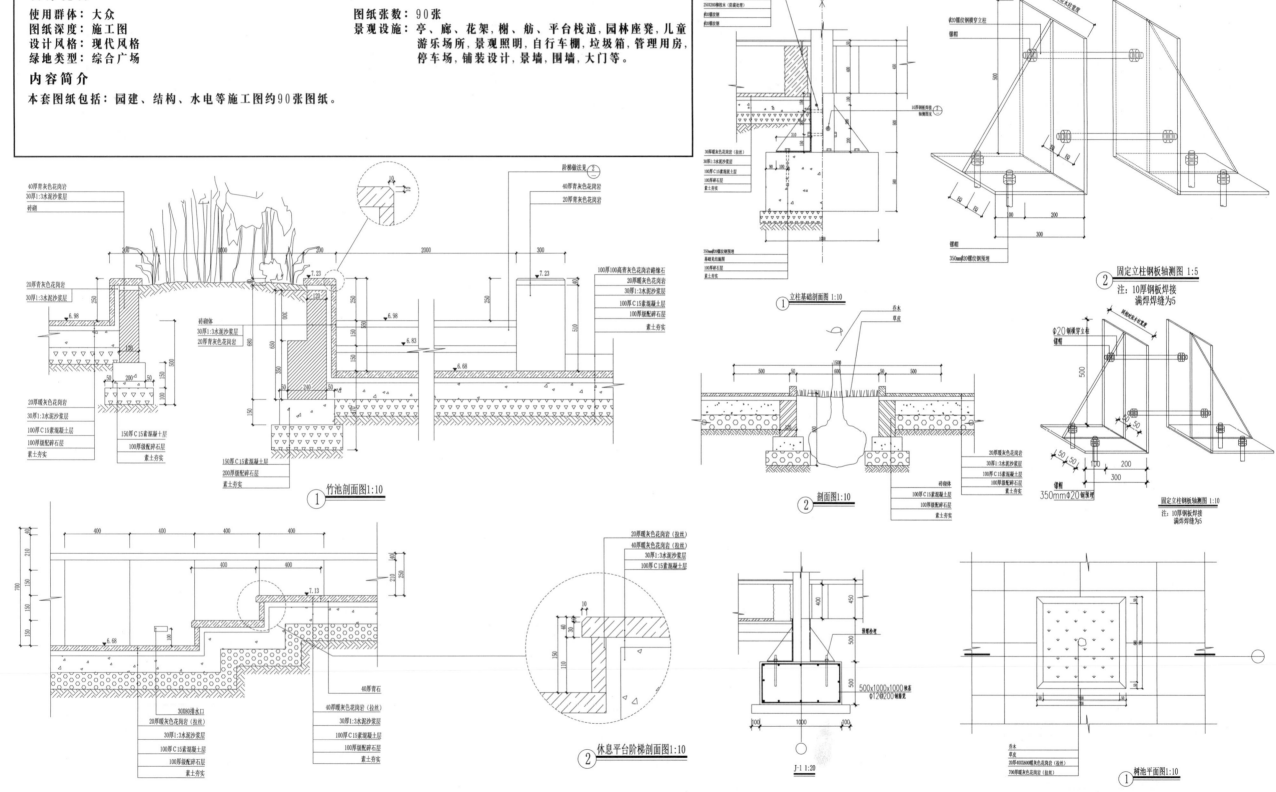

竹池剖面图1:10 ①

休息平台阶梯剖面图1:10 ②

立柱基础剖面图1:10 ①

剖面图1:10 ②

固定立柱钢板轴测图 1:5 ②
注:10厚钢板焊接
满焊焊缝为5

固定立柱钢板轴测图 1:10
注:10厚钢板焊接
满焊焊缝为5

J-1 1:20

树池平面图1:10 ①

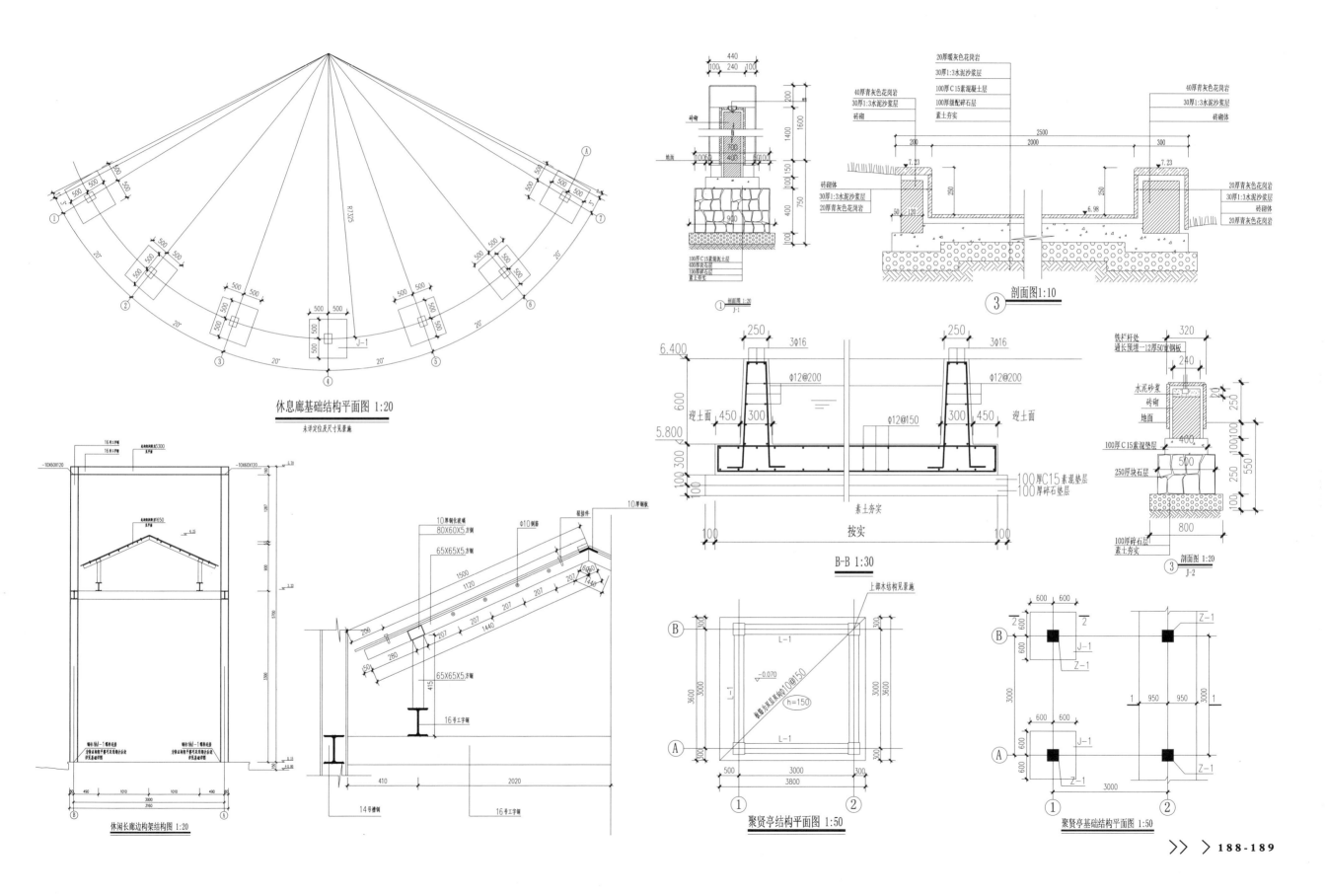

休息廊基础结构平面图 1:20

休闲长廊边构架结构图 1:20

B-B 1:30

剖面图 1:10

剖面图 1:20

聚贤亭结构平面图 1:50

聚贤亭基础结构平面图 1:50

>浙江国际广场景观设计施工图全套

设计说明

使用群体：大众	图纸张数：90张
图纸深度：施工图	景观设施：园林座凳，景观照明，自行车棚，垃圾箱，管理用房，
设计风格：现代风格	停车场，公用电话，公用厕所，铺装设计，景墙，围墙
绿地类型：综合广场	大门，树池花坛，雕塑，水景，喷泉，花钵花盆等。

内容简介

本套图纸包括：总平面图、竖向设计图、植物栽植设计图、水电设计图、铺装索引图、区块1-5详图（坐凳详图、树池详图、玻璃亭施工详图、台阶详图、道路详图、连廊详图、围墙详图、水景详图、叠水详图、花坛详图、景墙详图等）。

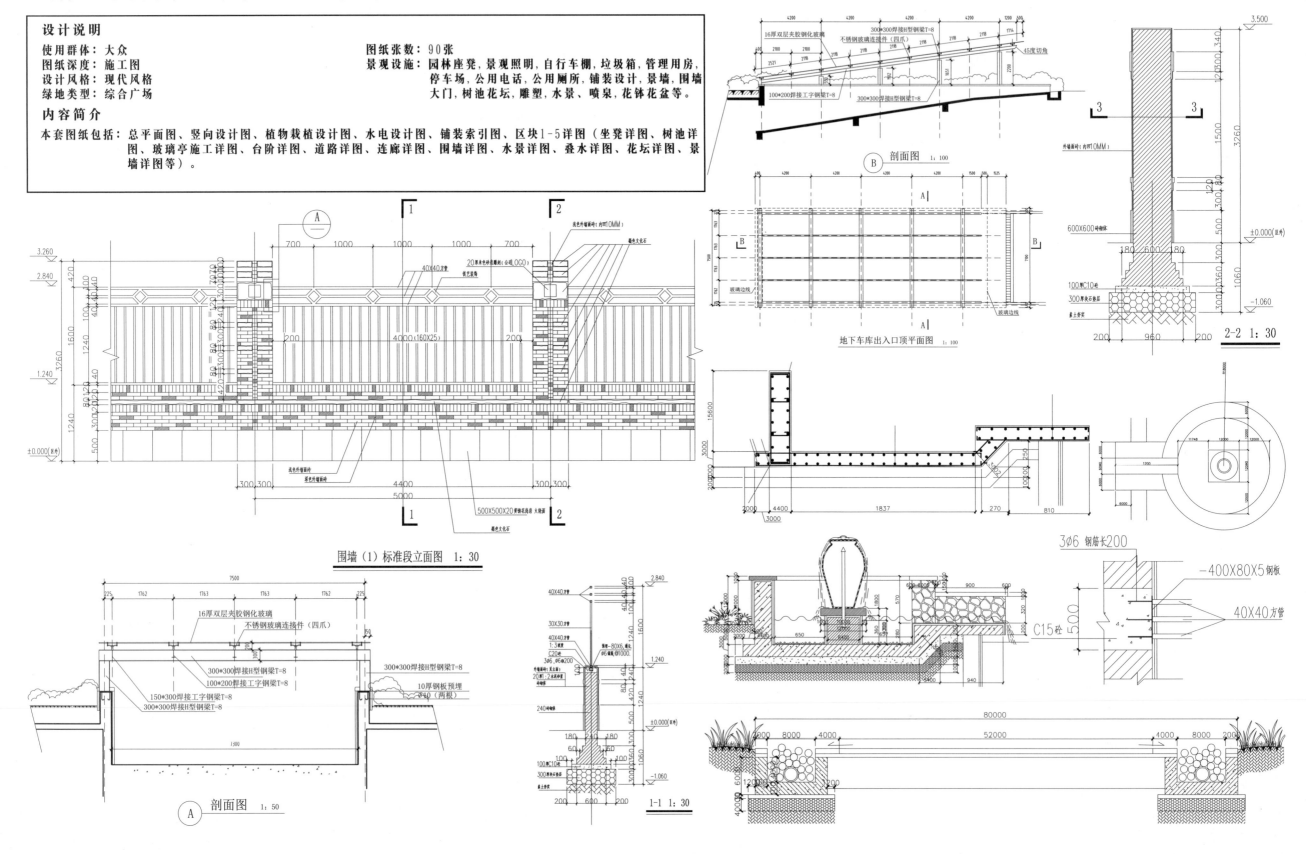

围墙（1）标准段立面图 1：30

A 剖面图 1：50

B 剖面图 1：100

地下车库出入口顶平面图 1：100

2-2 1：30

1-1 1：30

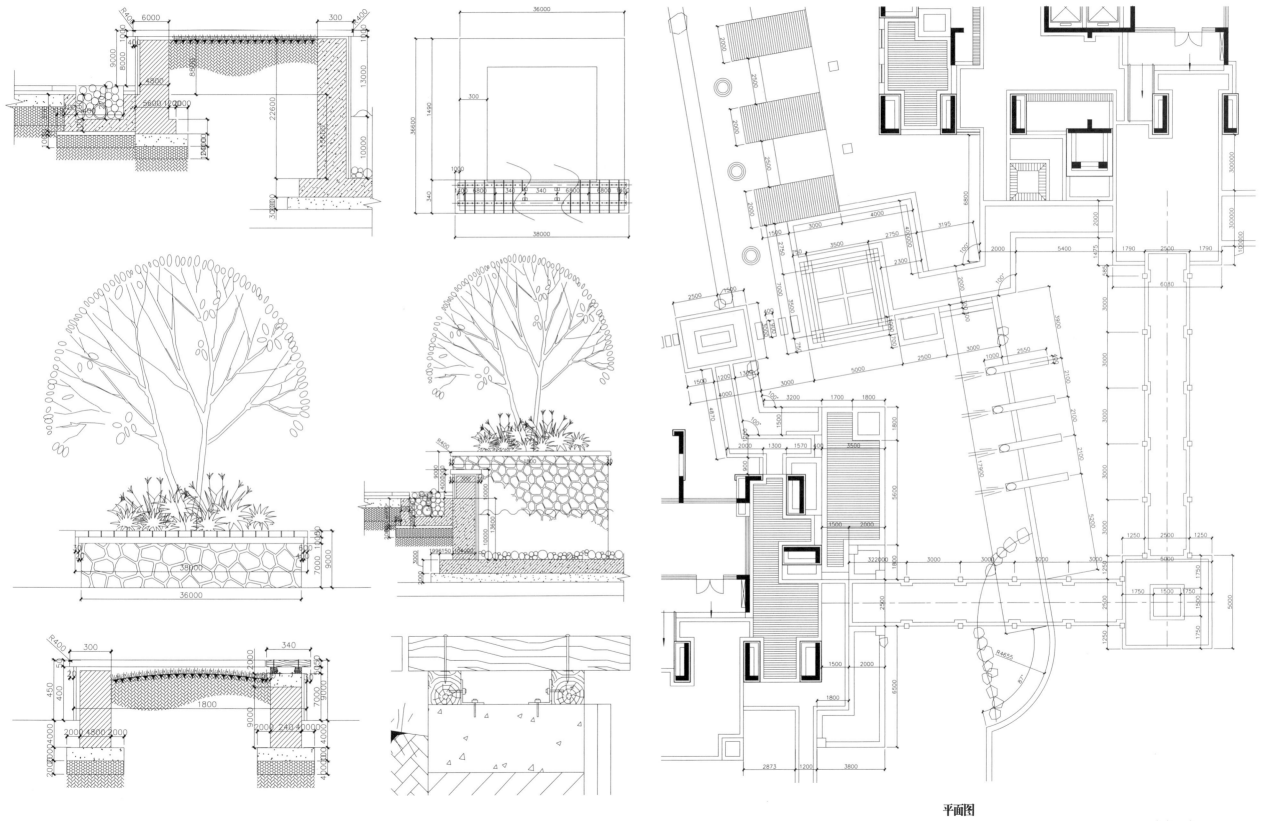

平面图

>广场景观建筑施工图

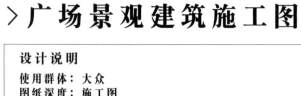

设计说明

使用群体：大众　　　　　　　　图纸张数：90张
图纸深度：施工图　　　　　　　景观设施：亭、廊、花架,榭、舫、平台栈道,园林座凳,景观
设计风格：现代风格　　　　　　照明,自行车棚,垃圾箱,管理用房,停车场,公用电
绿地类型：综合广场　　　　　　话,公用厕所,铺装设计等。

内容简介

本套图纸包括：平面图、竖向图、绿化图、水电图、管线布置图、公建用图等。

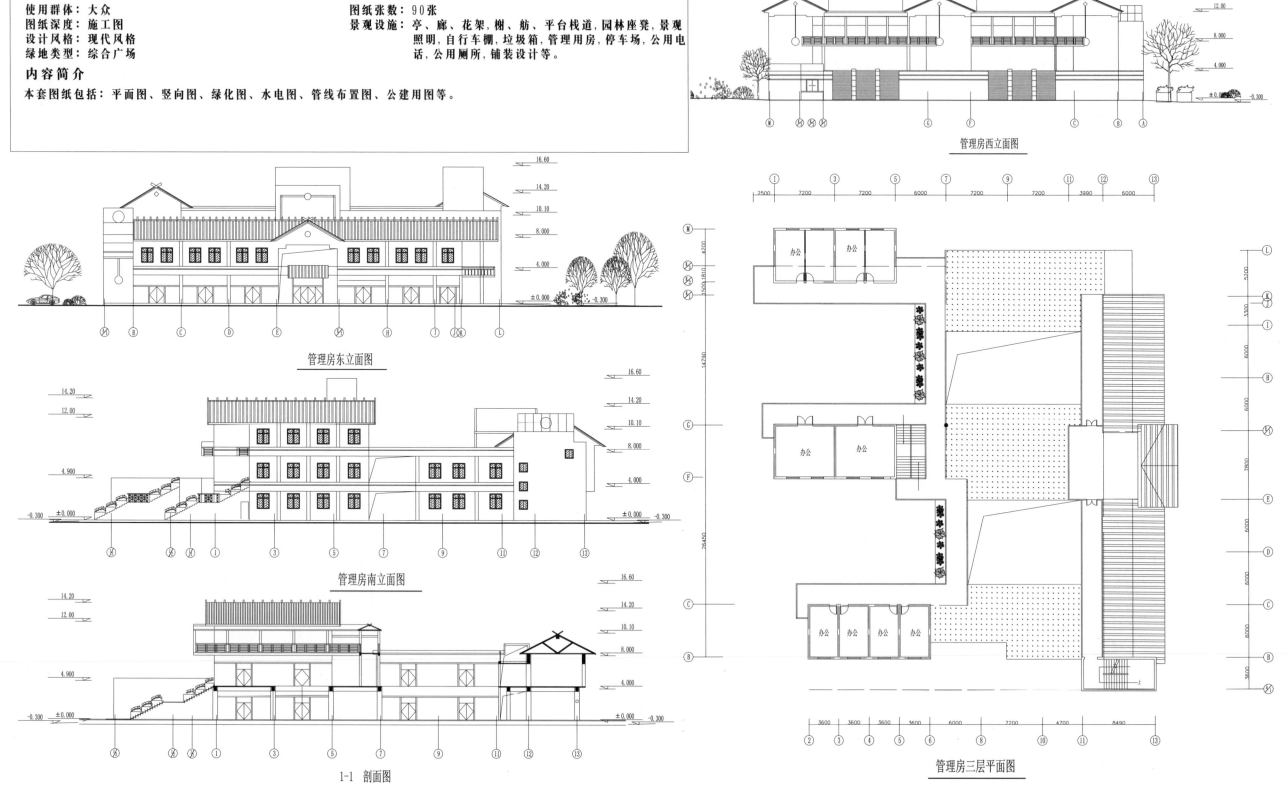

管理房西立面图

管理房东立面图

管理房南立面图

1-1 剖面图

管理房三层平面图

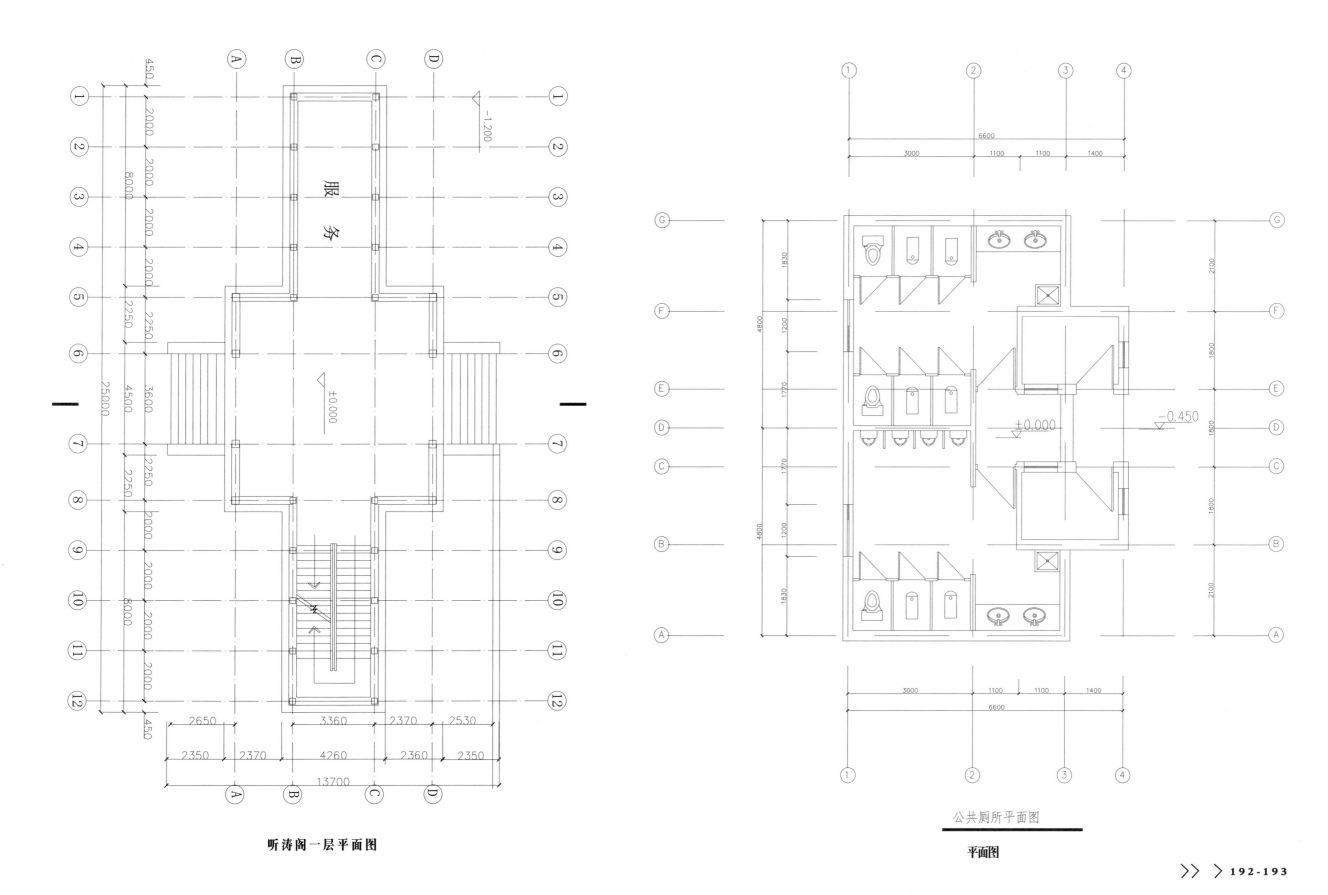

服务

-1.200

±0.000

听涛阁一层平面图

公共厕所平面图

平面图

>中心广场景观全套施工图

设计说明

使用群体: 大众
图纸深度: 施工图
设计风格: 现代风格
绿地类型: 综合广场

图纸张数: 18张
景观设施: 园林座凳, 景观照明, 自行车棚, 垃圾箱, 管理用房,
停车场, 公用电话, 公用厕所, 铺装设计, 景墙, 围墙
大门, 树池花坛, 雕塑, 水景, 喷泉, 花钵花盆等。

内容简介

本套图纸包括: 总平图、植物配置图、网格定位、指引图以及建筑景观小品节点详图共计18张。

① 梯形绿地平面大样图　SCALE 1:200

① 树池平面大样图　SCALE 1:20

③ 花池沿剖面大样图　SCALE 1:10

② 梯形绿地剖面大样图　SCALE 1:20

② 树池剖面大样图　SCALE 1:10

④ 路沿石剖面大样图　SCALE 1:4

③ 座凳剖面大样图　SCALE 1:10

② 园路台阶剖面大样图　SCALE 1:10

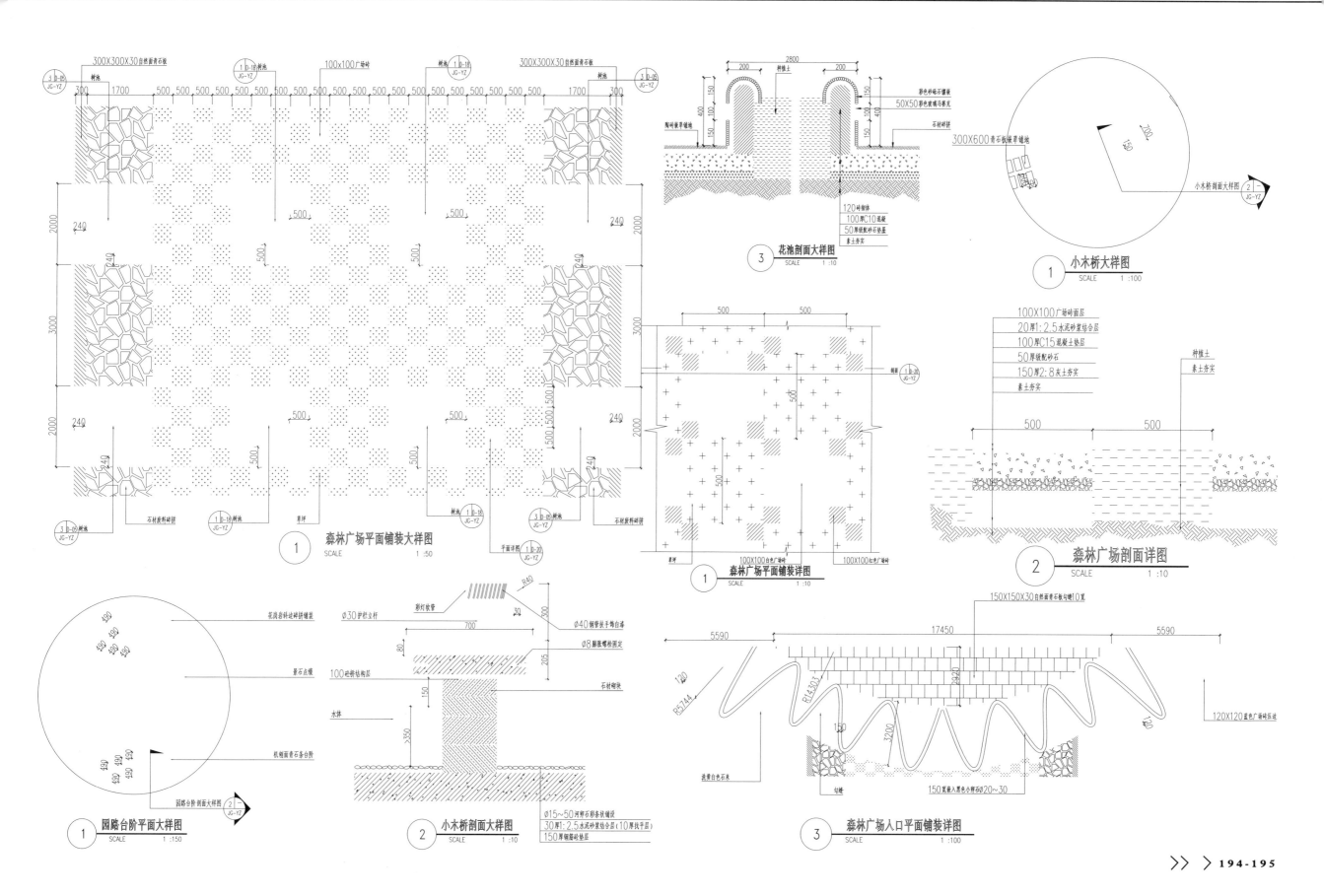

森林广场平面铺装大样图 ①
SCALE 1:50

花池剖面大样图 ③
SCALE 1:10

小木桥大样图 ①
SCALE 1:100

森林广场平面铺装详图 ①
SCALE 1:10

森林广场剖面详图 ②
SCALE 1:10

园路台阶平面大样图 ①
SCALE 1:150

小木桥剖面大样图 ②
SCALE 1:10

森林广场入口平面铺装详图 ③
SCALE 1:100

>重庆市政广场环境景观设计施工图

设计说明

使用群体: 大众
图纸深度: 施工图
设计风格: 现代风格
绿地类型: 综合广场

图纸张数: 48张
景观设施: 亭、廊、花架、榭、舫、平台栈道、园林座凳、儿童
游乐场所, 景观照明, 自行车棚, 垃圾箱, 管理用房,
公用电话, 公用厕所, 铺装设计, 景墙, 围墙等。

内容简介

本套图纸包括: 封面、目录、索引总图、定位放线总图、尺寸定位总图、竖向总图、物料设计总图、电气布置总图、景观
小品布置总图、办公楼区景观尺寸定位、办公楼区景观索引、办公楼区景观网格放线、铺地标准做法、入
口广场区域平面、广场中心区域平面、边缘区域平面、升旗台详图、停车场、树池、前区休息区域、围墙
植物配置图等共计48张CAD图纸。

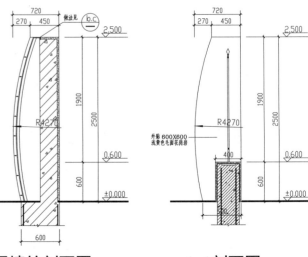

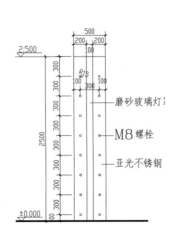

② 围墙柱立面图 1:30　　围墙柱剖面图 1:30　　1-1剖面图 1:30

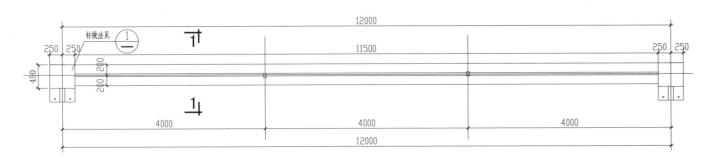

围墙平面图 1:50

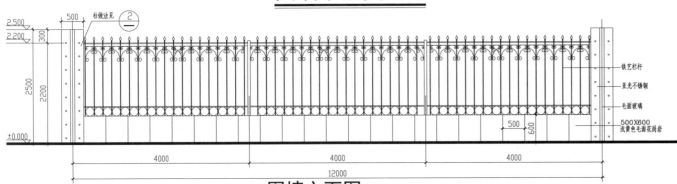

围墙立面图 1:50

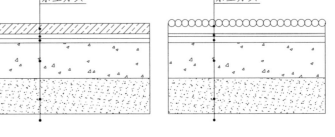

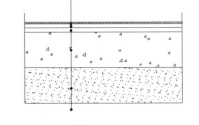

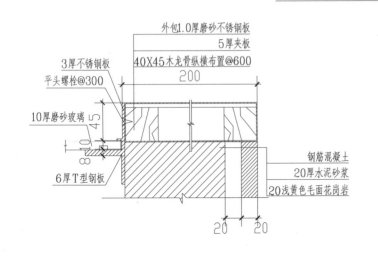

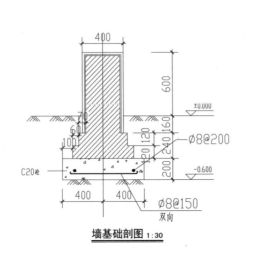

墙基础剖图 1:30

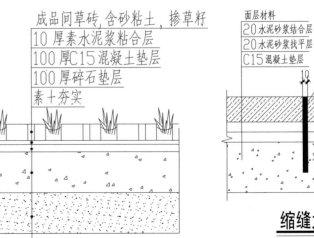

缩缝大样 1:5

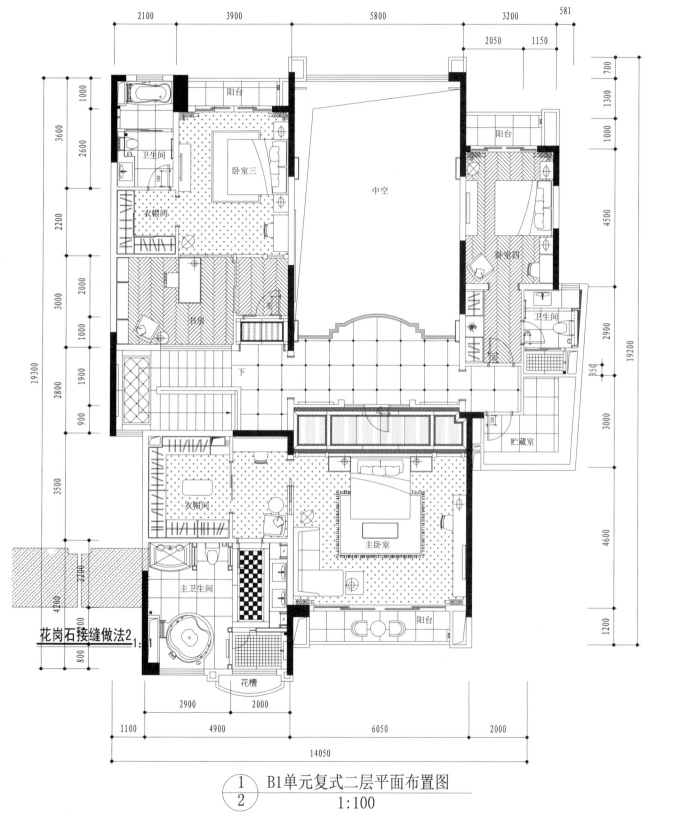

① B1单元复式二层平面布置图
② 1:100

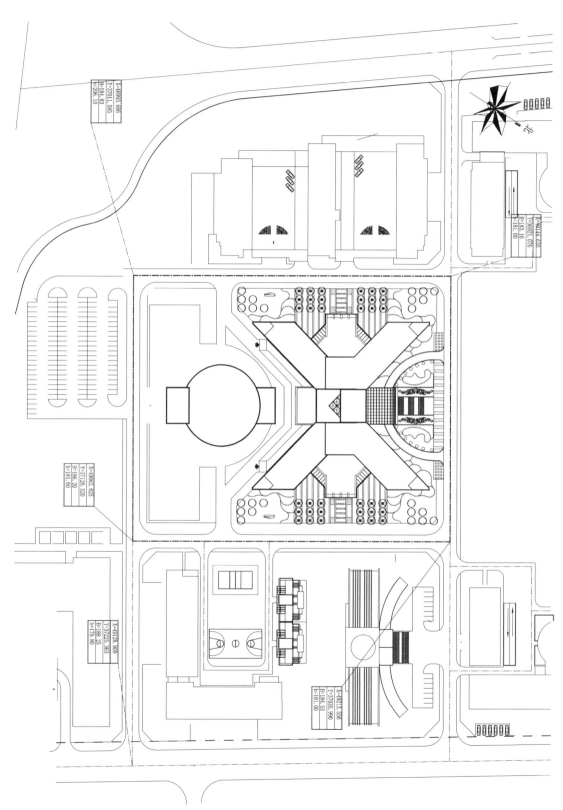

>重庆市民广场之时代广场景观施工图

设计说明

使用群体: 大众
图纸深度: 施工图
设计风格: 现代风格
绿地类型: 综合广场

图纸张数: 118张
景观设施: 园林座凳, 儿童游乐场所, 景观照明, 垃圾箱, 管理用房, 停车场, 公用电话, 公用厕所, 铺装设计, 景墙围墙, 树池花坛, 雕塑, 水景, 喷泉, 花钵花盆等。

内容简介

本套图纸包括: 图纸目录、设计说明、土建施工工艺、设计范围指引图、分区、定位、竖向、地形、A区详图、B区详图、C区详图、D区详图、E区详图、F区详图、G区详图、J区详图、K区详图、L区详图、M区详图、绿化设计说明、苗木表、乔木施工图、灌木施工图、电气设计总说明及主要设备材料表、景观配电系统图、广场照明平面图、广场动力及广播平面图、广场灯具安装示意图、给排水设计总说明图例及主要设备材料表。

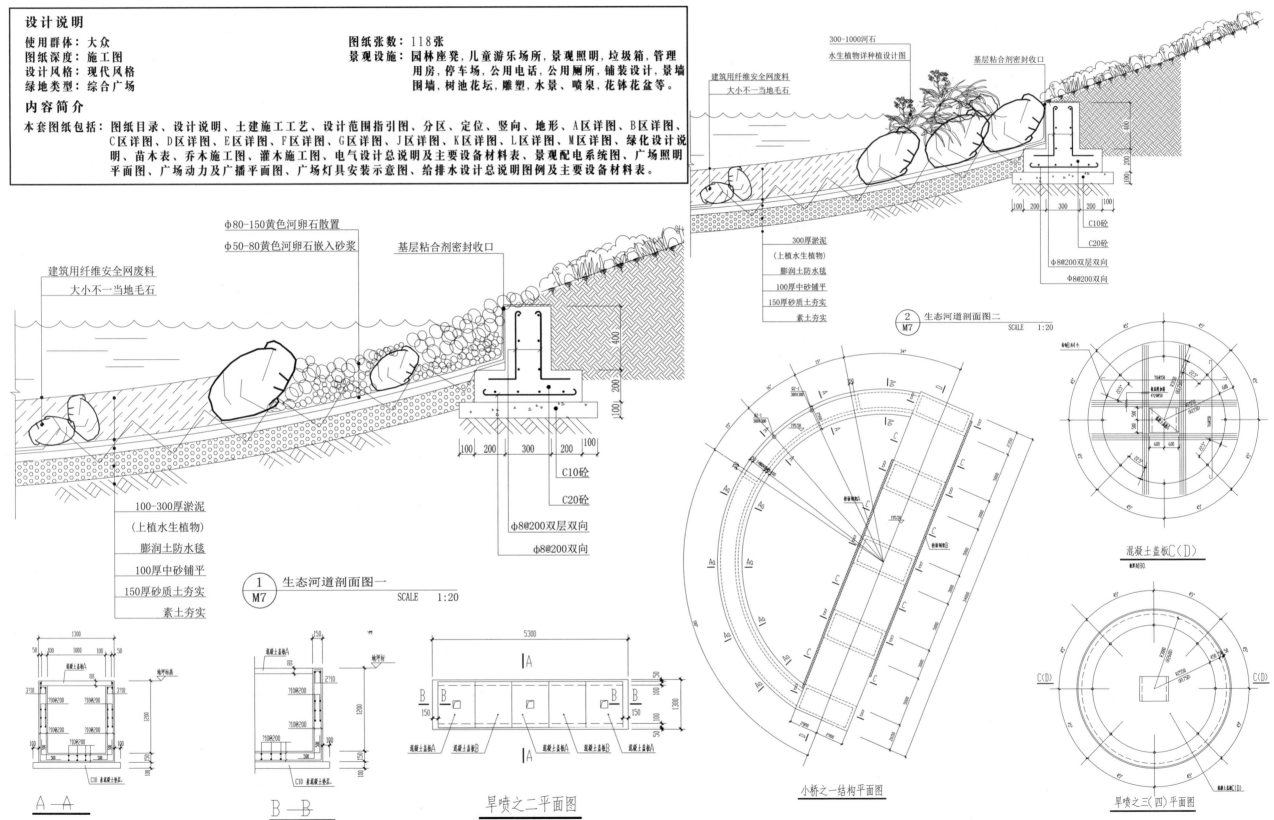

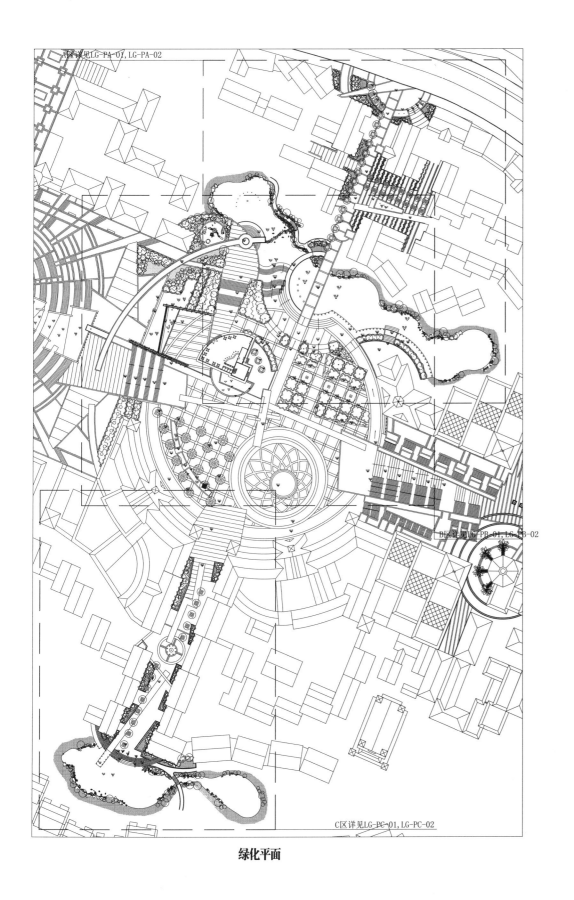

绿化平面

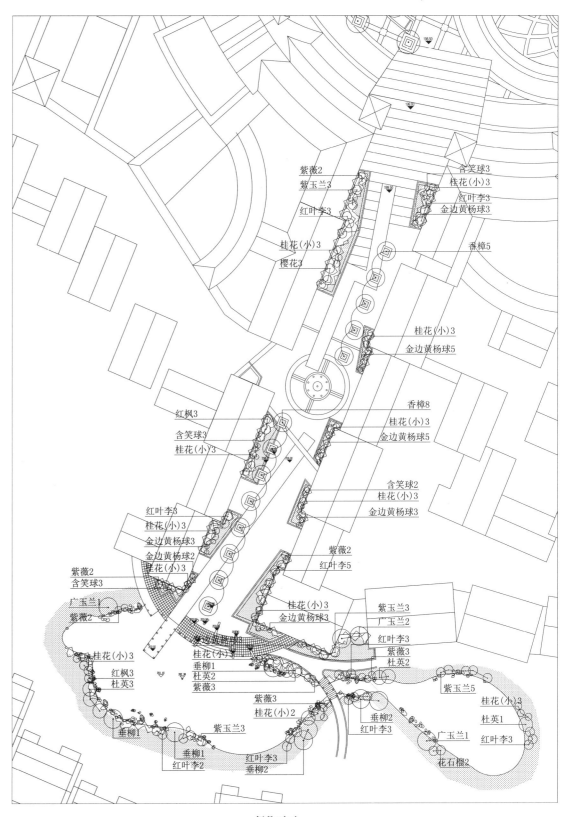

紫薇2
紫玉兰3
含笑球3
桂花(小)3
红叶李3
金边黄杨球3
桂花(小)3
樱花3
森樟5

桂花(小)3
金边黄杨球5

红枫3
含笑球3
桂花(小)3
香樟8
桂花(小)3
金边黄杨球5

红叶李3
桂花(小)3
金边黄杨球3
金边黄杨球2
桂花(小)3
含笑球2
桂花(小)3
金边黄杨球3

紫薇2
含笑球3
紫薇2
红叶李5

广玉兰2
紫薇2
桂花(小)3
金边黄杨球3
桂花(小)3

桂花(小)3
红枫3
杜英3
桂花(小)3
垂柳1
杜英2
紫薇3
紫玉兰3
广玉兰2
红叶李3
紫薇2
杜英3

紫薇3
桂花(小)2
紫玉兰5
桂花(小)3
杜英1
红叶李3

垂柳2
红叶李3
垂柳1
紫玉兰3
红叶李3
广玉兰1
红叶李3
红叶李2
红叶李3
垂柳2
垂柳1
花石榴2

绿化平面

>城市中心广场景观及建筑设计施工图

设计说明

使用群体：大众
图纸深度：竣工图
设计风格：现代风格
绿地类型：综合广场

图纸张数：32张
景观设施：亭、廊、花架、榭、舫、平台栈道，园林座凳，景观照明，自行车棚，垃圾箱，管理用房，停车场，公用电话，公用厕所，铺装设计等。

内容简介

本套图纸包括：景观（总平面、广场及道路铺装、灯具小品布置、绿化布置、轴线水景、流水壁、旱地喷泉、广场铺地平面及详图、林荫道及残疾人坡道）和建筑（建筑设计说明、商城底层、中厅钢结构、雨篷、楼梯详图、三角楼梯）两部分共计32张CAD图纸。

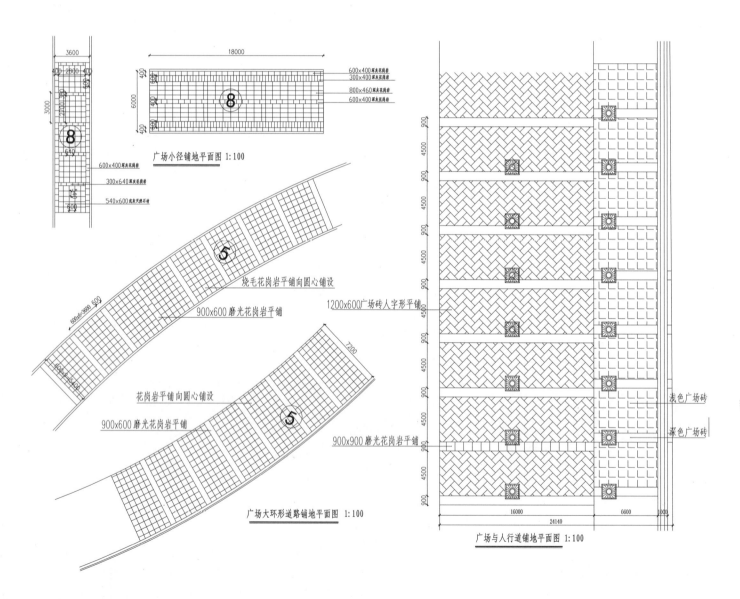

广场小径铺地平面图 1:100

烧毛花岗岩平铺向圆心铺设

900×600磨光花岗岩平铺

1200×600广场砖人字形平铺

花岗岩平铺向圆心铺设

900×600磨光花岗岩平铺

900×900磨光花岗岩平铺

广场大环形道路铺地平面图 1:100

广场与人行道铺地平面图 1:100

树坑详见 ①

座椅详见 ②

林荫道平面图 1:100

残疾人坡道平面图 1:100

残疾人坡道1-1剖面图 1:100

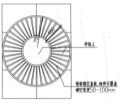

① 树坑平面图 1:50

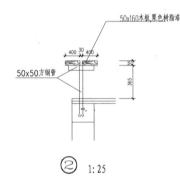

② 1:25

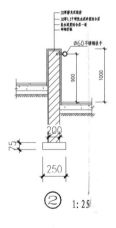

② 1:25